工程随机数学基础

许贤泽　肖进胜　张燕革　蔡红涛　赵正予　编

U0250189

WUHAN UNIVERSITY PRESS
武汉大学出版社

图书在版编目(CIP)数据

工程随机数学基础/许贤泽,肖进胜,张燕革,蔡红涛,赵正予编.—武汉:武汉大学出版社,2013.8
ISBN 978-7-307-11071-7

Ⅰ.工… Ⅱ.①许… ②肖… ③张… ④蔡… ⑤赵… Ⅲ.工程数学 Ⅳ.TB11

中国版本图书馆 CIP 数据核字(2013)第 138749 号

责任编辑:黄汉平   责任校对:王 建   版式设计:马 佳

出版发行:**武汉大学出版社** (430072 武昌 珞珈山)
(电子邮件:cbs22@whu.edu.cn 网址:www.wdp.whu.edu.cn)
印刷:湖北金海印务有限公司
开本:787×1092 1/16 印张:12.75   字数:295 千字 插页:1
版次:2013 年 8 月第 1 版   2013 年 8 月第 1 次印刷
ISBN 978-7-307-11378-7   定价:25.00 元

前　言

　　高等教育改革，对人才培养目标和培养模式、专业设置和教学计划、课程体系和内涵、教学方法和手段等方面提出了新的要求。按照电子信息大类专业改革"以工程设计能力培养为主线，相关课程整体优化"的总体思路，《工程随机数学基础》是面对大学工科本科生所编写的教材，其内容包括概率论基础知识、数理统计的基本理论和方法，以及随机过程基本知识，旨在为电子信息大类专业本科生在工程技术多领域学习和掌握随机数学的基本理论和基本方法，并将其应用于科学研究和工程实际，提供一本合适的教材。这是社会发展对高素质人才培养提出的必然要求。本教材主要是面向电子信息大类专业本科生而编写，但是其内容对于其他非数学类的理工科专业大学生，甚至研究生也有很好的参考价值，也可以作为工程技术人员的参考资料。

　　本书包括 12 章内容。第 1～5 章讲述概率论基础知识；第 6～9 章讲述数理统计的基本理论和方法；第 10～12 章讲述随机过程基本知识。全书由赵正予、许贤泽、蔡红涛、肖进胜、张燕革编写，其中第 1～3 章由肖进胜编写，第 4、5 章由蔡红涛编写，第 6、10 章由张燕革编写，第 7～9 章由许贤泽编写，第 11、12 章由赵正予编写。

　　书中引用了许多文献资料，包括兄弟院校的同类教材，未能一一列出，在此谨致谢意。

　　限于作者的水平，谬误及欠妥之处在所难免，作者衷心希望广大读者提出宝贵的意见，并对其不妥之处进行批评指正。

目 录

第 1 章　随机事件及其概率 ··· 1

　1.1　随机事件 ··· 1

　　1. 随机事件的相关概念 ··· 1

　　2. 事件间的关系与运算 ··· 3

　　3. 事件的运算规律 ··· 4

　1.2　事件的概率 ··· 5

　　1. 频率和概率 ··· 5

　　2. 古典概型 ··· 6

　　3. 概率的性质 ··· 8

　1.3　条件概率 ··· 9

　　1. 条件概率的概念 ··· 9

　　2. 乘法公式 ··· 10

　　3. 全概率公式 ··· 12

　　4. 贝叶斯公式 ··· 12

　1.4　事件的独立性 ··· 13

　　1. 事件的独立性 ··· 14

　　2. 独立重复试验 ··· 15

　　习题 1 ··· 17

第 2 章　随机变量及其分布 ··· 20

　2.1　随机变量的概念 ··· 20

　2.2　离散型随机变量及其分布律 ··· 21

　　1. 离散型随机变量的概念 ··· 21

　　2. 几个重要的离散型随机变量的分布 ································· 23

　2.3　随机变量的分布函数 ··· 26

　2.4　连续型随机变量及其概率密度 ··· 28

　　1. 连续型随机变量的概念 ··· 28

　　2. 几个重要的连续型随机变量的分布 ································· 30

　2.5　随机变量函数的分布 ··· 33

　　1. 离散型随机变量的情况 ··· 33

　　2. 连续型随机变量的情况 ··· 34

　　习题 2 ··· 36

第3章　多维随机变量及其分布 ·· 39

　3.1　二维随机变量及其联合分布 ·· 39

　　　1. 联合分布函数 ·· 39

　　　2. 联合分布律 ··· 40

　　　3. 联合概率密度 ·· 41

　3.2　边缘分布 ·· 42

　　　1. 边缘分布函数 ·· 43

　　　2. 边缘分布律 ··· 43

　　　3. 边缘概率密度 ·· 46

　3.3　条件分布 ·· 47

　　　1. 条件分布函数 ·· 47

　　　2. 条件分布律 ··· 47

　　　3. 条件概率密度 ·· 49

　3.4　随机变量的独立性 ·· 50

　　　1. 离散型随机变量的情况 ·· 50

　　　2. 连续型随机变量的情况 ·· 51

　　　3. 多维随机变量的推广 ·· 52

　3.5　二维随机变量函数的分布 ·· 53

　　　1. 离散型随机变量的情况 ·· 53

　　　2. 连续型随机变量的情况 ·· 54

　习题 3 ··· 57

第4章　随机变量的数字特征 ·· 60

　4.1　数学期望 ·· 60

　4.2　方差 ··· 63

　4.3　协方差及相关系数 ·· 67

　　　1. 协方差及相关系数的定义 ·· 67

　　　2. 协方差与相关系数的性质 ·· 67

　4.4　矩、协方差矩阵 ·· 69

　习题 4 ··· 71

第5章　大数定理及中心极限定理 ··· 73

　5.1　大数定理 ·· 73

　5.2　中心极限定理 ·· 76

　习题 5 ··· 79

第6章　样本及抽样分布 ·· 81

　6.1　数理统计的基本概念 ··· 81

　　　1. 随机样本 ··· 81

　　　2. 样本分布函数与经验分布函数 ···································· 82

　　　3. 统计量 ··· 84

6.2　抽样分布 ·· 85

　　1. χ^2 分布 ·· 85

　　2. t 分布 ·· 86

　　3. F 分布 ··· 87

6.3　正态总体的样本均值与样本方差的分布 ·············· 89

习题 6 ·· 91

第7章　参数估计 ·· 93

7.1　点估计 ·· 93

　　1. 矩估计法 ··· 93

　　2. 最大似然估计法 ··· 95

7.2　估计量的评选标准 ·· 97

　　1. 无偏性 ·· 97

　　2. 有效性 ·· 98

　　3. 相合性 ·· 99

7.3　区间估计 ·· 99

7.4　正态总体均值与方差的区间估计 ····················· 100

　　1. 单个正态总体均值与方差的置信区间 ·········· 100

　　2. 两个正态总体均值差与方差比的置信区间 ··· 102

7.5　非正态总体参数的区间估计 ···························· 105

　　1. 非正态总体均值的大样本估计 ···················· 105

　　2. 两个非未知总体均值差的大样本估计 ·········· 105

7.6　总体频率的区间估计 ··· 106

习题 7 ··· 107

第8章　假设检验 ·· 109

8.1　假设检验的基本思想与概念 ···························· 109

　　1. 假设检验的基本思想及推理方法 ················· 109

　　2. 假设检验的两类错误 ·································· 111

　　3. 单边检验 ··· 111

　　4. 显著性假设检验的一般步骤 ······················· 113

8.2　单个正态总体的假设检验 ································· 113

　　1. 均值 μ 的检验 ··· 113

　　2. 方差 σ^2 的检验 ··· 115

8.3　两个正态总体的假设检验 ································· 116

　　1. 两个正态总体均值差 $\mu_1-\mu_2$ 的检验(t检验法) ·· 117

　　2. 两个正态总体方差的检验(F检验) ············· 118

8.4　置信区间与假设检验之间的关系 ···················· 120

习题 8 ··· 121

第9章　误差分析及其应用 ······································ 124

9.1　误差的定义和分类 ··· 124
　1. 误差的定义 ··· 124
　2. 测量误差的分类 ··· 124
　3. 测量的准确度、精密度、精确度 ······························· 125
9.2　随机误差 ·· 126
　1. 随机误差产生的原因 ··· 126
　2. 随机误差的正态分布 ··· 126
　3. 算术平均值 ··· 127
　4. 标准差 ··· 128
　5. 测量的极限误差 ·· 130
9.3　系统误差 ·· 131
　1. 系统误差的分类和产生的原因 ···································· 131
　2. 系统误差的发现与检验 ·· 133
　3. 系统误差的减小和消除 ·· 133
9.4　过失误差 ·· 134
　1. 过失误差的产生原因 ··· 135
　2. 判别过失误差的准则 ··· 135
9.5　误差分析的应用实例 ·· 137
习题 9 ··· 138

第 10 章　随机过程及其统计描述 ··· 139
10.1　随机过程概念 ·· 139
10.2　随机过程的统计描述 ·· 142
　1. 随机过程的分布函数 ··· 142
　2. 随机过程的数字特征 ··· 144
　3. 二维随机过程的分布函数和数字特征 ··························· 147
10.3　泊松过程及维纳过程 ·· 148
　1. 泊松过程 ··· 149
　2. 维纳过程 ··· 151
习题 10 ··· 153

第 11 章　马尔可夫过程 ··· 155
11.1　马尔可夫过程及其概率分布 ·· 155
11.2　多步转移概率的确定 ·· 158
习题 11 ··· 161

第 12 章　平稳随机过程 ··· 162
12.1　平稳随机过程的概念 ·· 162
　1. 平稳过程定义及性质 ··· 162
　2. 宽平稳过程 ··· 163
12.2　各态历经性 ··· 164

1. 各态历经过程的定义 ··· 164

2. 各态历经定理 ··· 165

12.3　相关函数的性质 ··· 167

12.4　平稳随机过程的功率谱密度 ··· 169

1. 平稳过程的功率谱密度 ··· 169

2. 谱密度的性质 ··· 172

习题 12 ··· 174

附表 ··· 175

附表 1　几种常见的概率分布表 ··· 175

附表 2　标准正态分布表 ··· 179

附表 3　泊松分布表 ··· 180

附表 4　t 分布表 ··· 183

附表 5　χ^2 分布表 ··· 185

附表 6　F 分布表 ··· 186

参考文献 ··· 193

第1章 随机事件及其概率

自然界和社会上发生的现象是多种多样的,有一类现象在一定条件下必然发生,例如,向上抛出一枚硬币必然会下落,太阳每天会从东边升起,同性电荷必相互排斥,等等.这类现象称为**确定性现象**.在自然界和社会上还存在着另一类现象,例如,在相同条件下抛同一枚硬币,落下后,其结果可能是正面朝上,也可能是反面朝上,并且在每次抛掷之前无法肯定抛掷的结果是什么;明天的最高气温是多少度,在明天到来之前无法预测准确.这类现象,在一定的条件下,可能出现这样的结果,也可能出现那样的结果,而在试验或观察之前不能预知确切的结果.但人们经过长期实践并深入研究后,发现这类现象在大量重复试验或观察下,其结果却呈现出某种规律性.例如,多次重复抛掷一枚硬币得到正面朝上的次数大致占一半,一年的最高温度按照一定的规律分布,等等.这种在大量重复试验或观察中所呈现出的固有规律性,即**统计规律性**.

这种在个别试验中其结果呈现出不确定性,在大量重复试验中其结果又具有统计规律性的现象,称为**随机现象**.概率论与数理统计是研究和揭示随机现象统计规律性的一门数学学科.

1.1 随 机 事 件

为了研究这些随机现象,我们必须首先明确一些与确定性现象不同的基本概念.

1. 随机事件的相关概念

1) 随机试验

为了弄清一个问题,经常要做一些试验.这里的试验,包括各种各样的科学实验,例如对某一事物的某一特征的观察或记录就是一种试验,试验常用大写英文字母 E 表示:

E_1:掷一骰子,观察出现的点数;

E_2:上抛硬币两次,观察正面 H、反面 T 出现的情况;

E_3:某人手机一天收到短信的个数;

E_4:上抛硬币两次,观察正面出现的次数;

E_5:某同学早上起床的时间.

上面几个试验的例子,有着共同的特点.例如,试验 E_1 有 6 种可能的点数,但是在骰子掷出之前不能确定是几点出现,此外这个试验可以在相同的条件下重复进行.又如试验 E_3,某人一天收到的短信个数 $n \geqslant 0$,但是在这一天结束之前不能具体确定收到多少条.这一试验也可以在相同条件下重复进行.总的来讲,这些试验具有以下特点:

（1）试验可在相同条件下重复进行；

（2）试验的可能结果不止一个，且所有可能结果是可以事先预知的；

（3）每次试验的结果只有一个，但是不能事先预知。

在概率论中，将满足上面三个条件的试验称为**随机试验**．随机试验以后简称为试验，并常记为 E．本书中以后提到的试验都是指随机试验，通过研究随机试验来研究随机现象．

2）样本空间

对于随机试验，尽管在每次试验之前不能预知试验的结果，但试验的所有可能结果是已知的．将随机试验 E 的所有可能结果组成的集合称为 E 的**样本空间**，记为 S，也可用 Ω 表示．样本空间中的元素，即随机试验 E 的每个结果，称为**样本点**．

例如，

在 E_1 中，$S = \{1,2,3,4,5,6\}$

在 E_2 中，$S = \{(H,H),(H,T),(T,H),(T,T)\}$

在 E_3 中，$S = \{0,1,2,\cdots\}$

在 E_4 中，$S = \{0,1,2\}$

在 E_5 中，$S = \{t \mid t > 0\}$

样本空间中的元素是由试验的目的所确定的．例如在 E_2 和 E_4 中，同是将两枚硬币连抛**两次**，但是由于试验的目的不同，人们关心的内容不一样，其样本空间也不一样．其中 E_2 样本点的个数为 4，E_4 样本点的个数为 3．

3）随机事件

在进行随机试验时，人们常常关心满足某种条件的，在试验中可能出现也可能不出现的**事情**，称为**随机事件**。随机事件常以大写英文字母表示。

例如，在 E_1 中，A 可表示"掷出 2 点"，B 可表示"掷出偶数点"的随机事件．

一般来说，我们称试验 E 中的样本空间 S 的子集为 E 的**随机事件**．在每次试验中，当且仅当这一子集中的一个样本点出现时，称这一**事件发生**．试验中直接观察到的最简单的结果称为**基本事件**．

例如，在 E_1 中，用数字 $1,2,\cdots,6$ 表示掷出的点数，而由它们分别构成的单点集 $\{1\}$，$\{2\}$，$\cdots$，$\{6\}$ 便是 E_1 中的基本事件．在 E_2 中，用 H 表示正面，T 表示反面，此试验的样本点有 (H,H)，(H,T)，(T,H)，(T,T)，其基本事件便是 $\{(H,H)\}$，$\{(H,T)\}$，$\{(T,H)\}$，$\{(T,T)\}$．显然，任何随机事件均为某些样本点构成的集合．

由基本事件构成的事件称为**复合事件**，例如，在 E_1 中"掷出偶数点"便是复合事件．每次试验必发生的事情称为**必然事件**，记为 S，显然样本空间整体上作为一个事件也是必然事件．每次试验都不可能发生的事情称为**不可能事件**，记为 $\varnothing$．

例如，在 E_1 中，"掷出不大于 6 点"的事件便是必然事件，而"掷出大于 6 点"的事件便是不可能事件．以后，随机事件、必然事件和不可能事件统称为**事件**．

例如，在 E_2 中样本点的个数为 4，其事件 A_1："两次出现的是同一面"，即

$$A_1 = \{(H,H),(T,T)\}.$$

在 E_5 中事件 A_2："起床时间在 8 点以后"，即

$$A_2 = \{t \mid t > 8\}.$$

2. 事件间的关系与运算

事件是一个集合,因而事件间的关系与运算自然按照集合论中集合之间的关系和运算来处理.下面给出这些关系和运算在概率论中的提法,并给出它们在概率论中的含义.

设试验 E 的样本空间为 S,而 $A,B,A_k(k=1,2,\cdots)$ 是 S 的子集.

1) 包含

"若事件 A 的发生必导致事件 B 发生,则称事件 B 包含事件 A,记为 $A \subset B$ 或 $B \supset A$. 如图 1-1 所示.

若 $A \subset B$ 且 $B \subset A$,则称事件 A 等于事件 B,记为 $A = B$.

例如,在 E_1 中,令 A 表示"掷出 2 点"的事件,即 $A = \{2\}$,B 表示"掷出偶数"的事件,即 $B = \{2,4,6\}$,C 表示"掷出小于 3 的偶数",则 $A \subset B, A = C$.

2) 和

称事件 A 与事件 B 至少有一个发生的事件为 A 与 B 的和事件,简称为和,记为 $A \bigcup B$ 或 $A + B$. 如图 1-2 所示.

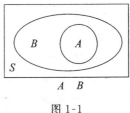

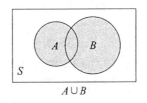

图 1-1　　　　　　　　　　　　图 1-2

例如,甲,乙两人向目标射击,令 A 表示"甲击中目标"的事件,B 表示"乙击中目标"的事件,则 $A \bigcup B$ 表示"目标被击中"的事件.

推广:任意有限个: $\bigcup\limits_{i=1}^{n} A_i = A_1 \bigcup A_2 \bigcup \cdots \bigcup A_n = \{A_1, A_2, \cdots, A_n$ 至少有一个发生$\}$,

无穷可列个: $\bigcup\limits_{i=1}^{\infty} A_i = A_1 \bigcup A_2 \bigcup \cdots = \{A_1, A_2, \cdots$ 至少有一个发生$\}$.

3) 积

称事件 A 与事件 B 同时发生的事件为 A 与 B 的积事件,简称为积,记为 $A \bigcap B$ 或 AB. 如图 1-3 所示.

例如,在 E_3 中,即观察某天收到的短信个数中,令 $A = \{$收到偶数次短信$\}$,$B = \{$收到 3 的倍数次短信$\}$,则 $A \bigcap B = \{$收到 6 的倍数次短信$\}$.

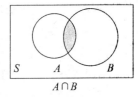

图 1-3

推广:任意有限个: $\bigcap\limits_{i=1}^{n} A_i = A_1 \bigcap A_2 \bigcap \cdots \bigcap A_n = \{A_1, A_2, \cdots,$

A_n 同时发生$\}$,无穷可列个: $\bigcap\limits_{i=1}^{\infty} A_i = A_1 \bigcap A_2 \bigcap \cdots = \{A_1, A_2, \cdots$ 同时发生$\}$.

4） 差

称事件 A 发生但事件 B 不发生的事件为 A 减 B 的差事件,简称为差,记为 $A-B$.如图 1-4 所示.

例如,测量晶体管的 β 参数值,令 $A=\{$测得 β 值不超过 $50\}$,$B=\{$测得 β 值不超过 $100\}$,则,$A-B=\varnothing$,$B-A=\{$测得 β 值为 $50<\beta\leqslant 100\}$.

5） 互不相容

若事件 A 与事件 B 不能同时发生,即 $AB=\varnothing$,则称 A 与 B 是互不相容的.基本事件是两两互不相容的.如图 1-5 所示.

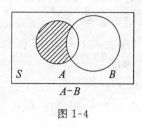

图 1-4

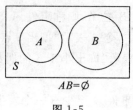

图 1-5

例如,观察某路口在某时刻的红绿灯:若 $A=\{$红灯亮$\}$,$B=\{$绿灯亮$\}$,则 A 与 B 便是互不相容的.

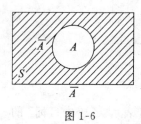

图 1-6

6） 对立

称事件 A 不发生的事件为 A 的对立事件,记为 $\overline{A}$,显然 $A\cup\overline{A}=S$,$A\cap\overline{A}=\varnothing$.对立事件又称为逆事件.如图 1-6 所示.

例如,从有 3 个次品,7 个正品的 10 个产品中任取 3 个,若令 $A=\{$取得的 3 个产品中至少有一个次品$\}$,则 $\overline{A}=\{$取得的 3 个产品均为正品$\}$.

3. 事件的运算规律

(1) **交换律** $A\cup B=B\cup A$;$A\cap B=B\cap A$.

(2) **结合律** $(A\cup B)\cup C=A\cup(B\cup C)$;$(A\cap B)\cap C=A\cap(B\cap C)$.

(3) **分配律** $A\cap(B\cup C)=(A\cap B)\cup(A\cap C)$,$A\cup(B\cap C)=(A\cup B)\cap(A\cup C)$.

(4) **对偶律** $\overline{A\cup B}=\overline{A}\cap\overline{B}$,$\overline{A\cap B}=\overline{A}\cup\overline{B}$(对偶律又叫德·摩根律).

此外,还有一些常用性质,如:

$A\cup B\supset A$,$A\cup B\supset B$;$A\cap B\subset A$,$A\cap B\subset B$.

若 $A\subset B$,则 $A\cup B=B$,$A\cap B=A$,$A-B=A-AB=A\cap\overline{B}=\varnothing$ 等等.

例 1:从一批产品中每次取一件进行检验,令 $A_i=\{$第 i 次取得合格品$\}$,$i=1,2,3$,试用事件的运算符号表示下列事件:$A=\{$三次都取得合格品$\}$,$B=\{$三次中至少有一次取得合格品$\}$,$C=\{$三次中恰有两次取得合格品$\}$,$D=\{$三次中最多有一次取得合格品$\}$.

解:$A=A_1A_2A_3$,$B=A_1\cup A_2\cup A_3$,$C=A_1A_2\overline{A_3}\cup A_1\overline{A_2}A_3\cup\overline{A_1}A_2A_3$,$D=\overline{A_1}\,\overline{A_2}\cup\overline{A_1}\,\overline{A_3}\cup\overline{A_2}\,\overline{A_3}$.事件的表示方法常常不唯一,如事件 B 又可表为 $B=A_1\overline{A_2}\,\overline{A_3}\cup\overline{A_1}A_2\,\overline{A_3}\cup\overline{A_1}\,\overline{A_2}A_3\cup\overline{A_1}A_2A_3\cup A_1\overline{A_2}A_3\cup A_1A_2\overline{A_3}\cup A_1A_2A_3$ 或 $B=\overline{\overline{A_1}\,\overline{A_2}\,\overline{A_3}}$.

例 2：如图 1-7 所示的电路中，以 A 表示"信号灯亮"这一事件，以 B,C,D 分别表示继电器接点 Ⅰ，Ⅱ，Ⅲ 闭合，试写出事件 A,B,C,D 之间的关系.

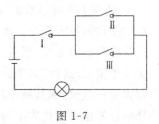

图 1-7

解：不难看出有如下一些关系：

$BC \subset A, BD \subset A,$

$BC \bigcup BD = A, \overline{BA} = \varnothing.$

1.2　事件的概率

对于一个事件(除必然事件和不可能事件外)，它在一次试验中可能发生，也可能不发生. 某些事件在一次实验中发生的可能性究竟有多大，经常是我们要关心的问题. 例如，为了确定水坝的高度，就要知道河流在造水坝地段每年最大洪水达到某一高度这一事件发生的可能性大小. 我们希望找到一个合适的数来表征事件在一次实验中发生的可能性大小. 这就是事件的概率.

1. 频率和概率

这里，首先引入事件频率的概念，它描述了事件发生的频繁程度，进而引进表征事件在一次试验中发生的可能性大小的数 —— 概率.

频率：在 n 次重复试验中，设事件 A 出现的次数为 n_A，称为事件 A 发生的频数. 比值 $f_n(A) = \dfrac{n_A}{n}$ 为事件 A 发生的频率.

不难证明频率有以下基本性质：

(1) $0 \leqslant f_n(A) \leqslant 1$.

(2) $f_n(S) = 1$.

(3) 若 $A_1, A_2, \cdots$，两两互不相容，则 $f_n(\bigcup\limits_{n=1}^{\infty} A_n) = \sum\limits_{n=1}^{\infty} f_n(A_n)$.

由于事件 A 发生的频率是它发生的次数与试验次数之比，其大小表示 A 发生的频繁程度. 频率大，事件 A 发生就频繁，A 在一次试验中发生的可能性就大，反之亦然. 因此，直观的想法就是用频率来表示 A 在一次试验中发生的可能性的大小.

表 1-1 是历史上著名的几次抛掷硬币的实验数据.

表 1-1　　　　　　　　　　　**抛硬币实验结果**

试验者	抛硬币次数 n	正面(A)出现次数 n_A	正面(A)出现的频率 $f_n(A)$
德·摩根	2 048	1 061	0.518 0
浦丰	4 040	2 148	0.506 9
皮尔逊	12 000	6 019	0.501 6
皮尔逊	24 000	12 012	0.500 5
维尼	30 000	14 994	0.499 8

从表 1-1 可以看出：正面出现的频率 $f_n(A)$ 在 0 和 1 之间波动，但是当 n 逐渐增大时 $f_n(A)$ 逐渐稳定在 0.5 处，频率表现出稳定性.

大量试验证实，当重复试验的次数 n 逐渐增大时，频率 $f_n(A)$ 呈现出稳定性，逐渐稳定于某个常数. 这种"频率稳定性"即通常所说的统计规律性. 但是，我们不可能对每个事件都做大量的试验，求其频率. 为了理论研究的需要，从频率的稳定性和频率的性质抽象得到表征事件发生可能性大小的概率的定义.

在相同条件下，将试验重复 n 次，如果随着重复试验次数 n 的增大，事件 A 的频率 $f_n(A)$ 越来越稳定地在某一常数 p 附近波动，则称常数 p 为事件 A 的**概率**.

概率：设某试验的样本空间为 S，对其中每个事件 A 定义一个实数 $P(A)$，如果它同时满足下列三个条件：

(1) 非负性：$P(A) \geqslant 0$.

(2) 规范性：$P(S) = 1$.

(3) 可列可加性：若 $A_1, A_2, \cdots$ 两两互不相容，则 $P(\bigcup_{i=1}^{\infty} A_i) = \sum_{i=1}^{\infty} P(A_i)$（简称可加性）.

则称 $P(A)$ 为 A 的**概率**.

在后面章节中将证明，当 $n \to \infty$ 时，频率 $f_n(A)$ 在一定意义下收敛于概率 $P(A)$. 我们可以用概率 $P(A)$ 来表示事件 A 在一次试验中发生的可能性的大小，即事件 A 发生可能性程度的数值度量.

2. 古典概型

第 1 节中的试验 E_1 和 E_4，都具有如下两个特点：

(1) 所有基本事件是有限个；

(2) 各基本事件发生的可能性相同.

满足上面两个条件的试验很普遍，这些试验模型称为**古典概型**，又叫**等可能概型**.

例如：掷一匀称的骰子，令 $A = \{$掷出 2 点$\} = \{2\}$，$B = \{$掷出偶数点$\} = \{2,4,6\}$. 此试验样本空间为 $S = \{1,2,3,4,5,6\}$，于是，应有 $1 = P(S) = 6 \times P(A)$，即 $P(A) = \frac{1}{6}$.

而 $P(B) = 3 \times P(A) = \frac{3}{6} = \frac{B \text{ 所含的基本事件数}}{\text{基本事件总数}}$.

在古典概型中，设其样本空间 S 所含的样本点总数，即试验的基本事件总数为 N_S，而事件 A 所含的样本数，即导致事件 A 发生的基本事件数为 N_A，则事件 A 的概率便定义为：

$$P(A) = \frac{N_A}{N_S} = \frac{A \text{ 包含的基本事件数}}{\text{基本事件总数}}$$

例 1：将一枚质地均匀的硬币连抛三次，求恰有一次正面向上的概率.

解：用 H 表示正面，T 表示反面，则该试验的样本空间

$S = \{(H,H,H)(H,H,T)(H,T,H)(T,H,H)(H,T,T)(T,H,T)(T,T,H)(T,T,T)\}$.

可见 $N_S = 8$. 令 $A = \{$恰有一次出现正面$\}$，则 $A = \{(H,T,T)(T,H,T)(T,T,H)\}$.

可见，$N_A = 3$，故 $P(A) = \frac{N_A}{N_S} = \frac{3}{8}$.

例 2（取球问题）：袋中有 5 个白球,3 个黑球,分别按下列三种取法在袋中取球.

(1) **有放回地取球**：从袋中取三次球,每次取一个,看后放回袋中,再取下一个球;

(2) **无放回地取球**：从袋中取三次球,每次取一个,看后不再放回袋中,再取下一个球;

(3) **一次取球**：从袋中任取 3 个球.

在以上三种取法中均求 $A = \{$恰好取得 2 个白球$\}$ 的概率.

解：(1) 有放回地取球：$N_S = 8 \times 8 \times 8 = 512, N_A = C_3^2 \times 5 \times 5 \times 3 = \binom{3}{2} \times 75 = 225$,

故 $P(A) = \dfrac{N_A}{N_S} = \dfrac{225}{512} = 0.44.$

(2) 无放回地取球：$N_S = P_8^3 = 8 \times 7 \times 6 = 336, N_A = C_3^2 \times 5 \times 4 \times 3 = \binom{3}{2} \times 60 = 180$,

故 $P(A) = \dfrac{N_A}{N_S} = \dfrac{180}{336} = 0.54.$

(3) 一次取球：$N_S = C_8^3 = \binom{8}{3} = \dfrac{8!}{3! \, 5!} = 56, N_A = C_5^2 C_3^1 = \binom{5}{2}\binom{3}{1} = 30$,

故 $P(A) = \dfrac{N_A}{N_S} = \dfrac{30}{56} = 0.54.$

属于取球问题的一个实例：

设有 100 件产品,其中有 5% 的次品,今从中随机抽取 15 件,则其中恰有 2 件次品的概率便为 $P = \dfrac{C_5^2 C_{95}^{13}}{C_{100}^{15}} = \binom{5}{2}\binom{95}{13} \Big/ \binom{100}{15} = \dfrac{7055}{51216} = 0.1377$(属于一次取球模型).

例 3（分球问题）：将 n 个球放入 N 个盒子中去,试求恰有 n 个盒子各有一球的概率 $(n \leqslant N)$.

解：基本事件的总数 $N_S = \underbrace{N \cdot N \cdots N}_{n} = N^n$,令 $A = \{$恰有 n 个盒子各有一球$\}$,先从 N 个盒子里选 n 个盒子,然后在 n 个盒子里对 n 个球全排列,则 $N_A = C_N^n P_n^n = \binom{N}{n} n!.$

故

$$P(A) = \frac{N_A}{N_\Omega} = \binom{N}{n} n! \, / N^n.$$

属于分球问题的一个实例：

全班有 40 名同学,问他们的生日皆不相同的概率为多少? 令 $A = \{$40 个同学生日皆不相同$\}$,则有 $N_S = 365^{40}, N_A = \binom{365}{40} 40!$(可以认为有 365 个盒子,40 个球) 故：

$$P(A) = \binom{365}{40} \frac{40!}{365^{40}} \approx 0.109.$$

例 4（取数问题）：从 $0, 1, \cdots, 9$ 共十个数字中随机不放回地接连取四个数字,并按其出现的先后排成一列,求下列事件的概率：(1) 四个数排成一个偶数;(2) 四个数排成一个四位数;(3) 四个数排成一个四位偶数.

解:令 A={四个数排成一个偶数}, B={四个数排成一个四位数}, C={四个数排成一个四位偶数}.

$N_S = P_{10}^4 = 10 \times 9 \times 8 \times 7, N_A = C_5^1 P_9^3 = 5 \times 9 \times 8 \times 7,$ 故 $P(A) = \dfrac{5 \times 9 \times 8 \times 7}{10 \times 9 \times 8 \times 7} = 0.5.$

$N_B = P_{10}^4 - P_9^3 = 10 \times 9 \times 8 \times 7 - 9 \times 8 \times 7,$ 故 $P(B) = \dfrac{10 \times 9 \times 8 \times 7 - 9 \times 8 \times 7}{10 \times 9 \times 8 \times 7} = 0.9.$

$N_C = C_5^1 P_9^3 - C_4^1 P_8^2 = 5 \times 9 \times 8 \times 7 - 4 \times 8 \times 7,$ 故 $P(C) = \dfrac{5 \times 9 \times 8 \times 7 - 4 \times 8 \times 7}{10 \times 9 \times 8 \times 7} = 0.456.$

例 5(分组问题):将一副 52 张的扑克牌平均分给四个人,分别求有人手里分得 13 张黑桃及有人手里有 4 张 A 牌的概率各为多少?

解:令 A={有人手里有 13 张黑桃}, B={有人手里有 4 张 A 牌}.

$$N_S = C_{52}^{13} C_{39}^{13} C_{26}^{13} C_{13}^{13}, N_A = C_4^1 C_{39}^{13} C_{26}^{13} C_{13}^{13}, N_B = C_4^1 C_{48}^9 C_{39}^{13} C_{26}^{13} C_{13}^{13}.$$

于是

$$P(A) = \frac{N_A}{N_S} = \frac{C_4^1 C_{39}^{13} C_{26}^{13} C_{13}^{13}}{C_{52}^{13} C_{39}^{13} C_{26}^{13} C_{13}^{13}} = \frac{4}{C_{52}^{13}} = 6.3 \times 10^{-12},$$

$$P(B) = \frac{N_B}{N_S} = \frac{C_4^1 C_{48}^9 C_{39}^{13} C_{26}^{13} C_{13}^{13}}{C_{52}^{13} C_{39}^{13} C_{26}^{13} C_{13}^{13}} = \frac{4 C_{48}^9}{C_{52}^{13}} = 0.01.$$

不难证明,古典概型中所定义的概率也有以下三条基本性质:

(1) $P(A) \geqslant 0$;

(2) $P(S) = 1$;

(3) 若 $A_1, A_2, \cdots, A_n$ 两两互不相容,则 $P(\bigcup\limits_{i=1}^{n} A_i) = \sum\limits_{i=1}^{n} P(A_i).$

3. 概率的性质

性质 1:若 $A \subset B$,则 $P(B-A) = P(B) - P(A)$,即差的概率等于概率之差. 如图 1-8 所示.

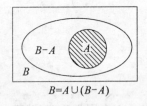

$B = A \cup (B-A)$

图 1-8

证:因为: $A \subset B$,所以: $B = A \cup (B-A)$(图 1-8)且 $A \cap (B-A) = \varnothing$,由概率可加性,

得 $P(B) = P(A \cup (B-A)) = P(A) + P(B-A)$,

即 $P(B-A) = P(B) - P(A)$.

性质 2:若 $A \subset B$,则 $P(A) \leqslant P(B)$,即概率的单调性.

证:由性质 1 及概率的非负性得 $0 \leqslant P(B-A) = P(B) - P(A)$,即 $P(A) \leqslant P(B)$.

性质 3: $P(A) \leqslant 1$.

证:由于 $A \subset S$,由性质 2 及概率的规范性可得 $P(A) \leqslant 1$.

性质 4:对任意事件 $A, P(\overline{A}) = 1 - P(A)$

证:在性质 1 中令 $B = S$ 便有 $P(\overline{A}) = P(S-A) = P(S) - P(A) = 1 - P(A)$.

性质 5: $P(\varnothing) = 0$

证:在性质 4 中,令 $A = S$,便有 $P(\varnothing) = P(\overline{S}) = 1 - P(S) = 0$.

性质 6：(**加法公式**) 对任意事件 A,B，有 $P(A \bigcup B) = P(A) + P(B) - P(AB)$.

证：如图 1-9 所示，由于 $A \bigcup B = A \bigcup (B - AB)$ 且 $A \bigcap (B - AB) = \varnothing$.

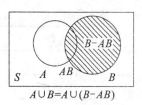

$A \bigcup B = A \bigcup (B - AB)$

图 1-9

由概率的可加性及性质 1 便得

$$P(A \bigcup B) = P(A \bigcup (B - AB)) = P(A) + P(B - AB)$$
$$= P(A) + P(B) - P(AB).$$

推广：$P(A \bigcup B \bigcup C) = P(A) + P(B) + P(C) - P(AB) - P(AC) - P(BC) + P(ABC)$.

例 6：设 10 个产品中有 3 个是次品，今从中任取 3 个，试求取出产品中至少有一个是次品的概率.

解：令 $C = \{$取出产品中至少有一个是次品$\}$，则 $\overline{C} = \{$取出产品中皆为正品$\}$，于是由性质 4 得

$$P(C) = 1 - P(\overline{C}) = 1 - \frac{C_7^3}{C_{10}^3} = 1 - \frac{7 \times 6 \times 5}{10 \times 9 \times 8} = \frac{17}{24} \approx 0.71.$$

例 7：设 A, B, C 为三个事件，已知 $P(A) = P(B) = P(C) = \frac{1}{4}$，$P(AB) = P(AC) = 0$，$P(BC) = \frac{1}{8}$，求 A, B, C 至少有一个发生的概率.

解：由于 $ABC \subset AB$，故 $0 \leqslant P(ABC) \leqslant P(AB) = 0$，从而 $P(ABC) = 0$.

于是所求的概率为

$$P(A \bigcup B \bigcup C) = P(A) + P(B) + P(C) - P(AB) - P(AC) - P(BC) + P(ABC)$$
$$= \frac{1}{4} + \frac{1}{4} + \frac{1}{4} - 0 - 0 - \frac{1}{8} + 0 = \frac{5}{8}$$

1.3 条 件 概 率

前面讨论了一个事件或几个事件的概率及其关系. 在实际生活中，有些事件的发生有一定的关系. 比如，观察每月白天最高气温的情况. 在中国，7 月份的最高气温比 1 月份的最高气温要高，7 月份某天最高气温高过 30 ℃ 的概率比 1 月某天最高气温高过 30 ℃ 的概率要大. 这里的概率受两个事件影响：一个是气温，一个是月份. 对于这样的概率差别，我们用条件概率来表示.

1. 条件概率的概念

条件概率是概率论中一个重要的概念. 所考虑的是在已知事件 B 发生条件下，事件 A 发生的概率. 看如下例子.

某一学院有学生 500 人，男女各一半，男女学生中研究生分别为 40 人和 10 人，即该学院学生结构如下(表 1-2)：

表 1-2

人数	男	女	总和
研究生	40	10	50
本科生	210	240	450
总和	250	250	500

现从该学院中任选一学生,令 $A = \{$选出的学生为研究生$\}$,$B = \{$选出的学生为女学生$\}$,显然,$P(A) = \dfrac{50}{500}$,$P(B) = \dfrac{250}{500}$,$P(AB) = \dfrac{10}{500}$;

而在已知事件 B 发生条件下,事件 A 发生,也就是女研究生. 女学生有 250 人,其中研究生有 10 人. 其概率为:

$$P = \frac{10}{250} = \frac{10/500}{250/500} = \frac{P(AB)}{P(B)}.$$

我们把这个概率称为条件概率,下面给出条件概率的定义.

设 A、B 为两事件,如果 $P(B) > 0$,则称 $P(A \mid B) = \dfrac{P(AB)}{P(B)}$ 为在事件 B 发生的条件下,事件 A 的**条件概率**. 同样,如果 $P(A) > 0$,则称 $P(B \mid A) = \dfrac{P(AB)}{P(A)}$ 为在事件 A 发生条件下,事件 B 的**条件概率**.

条件概率也是概率,它也满足概率定义的三个性质.

例 1:某种集成电路使用到 2 000 小时还能正常工作的概率为 0.94,使用到 3 000 小时还能正常工作的概率为 0.87. 有一块集成电路已工作了 2 000 小时,向它还能再工作 1 000 小时的概率为多大?

解:令 $A = \{$集成电路能正常工作到 2 000 小时$\}$,$B = \{$集成电路能正常工作到 3 000 小时$\}$. 已知:$P(A) = 0.94$,$P(B) = 0.87$,且 $B \subset A$,即有 $AB = B$,于是 $P(AB) = P(B) = 0.87$.

所要求的概率为:$P(B \mid A) = \dfrac{P(AB)}{P(A)} = \dfrac{0.87}{0.94} \approx 0.926$.

2. 乘法公式

由条件概率的定义,我们很容易得到下面的定理,也称条件概率的**乘法公式**.

定理 1:如果 $P(B) > 0$,则有 $P(AB) = P(B)P(A \mid B)$,如果 $P(A) > 0$,则有 $P(AB) = P(A)P(B \mid A)$.

例 2:已知某产品的不合格品率为 4%,而合格品中有 75% 的一级品,今从这批产品中任取一件,求取得的产品为一级品的概率.

解:令 $A = \{$任取一件产品为一级品$\}$,$B = \{$任取一件产品为合格品$\}$,显然 $A \subset B$,即有 $AB = A$,故 $P(AB) = P(A)$. 于是,所要求的概率便为

$$P(A) = P(AB) = P(B)P(A \mid B) = 96\% \times 75\% = 72\%.$$

例 3:为了防止意外,在矿内安装两个报警系统 a 和 b,每个报警系统单独使用时,系统 a

有效的概率为 0.92,系统 b 有效的概率为 0.93,而在系统 a 失灵情况下,系统 b 有效的概率为 0.85,试求:(1) 当发生意外时,两个报警系统至少有一个有效的概率;(2) 在系统 b 失灵情况下,系统 a 有效的概率.

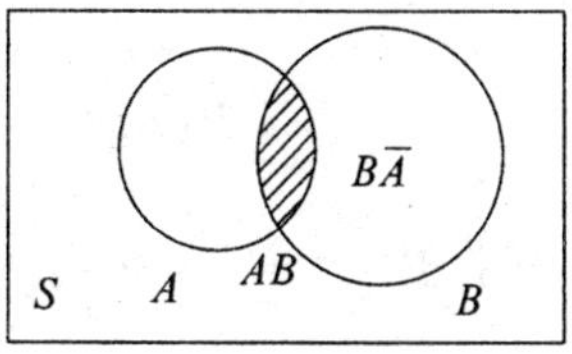

$AB = B - B\overline{A}$

图 1-10

解:令 $A = \{$系统 a 有效$\}$　$B = \{$系统 b 有效$\}$

已知 $P(A) = 0.92, P(B) = 0.93, P(B \mid \overline{A}) = 0.85$.

对问题(1),所要求的概率为:

$$P(A \bigcup B) = P(A) + P(B) - P(AB) = 1.85 - P(AB),$$

其中 $P(AB) = P(B - B\overline{A})$(图 1-10)$= P(B) - P(B\overline{A})$

$$= P(B) - P(\overline{A})P(B \mid \overline{A})$$

$$= 0.93 - 0.08 \times 0.85 = 0.862.$$

于是 $P(A \bigcup B) = 1.85 - 0.862 = 0.988$.

对问题(2),所要求的概率为:

$$P(A \mid \overline{B}) = \frac{P(A\overline{B})}{P(\overline{B})} = \frac{P(A - AB)}{1 - P(B)} = \frac{P(A) - P(AB)}{1 - 0.93} = \frac{0.92 - 0.862}{0.07} = 0.829.$$

推广:如果 $P(A_1 A_2 \cdots A_{n-1}) > 0$,则有:

$$P(A_1 A_2 \cdots A_n) = P(A_1)P(A_2 \mid A_1)P(A_3 \mid A_1 A_2) \cdots P(A_n \mid A_1 A_2 \cdots A_{n-1})$$

证:由于 $A_1 \supset A_1 A_2 \supset \cdots \supset A_1 A_2 \cdots A_{n-1}$,

故 $P(A_1) \geqslant P(A_1 A_2) \geqslant \cdots \geqslant P(A_1 A_2 \cdots A_{n-1}) > 0$.

所以上面等式右边的诸条件概率均存在,且由乘法公式可得:

$$P(A_1 A_2 \cdots A_n) = P(A_1 A_2 \cdots A_{n-1})P(A_n \mid A_1 A_2 \cdots A_{n-1})$$

$$= P(A_1 A_2 \cdots A_{n-2})P(A_{n-1} \mid A_1 A_2 \cdots A_{n-2})P(A_n \mid A_1 A_2 \cdots A_{n-1})$$

$$= \cdots = P(A_1)P(A_2 \mid A_1)P(A_3 \mid A_1 A_2) \cdots P(A_n \mid A_1 A_2 \cdots A_{n-1}).$$

例 4:10 个考签中有 4 个难签,三个人参加抽签(无放回),甲先,乙次,丙最后,试问(1)甲、乙、丙均抽得难签的概率为多少? (2) 甲、乙、丙抽得难签的概率各为多少?

解:令 A, B, C 分别表示甲、乙、丙抽得难签的事件.

对问题(1),所求的概率为:

$$P(ABC) = P(A)P(B \mid A)P(C \mid AB) = \frac{4}{10} \times \frac{3}{9} \times \frac{2}{8} = \frac{1}{30} = 0.033.$$

对问题(2),甲抽得难签的概率为:$P(A) = \frac{4}{10} = 0.4$;

乙抽得难签的概率为:

$$P(B) = P(AB \bigcup \overline{A}B) = P(AB) + P(\overline{A}B) = P(A)P(B \mid A) + P(\overline{A})P(B \mid \overline{A})$$

$$= \frac{4}{10} \times \frac{3}{9} + \frac{6}{10} \times \frac{4}{9} = 0.4;$$

丙抽得难签的概率为:

$$P(C) = P(ABC \bigcup \overline{A}BC \bigcup A\overline{B}C \bigcup \overline{A}\overline{B}C) = P(ABC) + P(\overline{A}BC) + P(A\overline{B}C) + P(\overline{A}\overline{B}C)$$

其中 $P(ABC) = \frac{1}{30}, P(\overline{A}BC) = P(\overline{A})P(B \mid \overline{A})P(C \mid \overline{A}B) = \frac{6}{10} \times \frac{4}{9} \times \frac{3}{8} = \frac{1}{10}$

$$P(A\overline{B}C) = P(A)P(\overline{B} \mid A)P(C \mid A\overline{B}) = \frac{4}{10} \times \frac{6}{9} \times \frac{3}{8} = \frac{1}{10}$$

$$P(\overline{A}\overline{B}C) = P(\overline{A})P(\overline{B} \mid \overline{A})P(C \mid \overline{A}\,\overline{B}) = \frac{6}{10} \times \frac{5}{9} \times \frac{4}{8} = \frac{1}{6}.$$

于是 $P(C) = \frac{1}{30} + \frac{1}{10} + \frac{1}{10} + \frac{1}{6} = \frac{4}{10} = 0.4.$

3. 全概率公式

对于由几个事件组成的全体和其组成部分之间的关系,有全概率公式.讨论全概率公式之前,先给出如下定义.

完备事件组:如果一组事件 $H_1, H_2, \cdots, H_n$ 在每次试验中发生且仅发生一个,即 $\bigcup\limits_{i=1}^{n} H_i = S$ 且 $H_i \bigcap H_j = \varnothing (i \neq j)$,则称此事件组为该试验的一个完备事件组.

例如,在掷一颗骰子的试验中,以下事件组均为完备事件组:①$\{1\},\{2\},\{3\},\{4\},\{5\},\{6\}$;②$\{1,2,3\},\{4,5\},\{6\}$;③$A,\overline{A}$($A$ 为试验中任意一事件).

定理 2:设 $H_1, H_2, \cdots, H_n$ 为一完备事件组,且 $P(H_i) > 0 (i = 1, 2, \cdots, n)$,则对于任意事件 A 有全概率公式:

$$P(A) = \sum_{i=1}^{n} P(H_i)P(A \mid H_i).$$

证:由于 $\bigcup\limits_{i=1}^{n} H_i = S$,且对于任意 $i \neq j, H_i \bigcap H_j = \varnothing$,于是 $A = A \bigcap \left(\bigcup\limits_{i=1}^{n} H_i\right) = \bigcup\limits_{i=1}^{n} (AH_i)$,且对于任意 $i \neq j, AH_i \bigcap AH_j = \varnothing$,于是由概率的可加性及乘法公式便得:

$$P(A) = P\left(\bigcup_{i=1}^{n} AH_i\right) = \sum_{i=1}^{n} P(AH_i) = \sum_{i=1}^{n} P(H_i)P(A \mid H_i).$$

例 5:盒中放有 12 个乒乓球,其中 9 个是新的,第一次比赛时,从盒中任取 3 个使用,用后放回盒中,第二次比赛时,再取 3 个使用,求第二次取出都是新球的概率.

解:令 $H_i = \{$第一次比赛时取出的 3 个球中有 i 个新球$\}, i = 0, 1, 2, 3, A = \{$第二次比赛取出的 3 个球均为新球$\}$.

于是 $P(H_0) = C_3^3/C_{12}^3, P(H_1) = C_3^2 C_9^1/C_{12}^3, P(H_2) = C_3^1 C_9^2/C_{12}^3, P(H_3) = C_9^3/C_{12}^3$

而 $P(A \mid H_0) = C_9^3/C_{12}^3, P(A \mid H_1) = C_8^3/C_{12}^3, P(A \mid H_2) = C_7^3/C_{12}^3, P(A \mid H_3) = C_6^3/C_{12}^3.$

由全概率公式便可得所求的概率

$$P(A) = \sum_{i=1}^{3} P(H_i)P(A \mid H_i) = \frac{C_3^3}{C_{12}^3}\frac{C_9^3}{C_{12}^3} + \frac{C_3^2 C_9^1}{C_{12}^3}\frac{C_8^3}{C_{12}^3} + \frac{C_3^1 C_9^2}{C_{12}^3}\frac{C_7^3}{C_{12}^3} + \frac{C_9^3}{C_{12}^3}\frac{C_6^3}{C_{12}^3} = 0.146.$$

4. 贝叶斯公式

将全概率公式和乘法公式结合,可以得到贝叶斯公式.

定理 3:设 $H_1, H_2, \cdots, H_n$ 为一完备事件组,且 $P(H_i) > 0 (i = 1, 2, \cdots, n)$,又设 A 为任意事件,且 $P(A) > 0$,则有贝叶斯公式

$$P(H_k \mid A) = \frac{P(H_k)P(A \mid H_k)}{\sum\limits_{i=1}^{n} P(H_i)P(A \mid H_i)}, \quad k = 1, 2, \cdots, n.$$

证：由乘法公式和全概率公式即可得到

$$P(H_k \mid A) = \frac{P(H_kA)}{P(A)} = \frac{P(H_k)P(A \mid H_k)}{\sum\limits_{i=1}^{n} P(H_i)P(A \mid H_i)}, \quad k = 1, 2, \cdots, n.$$

例 6：两信息分别编码为 X 和 Y 传送出去,接收站接收时,X 被误收作为 Y 的概率为 0.02,而 Y 被误作为 X 的概率为 0.01.信息 X 与 Y 传送的频繁程度之比为 2∶1,若接收站收到的信息为 X,问原发信息也是 X 的概率为多少?

解：设 $H = \{$原发信息为 X$\}$,而 $\overline{H} = \{$原发信息为 Y$\}$,又设 $A = \{$收到信息为 X$\}$,而 $\overline{A} = \{$收到信息为 Y$\}$,

由题意可知 $P(H) = \dfrac{2}{3}, P(\overline{H}) = \dfrac{1}{3}, P(A \mid H) = 1 - P(\overline{A} \mid H) = 1 - 0.02 = 0.98$,

由贝叶斯公式便可求得所要求的概率为:

$$P(H \mid A) = \frac{P(A \mid H)P(H)}{P(A \mid H)P(H) + P(A \mid \overline{H})P(\overline{H})} = \frac{0.98 \times \dfrac{2}{3}}{0.98 \times \dfrac{2}{3} + 0.01 \times \dfrac{1}{3}} = \frac{196}{197}.$$

例 7：设有一箱产品是由三家工厂生产的,已知其中 $\dfrac{1}{2}$ 的产品是由甲厂生产的,乙、丙两厂的产品各占 $\dfrac{1}{4}$,已知甲、乙两厂的次品率为 2%,丙厂的次品率为 4%,现从箱中任取一产品.(1)求所取得产品是甲厂生产的次品的概率;(2)求所取得产品是次品的概率;(3)已知所取得产品是次品,问它是由甲厂生产的概率是多少?

解：令 H_1, H_2, H_3 分别表示所取得的产品是属于甲、乙、丙厂的事件,$A = \{$所取得的产品为次品$\}$.显然 $P(H_1) = \dfrac{1}{2}, P(H_2) = P(H_3) = \dfrac{1}{4}, P(A \mid H_1) = P(A \mid H_2) = 2\%$, $P(A \mid H_3) = 4\%$.

对问题(1),由乘法公式可得所要求的概率为:

$$P(H_1A) = P(H_1)P(A \mid H_1) = \frac{1}{2} \times 2\% = 1\%.$$

对问题(2),由全概率公式可得所要求的概率为:

$$P(A) = \sum_{i=1}^{3} P(H_i)P(A \mid H_i) = \frac{1}{2} \times 2\% + \frac{1}{4} \times 2\% + \frac{1}{4} \times 4\% = 2.5\%.$$

对问题(3),由贝叶斯公式可得所要求的概率为:

$$P(H_1 \mid A) = \frac{P(H_1)P(A \mid H_1)}{P(A)} = \frac{1\%}{2.5\%} = 40\%.$$

1.4　事件的独立性

设 A, B 是试验 E 的两个事件,若 $P(A) > 0$,可以定义 $P(B \mid A)$.一般情况下 A 的发生

对 B 发生的概率是有影响的,这时 $P(B\mid A)\neq P(B)$.当这种影响不存在时,就有 $P(B\mid A)=P(B)$,这时,由乘法公式有 $P(AB)=P(A)P(B\mid A)=P(A)P(B)$.看下面的例子.

例 1:袋中有 3 个白球 2 个黑球,现从袋中(1)有放回地取球;(2)无放回地取球,分别取两次球,每次取一球,令 $A=\{$第一次取出的是白球$\}$,$B=\{$第二次取出的是白球$\}$,问 $P(B\mid A)$ 与 $P(B)$ 是否相等?

解:(1)**有放回地取球情况**,则有

$$P(A)=\frac{3}{5},P(B)=\frac{3}{5},P(AB)=\frac{9}{25},P(B\mid A)=\frac{P(AB)}{P(A)}=\frac{3}{5}.$$

可见,$P(B\mid A)=P(B)$.

(2)**无放回地取球情况**,则有

$$P(A)=\frac{3}{5},P(B)=\frac{3\times2+2\times3}{5\times4}=\frac{3}{5},P(AB)=\frac{3\times2}{5\times4}=\frac{3}{10},P(B\mid A)=\frac{P(AB)}{P(A)}=\frac{1}{2}.$$

可见,$P(B\mid A)\neq P(B)$.

这里的两种情况反映了 A 与 B 的不同关系,第一种情况中显示事件 B 的发生与事件 A 的发生无关.

1. 事件的独立性

如果事件 B 的发生不影响事件 A 的概率,即 $P(A\mid B)=P(A)$,$(P(B)>0)$,则称事件 A 对事件 B **独立**.

如果事件 A 的发生不影响事件 B 的概率,即 $P(B\mid A)=P(B)$,$(P(A)>0)$,则称事件 B 对事件 A **独立**.

不难证明,当 $P(A)>0$,$P(B)>0$ 时,上述两个式子是等价的.

事实上,如果 $P(A\mid B)=P(A)$,则有 $P(AB)=P(B)P(A\mid B)=P(A)P(B)$.

反之,如果 $P(AB)=P(A)P(B)$,则有 $P(A\mid B)=\frac{P(AB)}{P(B)}=\frac{P(A)P(B)}{P(B)}=P(A)$.

即 $P(A\mid B)=P(A)\Leftrightarrow P(AB)=P(A)P(B)$,

同样可证 $P(B\mid A)=P(B)\Leftrightarrow P(AB)=P(A)P(B)$.

总之 $P(A\mid B)=P(A)\Leftrightarrow P(AB)=P(A)P(B)\Leftrightarrow P(B\mid A)=P(B)$,可见事件独立性是相互的.

设 A,B 为两个事件,如果 $P(AB)=P(A)P(B)$,则称事件 A 与事件 B **相互独立**.

两事件相互独立的含义是它们中一个**已经发生**,不影响另一个发生的概率.在实际应用中,对于事件的独立性常常根据事件的实际意义去判断.一般,若由实际情况分析,两个事件之间没有关联或关联很微弱,那就认为它们是相互独立的.

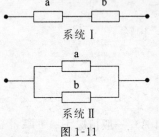

系统 I

系统 II

图 1-11

例 2:设有两元件,按串联和并联方式构成两个系统 I,II,如图 1-11 所示.每个元件的可靠性(即元件正常工作的概率)为 $r(0<r<1)$.假定两元件工作彼此独立,求两系统的可靠性.

解:令 $A=\{$元件 a 正常工作$\}$,$B=\{$元件 b 正常工作$\}$,且 A,B 独立.$C_1=\{$系统 I 正常工作$\}$,$C_2=\{$系统 II 正常工作$\}$.

于是系统 I 的可靠性为 $P(C_1)=P(AB)=P(A)P(B)=r^2$.

系统 Ⅱ 的可靠性为 $P(C_2) = P(A \cup B) = P(A) + P(B) - P(AB) = 2r - r^2$.

显然 $P(C_2) = 2r - r^2 > r^2 = P(C_1)(0 < r < 1)$,系统 Ⅱ 的可靠性大于系统 Ⅰ 的可靠性.

设 A, B, C 为三个事件,如果 $P(AB) = P(A)P(B), P(AC) = P(A)P(C), P(BC) = P(B)P(C), P(ABC) = P(A)P(B)P(C)$ 则称 A, B, C 为相互独立的.

设 $A_1, A_2, \cdots, A_n$ 为 n 个事件,如果对任意正整数 $k(k \leqslant n)$ 及上述事件中的任意 k 个事件 $A_{i_1}, A_{i_2}, \cdots, A_{i_k}$,有 $P(A_{i_1} A_{i_2} \cdots A_{i_k}) = P(A_{i_1})P(A_{i_2}) \cdots P(A_{i_k})$,则称这 n 个事件 $A_1, A_2, \cdots, A_n$ 是相互独立的.

下面有几个结论:

(1) A, B 独立、$A, \overline{B}$ 独立、$\overline{A}, B$ 独立、$\overline{A}, \overline{B}$ 独立的四个命题有一个成立,其他三个必成立.

证:设 A, B 独立,即 $P(AB) = P(A)P(B)$,

于是有 $P(A\overline{B}) = P(A - AB) = P(A) - P(A)P(B) = P(A)P(\overline{B})$.

故 $A, \overline{B}$ 独立.同样的方法可证明其他结论.

(2) 如果 $A_1, A_2, \cdots, A_n$ 相互独立,则 $P(\bigcap_{i=1}^{n} A_i) = \prod_{i=1}^{n} P(A_i)$.

(3) 如果 $A_1, A_2, \cdots, A_n$ 相互独立,则 $P(\bigcup_{i=1}^{n} A_i) = 1 - \prod_{i=1}^{n} P(\overline{A_i})$.

证:$P(\bigcup_{i=1}^{n} A_i) = 1 - P(\overline{\bigcup_{i=1}^{n} A_i}) = 1 - P(\bigcap_{i=1}^{n} \overline{A_i}) = 1 - \prod_{i=1}^{n} P(\overline{A_i})$.

例 3:设每支步枪击中飞机的概率为 $p = 0.004$,

(1) 现有 250 支步枪同时射击,求飞机被击中的概率;

(2) 若要以 99% 概率击中飞机,问需多少支步枪同时射击?

解:令 $A_i = \{$第 i 支步枪击中飞机$\}$　$i = 1, 2, \cdots, n; A = \{$飞机被击中$\}$.

对问题(1),$n = 250$,所求的概率为

$$P(A) = P(A_1 \cup A_2 \cup \cdots A_{250}) = 1 - P(\overline{A_1})P(\overline{A_2}) \cdots P(\overline{A_{250}})$$
$$= 1 - (1 - p)^{250} = 1 - 0.996^{250} \approx 0.63.$$

对问题(2),n 为所需的步枪数,按题意 $P(A) = 1 - (1 - p)^n = 0.99$,得 $n = \dfrac{\ln 0.01}{\ln 0.996} \approx 1150$.

2. 独立重复试验

对于许多随机试验,人们经常关心的是某事件 A 是否发生.例如,抛硬币时注意的是正面是否朝上;产品抽样检查时,注意的是抽出的产品是否为次品,等等.在相同条件下,将某试验重复进行 n 次,且每次试验中任何一事件的概率不受其他次试验结果的影响,此种试验称为 n **次独立重复试验**.

如果实验只有两个可能结果 $A, \overline{A}$,且 $P(A) = p(0 < p < 1)$,称此试验为贝努里试验.将贝努里试验独立重复 n 次所构成 n 次独立重复试验称为 n **重贝努里试验**.

例如:

(1) 将一骰子掷 10 次观察出现 6 点的次数 ——10 重贝努里试验.

(2) 在装有 8 个正品,2 个次品的箱子中,有放回地取 5 次产品,每次取一个,观察取得次品的次数 ——5 重贝努里试验.

(3) 向目标独立地射击 n 次,每次击中目标的概率为 p,观察击中目标的次数 ——n 重贝努里试验等.

一个重要的结果:在 n 重贝努里实验中,假定每次实验中事件 A 出现的概率为 $p(0 < P < 1)$,则在这 n 重贝努里实验中事件 A 恰好出现 $k(k \leqslant n)$ 次的概率为 $P_n(k) = C_n^k p^k q^{n-k}, k = 0, 1, 2, \cdots, n$ 其中 $q = 1 - p$.

事实上,令 $A_i = \{$第 i 次试验 A 出现$\}$,而 $\overline{A} = \{$第 i 次试验 A 不出现$\}$,$i = 1, 2, \cdots, n$. 因此,在 n 次独立重复试验中事件 A 恰好出现 k 次的事件便可表示为

$$A_1 A_2 \cdots A_k \overline{A_{k+1}} \overline{A_{k+2}} \cdots \overline{A_n} \bigcup A_1 A_2 \cdots \overline{A_{k-1}} A_k \overline{A_{k+1}} \cdots \overline{A_n} \bigcup \cdots \bigcup \overline{A_1} \overline{A_2} \cdots \overline{A_{n-k}} A_{n-k+1} \cdots A_n.$$

上式为在 n 次试验中恰有 k 次 A 出现,而在另外 $n-k$ 次为 A 不出现的所有可能事件之和,这些事件共有 C_n^k 个,且它们是两两互不相容的. 于是由概率的可加性及事件的独立性便可得到在 n 重贝努里试验中事件 A 恰好出现 k 次的概率为

$$P_n(k) = P(A_1 A_2 \cdots A_k \overline{A_{k+1}} \overline{A_{k+2}} \cdots \overline{A_n} \bigcup A_1 A_2 \cdots \overline{A_{k-1}} A_k \overline{A_{k+1}} \cdots$$
$$\overline{A_n} \bigcup \cdots \bigcup \overline{A_1} \overline{A_2} \cdots \overline{A_{n-k}} A_{n-k+1} \cdots A_n)$$
$$= \underbrace{p^k q^{n-k} + p^k q^{n-k} + \cdots + p^k q^{n-k}}_{\text{共} C_n^k \text{组}}$$
$$= C_n^k p^k q^{n-k}.$$

例 4:设电灯泡的耐用时数在 1 000 小时以上的概率为 0.2,求三个灯泡在使用了 1 000 小时之后:(1) 恰有一个灯泡损坏的概率;(2) 至多有一个灯泡损坏的概率.

解:在某一时刻观察三个灯泡损坏情况为 3 重贝努里实验. 令 $A = \{$灯泡是坏的$\}$,则 $p = P(A) = 0.8$.

若令 $B_i = \{$有 i 个灯泡损坏$\}$,$i = 0, 1, 2, 3$;

对于问题(1),所求的概率为 $P(B_1) = P_3(1) = C_3^1 0.8^1 0.2^2 = 0.096$.

对于问题(2),所求的概率为:

$$P(B_0 \bigcup B_1) = P(B_0) + P(B_1) = P_3(0) + P_3(1) = 0.2^3 + C_3^1 \times 0.8 \times 0.2^2 = 0.104.$$

例 5:某工厂生产某种产品,其次品率为 0.01,该厂以每 10 个产品为一包出售,并保证若包内多于一个次品便可退货,问卖出的产品与被退的比例多大?

解:卖出产品被退回的比例也即卖出一包产品被退回的概率,观测一包内次品(即事件 A,$p = P(A) = 0.01$)数的实验可视为 10 重贝努里实验. 令 $B_i = \{$包内有 i 个次品$\}$,$i = 0, 1, 2, \cdots, 10$,则 $P(B_i) = C_{10}^i \times 0.01^i \times 0.99^{10-i}$,$i = 0, 1, 2, \cdots, 10$. 令 $C = \{$卖出一包被退回$\}$,则

$$P(C) = 1 - P(\overline{C}) = 1 - P(B_0 \bigcup B_1) = 1 - 0.99^{10} - C_{10}^1 \times 0.01 \times 0.99^9 \approx 0.004.$$

如果厂方以 20 个产品为一包出售,并保证包内多于 2 个次品便可退货,情况又将如何呢?

类似可算得 $P(C) = 1 - 0.99^{20} - C_{20}^1 \times 0.01 \times 0.99^{19} - C_{20}^2 \times 0.01^2 \times 0.99^{18} \approx 0.001$.

习 题 1

1. 写出下列随机试验的样本空间.

(1) 记录一个班级一次概率统计考试的平均分数(设以百分制记分).

(2) 同时掷三颗骰子,记录三颗骰子点数之和.

(3) 生产产品直到有 10 件正品为止,记录生产产品的总件数.

(4) 对某工厂出厂的产品进行检查,合格的记上"正品",不合格的记上"次品",如连续查出 2 个次品就停止检查,或检查 4 个产品就停止检查,记录检查的结果.

(5) 在单位正方形内任意取一点,记录它的坐标.

(6) 实测某种型号灯泡的寿命.

2. 设 A,B,C 为三事件,用 A,B,C 的运算关系表示下列各事件:

(1) A 发生,B 与 C 不发生.

(2) A 与 B 都发生,而 C 不发生.

(3) A,B,C 中至少有一个发生.

(4) A,B,C 都发生.

(5) A,B,C 都不发生.

(6) A,B,C 中不多于一个发生.

(7) A,B,C 至少有一个不发生.

(8) A,B,C 中至少有两个发生.

3. 从 1、2、3、4、5 这 5 个数中,任取其三,构成一个三位数.试求下列事件的概率:

(1) 三位数是奇数;   (2) 三位数为 5 的倍数;

(3) 三位数为 3 的倍数;   (4) 三位数小于 350.

4. 某油漆公司发出 17 桶油漆,其中白漆 10 桶、黑漆 4 桶、红漆 3 桶,在搬运中所有标签脱落,交货人随意将这些油漆发给顾客.问一个订货 4 桶白漆、3 桶黑漆和 2 桶红漆的顾客,能按所定颜色如数得到订货的概率是多少?

5. 在 1 700 个产品中有 500 个次品、1 200 个正品.任取 200 个.

(1) 求恰有 90 个次品的概率;

(2) 求至少有 2 个次品的概率.

6. 把 10 本书任意地放在书架上,求其中指定的三本书放在一起的概率.

7. 从 5 双不同的鞋子中任取 4 只,这 4 只鞋子中至少有两只鞋子配成一双的概率是多少?

8. 把长度为 a 的线段在任意二点折断成为三线段,求它们可以构成一个三角形的概率.

9. 甲乙两艘轮船要在一个不能同时停泊两艘轮船的码头停泊,它们在一昼夜内到达的时刻是等可能的.若甲船的停泊时间是一小时,乙船的停泊时间是两小时,求它们中任何一艘都不需等候码头空出的概率.

10. 已知 $P(A) = \frac{1}{4}$，$P(B \mid A) = \frac{1}{3}$，$P(A \mid B) = \frac{1}{2}$，求 $P(B)$，$P(A \cup B)$.

11. 在做钢筋混凝土构件以前,通过拉伸试验,抽样检查钢筋的强度指标。今有一组 A3 钢筋 100 根,次品率为 2%,任取 3 根做拉伸试验,如果 3 根都是合格品的概率大于 0.95,认为这组钢筋可用于做构件,否则作为废品处理,问这组钢筋能否用于做构件?

12. 某人忘记了密码锁的最后一个数字,他随意地拨数,求他拨数不超过三次而打开锁的概率.若已知最后一个数字是偶数,那么此概率是多少?

13. 袋中有 8 个球,6 个是白球、2 个是红球.8 个人依次从袋中各取一球,每人取一球后不再放回袋中.问第一人,第二人,…,最后一人取得红球的概率各是多少个.

14. 设 10 件产品中有 4 件不合格品,从中任取两件,已知两件中有一件是不合格品,问另一件也是不合格品的概率是多少?

15. 设有甲、乙两袋,甲袋中装有 n 只白球、m 只红球;乙袋中装有 N 只白球、M 只红球,今从甲袋中任意取一只球放入乙袋中,再从乙袋中任意取一只球.问取到白球的概率是多少?

16. 盒中放有 12 只乒乓球,其中有 9 只是新的.第一次比赛时从其中任取 3 只来用,比赛后仍放回盒中.第二次比赛时再从盒中任取 3 只,求第二次取出的球都是新球的概率.

17. 将两信息分别编码为 A 和 B 传递出去,接收站收到时,A 被误收作 B 的概率为 0.02,而 B 被误收作 A 的概率为 0.01,信息 A 与信息 B 传送的频繁程度为 2∶1,若接收站收到的信息是 A,问原发信息是 A 的概率是多少?

18. 甲、乙、丙三组工人加工同样的零件,它们出现废品的概率:甲组是 0.01,乙组是 0.02,丙组是 0.03,它们加工完的零件放在同一个盒子里,其中甲组加工的零件是乙组加工的 2 倍,丙组加工的是乙组加工的一半,从盒中任取一个零件是废品,求它不是乙组加工的概率.

19. 有两箱同种类的零件.第一箱装 50 只,其中 10 只一等品;第二箱装 30 只,其中 18 只一等品.今从两箱中任挑出一箱,然后从该箱中取零件两次,每次任取一只,作不放回抽样.试求(1) 第一次取到的零件是一等品的概率.(2) 第一次取到的零件是一等品的条件下,第二次取到的也是一等品的概率.

20. 设有四张卡片分别标以数字 $1,2,3,4$,今任取一张,设事件 A 为取到 4 或 2,事件 B 为取到 4 或 3,事件 C 为取到 4 或 1,试验证
$$P(AB) = P(A)P(B), P(BC) = P(B)P(C),$$
$$P(CA) = P(C)P(A), P(ABC) \neq P(A)P(B)P(C).$$

21. 如果一危险情况 C 发生时,一电路闭合并发出警报,我们可以借用两个或多个开关并联以改善可靠性,在 C 发生时这些开关每一个都应闭合,且若至少一个开关闭合了,警报就发出,如果两个这样的开关并联连接,它们每个具有 0.96 的可靠性(即在情况 C 发生时闭合的概率),问这时系统的可靠性(即电路闭合的概率)是多少?如果需要有一个可靠性至少为 0.999 9 的系统,则至少需要用多少只开关并联?这里设备开关闭合与否都是相互独立的.

22. 甲、乙、丙三人同时对飞机进行射击,三人中的概率分别为 0.4,0.5,0.7.飞机被一人击中而被击落的概率为 0.2,被两人击中而被击落的概率为 0.6,若三人都击中,飞机必定

被击落.求飞机被击落的概率.

23. 在装有 6 个白球,8 个红球和 3 个黑球的口袋中,有放回地从中任取 5 次,每次取出一个.试求恰有 3 次取到非白球的概率.

24. 电灯泡使用时数在 1 000 小时以上的概率为 0.2,求三个灯泡在使用 1 000 小时后最多只有一只坏了的概率.

25. 在打桩施工中,断桩是常见的.经统计,甲组断桩的概率为 3%,乙组断桩的概率为 1.2%.某工地准备打 15 根桩,甲组打 5 根,乙组打 10 根,问:

(1) 产生断桩的概率是多少?

(2) 甲组断两根的概率是多少?

第2章 随机变量及其分布

前面通过引入随机现象、随机试验、随机事件等概念,讨论了随机事件的关系与运算.在刻画随机事件时,采用语言描述等较繁琐的定性方法,且只是考虑个别随机事件的概率.为了全面深入地研究随机现象,揭示随机现象的统计规律性,必须对随机事件进行定量的数学处理.本章将随机试验的结果数量化,将随机试验的结果与实数对应起来,建立类似实函数的映射.这种随机实验结果与实数的对应关系,称为随机变量.随机变量的引入,使人们能用高等数学的方法来研究随机试验.用随机变量描述随机现象是概率论中最重要的方法.本章同时考虑随机变量在整个取值范围内的概率分布情况,这就是离散随机变量的分布律,对于连续型随机变量就是分布函数,同时还有概率密度函数.有时候人们关心的不是随机变量本身,而是随机变量的函数,因此本章最后讨论了关于随机变量函数的分布问题.

2.1 随机变量的概念

为了对各种各样不同性质的试验能以统一形式表示实验中的事件,并能将微积分等数学工具引进概率论,需引入随机变量的概念.

例1:向靶子(图2-1)射击一次,观察其得分.规定击中区域 Ⅰ 得2分,击中区域 Ⅱ 得1分,击中区域 Ⅲ 得0分,样本空间 $\Omega = \{$ Ⅰ,Ⅱ,Ⅲ$\}$.定义随机变量 X 表示射击一次的得分,

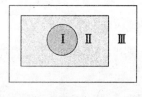

图 2-1

即 $X = X(e) = \begin{cases} 2, & e = Ⅰ, \\ 1, & e = Ⅱ, \\ 0, & e = Ⅲ \end{cases}$

于是,$A = \{$击中区域 Ⅰ$\} = \{e : X(e) = 2\}$,简记 $\{X = 2\}$

$B = \{$中靶$\} = \{$击中区域 Ⅰ 或击中区域 Ⅱ$\}$

$= \{e : X(e) = 2$ 或 $X(e) = 1\}$,简记 $\{X = 2$ 或 $X = 1\}$.

设试验的样本空间为 S,在 S 上定义一个单值实函数 $X = X(e)$,$e \in S$,对试验的每个结果 e,$X = X(e)$ 有确定的值与之对应.由于实验结果是随机的,那 $X = X(e)$ 的取值也是随机的,称此定义在样本空间 S 上的单值实函数 $X = X(e)$ 为一个随机变量.

引进随机变量后,试验中的每个事件可以通过此随机变量取某个值或在某范围内取值来表示(图2-2).通俗地讲,随机变量就是依照试验结果而取值的变量.

在一次试验之前,我们不能预先知道随机变量取什么值,但是由于试验的所有可能出现的结果是预先知道的,故

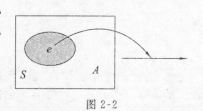

图 2-2

对每个随机变量,可以知道它的取值范围,且可以知道它取各个值的可能性大小.这一性质显示了随机变量与普通函数有着本质的差别.

例 2:观察某电话交换台在时间 T 内接到的呼唤次数.样本空间 $S=\{0,1,2,\cdots\}$.可定义随机变量 X 就表示在时间 T 内接到的呼唤次数.于是

$A=\{$接到呼唤次数不超过 10 次$\}=\{X\leqslant 10\}$,

$B=\{$接到呼唤次数介于 5 至 10 次之间$\}=\{5\leqslant X\leqslant 10\}$.

例 3:从一批灯泡中任取一个灯泡作寿命试验.观察所测灯泡的寿命(单位:小时)样本空间 $\Omega=[0,+\infty)$,可定义随机变量 X 表示所测得灯泡的寿命,于是

$A=\{$测得灯泡寿命大于 500(小时)$\}=\{X>500\}$,

$B=\{$测得灯泡寿命不超过 5 000(小时)$\}=\{X\leqslant 5000\}$.

不具明显数量性质的试验也可以定义随机变量表示试验中的每个事件.

例 4:将一枚硬币上抛一次,观察正、反面出现的情况.试验的样本空间 $S=\{H,T\}$,H:正面,T:反面.可定义随机变量 X 表示上抛 1 次硬币正面出现的次数,即

$$X=X(e)=\begin{cases}1,&e=H,\\0,&e=T\end{cases}$$

于是,$A=\{$出现正面$\}=\{X=1\}$.用随机变量表示事件常见形式有

$$\{X\leqslant x\},\{X>x\}=\overline{\{X\leqslant x\}},\{x_1<X\leqslant x_2\}=\{X\leqslant x_2\}-\{X\leqslant x_1\}$$

等等(这里 X 为随机变量,x,x_1,x_2 等为实数)

用随机变量描述事件,可以使我们摆脱只是孤立地研究一个或几个事件,而是通过随机事件把各个事件联系起来,进而去研究随机试验的全貌.

2.2　离散型随机变量及其分布律

有些随机变量,它的全部可能取值是有限多个或可列无限多个.例如在前面讨论的几个随机变量:抛硬币取值范围是 $\{H,T\}$ 两个,电话接收呼叫的次数取值范围为 $\{0,1,2,\cdots\}$,这类随机变量称为离散型随机变量.而像灯泡的寿命,取值的范围为正实数,就是属于后面要讲的另一类特殊的随机变量,即连续型随机变量.

1. 离散型随机变量的概念

如果随机变量 X 的所有可能取值为有限个或可列个,则称随机变量 X 为**离散型随机变量**.

对于离散型随机变量 X,只知道它的全部可能取值是不够的,要掌握 X 的统计规律,还需要知道 X 取每个可能值的概率.

例 1:设袋中装着分别标有 1,2,2,2,3,3 数字的六个球,现从袋中任取一球,令 X 表示取得球上所标的数字,求 X 每个可能取值的概率.

解:X 的可能取值为 1,2,3,且容易求得

$$P\{X=1\}=\frac{1}{6},P\{X=2\}=\frac{3}{6},P\{X=3\}=\frac{2}{6},$$

设 X 的所有可能取值为 $x_1, x_2, \cdots, x_n, \cdots$，则称一组概率 $P\{X = x_i\} = p_i, i = 1, 2, \cdots,$ $n, \cdots$ 为 X 的**分布律**. 分布律也常常写成表格形式：

X	x_1	x_2	$\cdots$	x_n	$\cdots$
p_i	p_1	p_2	$\cdots$	p_n	$\cdots$

根据随机变量的定义，可以知道，离散型随机变量的分布率 $\{p_i\}$ 具有下列性质：

(1) $p_i \geqslant 0$，对一切 i； (2) $\sum\limits_i p_i = 1$.

例2：相同条件下，独立的向目标射击 4 次，设每次击中目标的概率为 0.8，求击中目标次数 X 的分布律.

解：X 的可能取值为 0,1,2,3,4，利用排列组合和乘法原理可求得

$P\{X = 0\} = 0.2^4 = 0.0016$；

$P\{X = 1\} = C_4^1 \times 0.8 \times 0.2^3 = 0.0256$；

$P\{X = 2\} = C_4^2 \times 0.8^2 \times 0.2^2 = 0.1536$；

$P\{X = 3\} = C_4^3 \times 0.8^3 \times 0.2 = 0.4096$；

$P\{X = 4\} = 0.8^4 = 0.4096$.

X 的分布律为：

X	0	1	2	3	4
p_i	0.0016	0.0256	0.1536	0.4096	0.4096

例3：社会上定期发行某种奖券，每券一元，中奖率为 p，某人每次买 1 张奖券，如果没有中奖便继续买一张，直到中奖为止. 求该人购买奖券次数 X 的分布律. 如果中奖率为 1%，问他至少应买多少张奖券才能以不少于 99% 的概率中奖.

解：(1) 令 $A_i = \{$第 i 次购买的奖券中奖$\}$，$i = 1, 2, \cdots\cdots$，且 $P(A_i) = p, P(\overline{A_i}) = 1 - p, A_1, A_2, \cdots$ 是相互独立的. 于是

$$P\{X = 1\} = P\{A_1\} = p$$

$$P\{X = 2\} = P\{\overline{A_1} A_2\} = (1 - p)p$$

$$P\{X = 3\} = P\{\overline{A_1}\ \overline{A_2} A_3\} = (1 - p)^2 p$$

$$P\{X = i\} = P\{\overline{A_1}\ \overline{A_2} \cdots \overline{A_{i-1}} A_i\} = (1 - p)^{i-1} p$$

X 的分布律为：

X	1	2	3	$\cdots\cdots$	i	$\cdots\cdots$
p_i	p	$(1 - p)p$	$(1 - p)^2 p$	$\cdots\cdots$	$(1 - p)^{i-1} p$	$\cdots\cdots$

(2) 设 n 为所需购买的奖券数,按题意 $P\{X\leqslant n\}\geqslant 99\%$,即

$$P\{X\leqslant n\}=\sum_{i=1}^{n}P\{X=i\}=\sum_{i=1}^{n}(1-p)^{i-1}p=p\frac{1-(1-p)^{n-1}}{1-(1-p)}=1-(1-p)^{n-1}\geqslant 99\%,$$

即 $(1-p)^{n-1}\leqslant 0.01$,解得 $n-1\geqslant\dfrac{\ln 0.01}{\ln 0.99}\approx 456.96$,得 $n\geqslant 457$.

2. 几个重要的离散型随机变量的分布

1) 两点分布

如果随机变量 X 的分布律为

X	0	1
p_i	q	p

其中 $0<p<1,q=1-p$,则称 X 服从参数为 p 的(0-1)两点分布,简称为**两点分布**,记为 $X\sim B(1,p)$.

实际背景:在贝努里实验中,设事件 A 的概率为 $p(0<p<1)$. 如果所定义的随机变量 X 表示 A 发生的次数,即 $X=\begin{cases}1,&A\text{ 发生},\\0,&A\text{ 不发生}.\end{cases}$

显然 X 的分布律为:

X	0	1
p_i	q	p

$q=1-p$,即 $X\sim B(1,p)$.

例 4:一批产品的废品率为 5%,从中任取一个进行检查,若令 X 表示抽得废品的数目,即 $X=\begin{cases}1,&\text{抽得废品},\\0,&\text{抽得正品}.\end{cases}$ 则 $X\sim B(1,5\%)$,即 X 的分布律为:

X	0	1
p_i	95%	5%

2) 二项分布

如果随机变量 X 的分布律为 $P(X=k)=C_n^k p^k q^{n-k},k=0,1,2,\cdots,n$,其中 $0<p<1$,$q=1-p$,则称 X 服从参数为 (n,p) 的**二项分布**,记为 $X\sim B(n,p)$.

实际背景:在 n 重贝努里实验中,如果每次实验事件 A 出现的概率为 $p(0<p<1)$,则在 n 次独立重复实验中 A 恰好出现 $k(\leqslant n)$ 次的概率为 $p_n(k)=C_n^k p^k q^{n-k},k=0,1,2,\cdots,n$.

于是,在此 n 重贝努里实验中,如果定义随机变量 X 表示事件 A 出现的次数,则有 $P\{X=k\}=p_n(k)=C_n^k p^k q^{n-k},k=0,1,2,\cdots,n$,即 $X\sim B(n,p)$.

例 5:某工厂每天用水量保持正常的概率为 $\dfrac{3}{4}$,求最近 6 天内用水量正常天数 X 的分布律,并求用水量正常天数不少于 5 天的概率.

解:由二项分布实际背景可知 $X\sim B\left(6,\dfrac{3}{4}\right)$,于是

$$P\{X=0\}=\left(\frac{1}{4}\right)^6=0.0002,\quad P\{X=1\}=C_6^1\left(\frac{3}{4}\right)\left(\frac{1}{4}\right)^5=0.0044,$$

$$P\{X=2\}=C_6^2\left(\frac{3}{4}\right)^2\left(\frac{1}{4}\right)^4=0.0330,\quad P\{X=3\}=C_6^3\left(\frac{3}{4}\right)^3\left(\frac{1}{4}\right)^3=0.1318,$$

$$P\{X=4\}=C_6^4\left(\frac{3}{4}\right)^4\left(\frac{1}{4}\right)^2=0.2966,\quad P\{X=5\}=C_6^5\left(\frac{3}{4}\right)^5\left(\frac{1}{4}\right)=0.3560,$$

$$P\{X=6\}=\left(\frac{3}{4}\right)^6=0.1780,\text{即 }X\text{ 的分布律为:}$$

X	0	1	2	3	4	5	6
P	0.0002	0.0044	0.0330	0.1318	0.2966	0.3560	0.1780

用水量正常天数不少于 5 天的概率为:

$$P\{X\geqslant 5\}=\sum_{k=5}^6 P\{X=k\}=C_6^5\left(\frac{3}{4}\right)^5\left(\frac{1}{4}\right)+\left(\frac{3}{4}\right)^6=0.3560+0.1780=0.5340.$$

例 6:一批产品的废品率为 0.03,进行 20 次独立重复抽样,求出现废品的频率为 0.1 的概率.

解:令 X 表示 20 次独立重复抽样中出现的废品数. $X\sim B(20,0.03)$(注意:不能用 X 表示频率,若 X 表示频率,则它就不服从二项分布). 所求的概率为:

$$P\left\{\frac{X}{20}=0.1\right\}=P\{X=2\}=C_{20}^2(0.03)^2(0.97)^{18}\approx 0.0988.$$

泊松定理 如果 $np_n=\lambda>0(n=1,2,\cdots)$,则有:

$$\lim_{n\to\infty}C_n^k p_n^k(1-p_n)^{n-k}=\frac{\lambda^k}{k!}e^{-\lambda},k=0,1,2,\cdots$$

证:由于 $np_n=\lambda$ 即 $p_n=\dfrac{\lambda}{n}$,于是

$$C_n^k p_n^k(1-p_n)^{n-k}=\frac{n(n-1)\cdots(n-k+1)}{k!}\left(\frac{\lambda}{n}\right)^k\left(1-\frac{\lambda}{n}\right)^{n-k}$$

$$=\frac{\lambda^k}{k!}\cdot 1\cdot\left(1-\frac{1}{n}\right)\cdots\left(1-\frac{k-1}{n}\right)\left(1-\frac{\lambda}{n}\right)^{n-k}$$

$$=\frac{\lambda^k}{k!}\left(1-\frac{1}{n}\right)\cdots\left(1-\frac{k-1}{n}\right)\left(1-\frac{\lambda}{n}\right)^{\left(-\frac{n}{\lambda}\right)\left(-\frac{n-k}{n}\lambda\right)}$$

对于任意固定 k.当 $n\to\infty$ 时

$$\left(1-\frac{1}{n}\right)\cdots\left(1-\frac{k-1}{n}\right)\to 1,\left(1-\frac{\lambda}{n}\right)^{\left(-\frac{n}{\lambda}\right)}\to e,-\frac{n-k}{n}\lambda\to-\lambda$$

因此 $\lim\limits_{n\to\infty}C_n^k p_n^k(1-p_n)^{n-k}=\dfrac{\lambda^k}{k!}\mathrm{e}^{-\lambda},k=0,1,2,\cdots$

近似公式：设 n 充分大，p 足够小（一般 $n\geqslant 10,p\leqslant 0.1$）时，有

$$C_n^k p^k(1-p)^{n-k}\approx\frac{\lambda^k}{k!}\mathrm{e}^{-\lambda},\lambda=np.$$

例 7：利用近似公式计算前例中的概率，可得：

$$P\{X=2\}=C_{20}^2(0.03)^2(0.97)^{18},(n=20,p=0.03,\lambda=np=0.6)$$

$$\approx\frac{0.6^2}{2!}\mathrm{e}^{-0.6}=0.09879(查表).$$

例 8：有 20 台同类设备由一人负责维修，各台设备发生故障的概率为 0.01，且各台设备工作是独立的，试求设备发生故障而不能及时维修的概率. 若由 3 人共同维修 80 台设备情况又如何？

解：(1) 1 人维修 20 台设备，令 X 表示某时刻发生故障的设备数，$X\sim B(20,0.01)$，于是，发生故障而不能及时维修的概率为

$$P\{X\geqslant 2\}=\sum_{k=2}^{20}C_{20}^k(0.01)^k(0.99)^{20-k},(\lambda=np=20\times 0.01=0.2)$$

$$\approx\sum_{k=2}^{20}\frac{(0.2)^k}{k!}\mathrm{e}^{-0.2}=0.0175(查表).$$

(2) 3 人维修 80 台设备，假设 X 表示某时刻发生故障的设备数，$X\sim B(80,0.01)$，于是，发生故障而不能及时维修的概率为

$$P\{X\geqslant 4\}=\sum_{k=4}^{80}C_{80}^k(0.01)^k(0.99)^{80-k},(\lambda=np=80\times 0.01=0.8)$$

$$\approx\sum_{k=4}^{80}\frac{(0.8)^k}{k!}\mathrm{e}^{-0.8}=0.0091(查表).$$

3）泊松分布

如果随机变量 X 的分布律为 $P\{X=k\}=\dfrac{\lambda^k}{k!}\mathrm{e}^{-\lambda},k=0,1,2,\cdots$，其中 $\lambda>0$，则称 X 服从参数为 λ 的**泊松分布**，记为 $X\sim\pi(\lambda)$ 或者 $X\sim P(\lambda)$.

实际背景：满足下列条件的随机质点流（一串重复出现的事件）称为泊松流.

(1) 在时间 $(t,t+\Delta t)$ 内流过质点数的概率仅与 Δt 有关，与 t 无关；

(2) 不相交的时间间隔内流过的质点数彼此独立；

(3) 在充分短的一瞬间只能流过一个或没有质点流过，要流过 2 个或 2 个以上质点几乎是不可能的.

可以证明泊松流在单位时间内流过的质点数服从泊松分布.

例如：单位时间内放射性物质放射出的粒子数；单位时间内某电话交换台接到的呼唤次数；单位时间内走进商店的顾客数等；均可认为它们服从泊松分布.

例 9：设 $X\sim\pi(\lambda)$，且已知 $P\{X=1\}=P\{X=2\}$，求 $P\{X=4\}$.

解:由于 $X \sim \pi(\lambda)$,即 X 的分布律为 $P\{X=k\} = \dfrac{\lambda^k}{k!}e^{-\lambda}, k=0,1,2,\cdots,$

于是有 $P\{X=1\} = \lambda e^{-\lambda}, P\{X=2\} = \dfrac{\lambda^2}{2}e^{-\lambda},$

由条件 $P\{X=1\} = P\{X=2\}$,可得方程 $\lambda e^{-\lambda} = \dfrac{\lambda^2}{2}e^{-\lambda},$

解得 $\lambda = 2, 0$(舍去)

所以 $X \sim \pi(2)$,于是 $P\{X=4\} = \dfrac{2^4}{4!}e^{-2} = 0.0902$(查表).

例 10:设电话交换台每分钟接到的呼唤次数 X 服从参数 $\lambda = 3$ 的泊松分布.(1)求在一分钟内接到超 7 次呼唤的概率;(2)若一分钟内一次呼唤需要占用一条线路.求该交换台至少要设置多少条线路才能以不低于 90% 的概率使用户得到及时服务.

解:(1) $X \sim \pi(3)$,其分布律为 $P\{X=k\} = \dfrac{3^k}{k!}e^{-3}, k=0,1,2,\cdots,$ 于是,在一分钟内接

到超过 7 次呼唤的概率为 $P\{X \geqslant 8\} = \sum\limits_{k=8}^{\infty} \dfrac{3^k}{k!}e^{-3} = 0.0119$(查表).

(2)设所需设备的线路为 k 条,按题意应有

$P\{X \leqslant k\} \geqslant 90\%$ 即 $P\{X \leqslant k\} = 1 - P\{X>k\} = 1 - P\{X \geqslant k+1\} \geqslant 0.9$ 即 $P\{X \geqslant k+1\} \leqslant 0.1$

查表得:$P\{X \geqslant 6\} = 0.0839$ 而 $P\{X \geqslant 5\} = 0.1847$,故应取 $k+1 = 6$,即 $k=5$ 所以,至少要设置 5 条线路才能符合要求.

2.3 随机变量的分布函数

对于非离散型随机变量 X,由于其可能取值不能一个一个地列举,其取值可能布满一个区间,因而就不能像离散型随机变量那样可以用分布律来描述.在实际应用中,如测量物理量的误差 e,测量灯泡的寿命 T 等这样的随机变量,人们并不会对误差或寿命取某一特定值的概率感兴趣,而是考虑误差落在某个区间的概率,寿命大于某个数的概率,也就是考虑随机变量取值落在一个区间内的概率.随机变量落在一个区间上的概率可表示为:

$$P\{x_1 < X \leqslant x_2\} = P\{X \leqslant x_2\} - P\{X \leqslant x_1\},$$

所以只需要知道 $P\{X \leqslant x_1\}, P\{X \leqslant x_2\}$ 就可以了,因此有了分布函数的概念.

设 X 为随机变量,对任意实数 x,称函数 $F(x) = P\{X \leqslant x\}$ 为随机变量 X 的**分布函数**.

对于任意实数 $x_1, x_2(x_1 < x_2)$,有

$$P\{x_1 < X \leqslant x_2\} = F(x_2) - F(x_1).$$

因此,若已知 X 的分布函数,就知道 X 落在任一区间 $(x_1, x_2]$ 上的概率,在这个意义上说,分布函数完整地描述了随机变量的统计规律性.同时离散随机变量的分布律也可以用分布函数来表示.分布函数是一个普通的函数,通过分布函数,将能用数学分析的方法来研究随机变量.

例 1:机房内有两台设备,令 X 表示某时间内发生故障的设备数,并知 $P\{X=0\} = 0.5$,

$P\{X=1\}=0.3, P\{X=2\}=0.2$, 求 X 的分布函数 $F(x)$.

解：由于 X 的可能取值为 $0,1,2$，故应分情况讨论：

(1) 当 $x<0$ 时，$F(x)=P\{X\leqslant x\}=0$；

(2) 当 $0\leqslant x<1$ 时，$F(x)=P\{X\leqslant x\}=P\{X=0\}=0.5$；

(3) 当 $1\leqslant x<2$ 时，$F(x)=P\{X\leqslant x\}=P\{X=0\}+P\{X=1\}=0.5+0.3=0.8$；

(4) 当 $x\geqslant 2$ 时，$F(x)=P\{X\leqslant x\}=P\{X=0\}+P\{X=1\}+P\{X=2\}=0.5+0.3+0.2=1$.

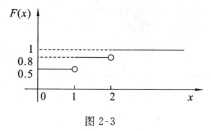

图 2-3

总之，$$F(x)=\begin{cases}0, & x<0\\0.5, & 0\leqslant x<1\\0.8, & 1\leqslant x<2\\1, & x\geqslant 2\end{cases}$$

例 2：向一半径为 2 米的圆形靶子射击，假设击中靶上任何一同心圆的概率与该同心圆的面积成正比，且每次射击必中靶. 令 X 表示弹着点到靶心距离，求 X 的分布函数 $F(x)$.

解：当 $x<0$ 时，$F(x)=P\{X\leqslant x\}=0$

当 $0\leqslant x\leqslant 2$ 时，$F(x)=P\{X\leqslant x\}=P\{$击中半径为 x 的同心圆$\}=\lambda\pi x^2$

特别，当 $x=2$ 时，$1=F\{2\}=\lambda\pi 4$，解得 $\lambda=\dfrac{1}{4\pi}$，代入上式便得 $F(x)=\dfrac{x^2}{4}$.

当 $x>2$ 时，$F(x)=P\{X\leqslant x\}=1$.

总之，$$F(x)=\begin{cases}0, & x<0\\\dfrac{x^2}{4}, & 0\leqslant x\leqslant 2.\\1, & x>2\end{cases}$$

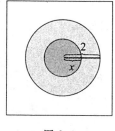

图 2-4

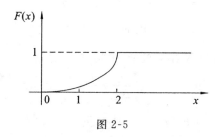

图 2-5

如果将 X 看成是数轴上随机点的坐标，那么分布函数 $F(x)$ 在 x 处的函数值就表示 X 落在区间 $(-\infty, x]$ 上的概率. 分布函数 $F(x)$ 具有如下性质：

性质　1. $F(x)$ 是单调不减的，即对任意 $x_1<x_2$，有 $F(x_1)\leqslant F(x_2)$；

2. $0\leqslant F(x)\leqslant 1$，且 $F(-\infty)=0, F(+\infty)=1$；

3. $F(x)$ 为右连续的，即对任意 x，有 $F(x+0)=F(x)$.

可以证明以上三条性质是分布函数所具有的三条基本共同特性. 利用分布函数可求随机变量落在某些区间上的概率，如：

$$P\{X \leqslant a\} = F(a);$$
$$P\{X > a\} = P\{\overline{X \leqslant a}\} = 1 - F(a);$$
$$P\{a < X \leqslant b\} = P\{X \leqslant b\} - P\{X \leqslant a\} = F(b) - F(a)$$

例3：在前面打靶的例子中，已知 X 表示弹着点到靶心距离，并求得其分布函数为

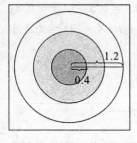

$$F(x) = \begin{cases} 0, & x < 0 \\ \dfrac{x^2}{4}, & 0 \leqslant x \leqslant 2 \\ 1, & x > 2 \end{cases}$$

于是便可以利用此分布函数，求出击中靶上环形区域（图 2-6）的概率.

图 2-6

$$P\{0.4 < X \leqslant 1.2\} = F(1.2) - F(0.4) = \frac{1.2^2}{4} - \frac{0.4^2}{4} = 0.32.$$

2.4 连续型随机变量及其概率密度

对于上节提到的非离散型随机变量 X，其取值可能布满一个或多个区间，要用分布函数来进行描述. 分布函数考虑了随机变量取值落在一个区间内的概率，如果把分布函数的区间进行细分，我们可以得到每个小区间上的信息，就可以对随机变量做进一步的细致分析. 我们引入连续型随机变量的概念.

1. 连续型随机变量的概念

所谓**连续型随机变量**是指此随机变量的可能取值至少应充满某个区间，且其分布函数应当是连续的.

考虑 X 落在区间 $(x, x + \Delta x]$ 内的概率 $p\{x < X \leqslant x + \Delta x\} = F(x + \Delta x) - F(x)$，则 X 落在区间 $(x, x + \Delta x]$ 内的"平均概率"为 $\dfrac{p\{x < X \leqslant x + \Delta x\}}{\Delta x} = \dfrac{F(x + \Delta x) - F(x)}{\Delta x}$，令 $\Delta x \to 0$ 便得到 X 在 x 处的"平均概率".

$$\lim_{\Delta x \to 0} \frac{p\{x < X \leqslant x + \Delta x\}}{\Delta x} = \lim_{\Delta x \to 0} \frac{F(x + \Delta x) - F(x)}{\Delta x} = F'(x).$$

令 $f(x) = F'(x) \geqslant 0$，从而便有 $F(x) = \displaystyle\int_{-\infty}^{x} f(t)\,dt$.

我们可以给出连续型随机变量的数学定义.

设 $F(x)$ 为随机变量 X 的分布函数，如果存在非负函数 $f(x)$ 使得对任意实数 x，有

$$F(x) = \int_{-\infty}^{x} f(t)\,dt,$$

则称 X 为**连续型随机变量**，$f(x)$ 为 X 的**概率密度函数**.

连续型随机变量 X 都具有以下特点：

(1) 对任意实数 x，$p\{X = x\} = 0$，

事实上，$0 \leqslant p\{X = x\} = p\{x - \Delta x < X \leqslant x\} = F(x) - F(x - \Delta x) \xrightarrow[\Delta x \to 0+]{} = 0$；

(2) $p\{a < X \leqslant b\} = p\{a \leqslant X \leqslant b\} = p\{\leqslant X < b\} = p\{a < X < b\}$.

连续型随机变量 X 的概率密度函数 $f(x)$ 具有如下性质：

(1) $f(x) \geqslant 0$,对于所有 x；

(2) $\int_{-\infty}^{+\infty} f(x) \mathrm{d}x = 1$.

事实上由于 $F(x) = \int_{-\infty}^{x} f(t)\mathrm{d}t, 1 = F(+\infty) = \int_{-\infty}^{+\infty} f(t)\mathrm{d}t$.

(3) $p\{a < x < b\} = \int_{a}^{b} f(x)\mathrm{d}x$.

事实上,$p\{a < x < b\} = p\{a < x \leqslant b\} = F(b) - F(a) = \int_{-\infty}^{b} f(x)\mathrm{d}x - \int_{-\infty}^{a} f(x)\mathrm{d}x$

$$= \int_{-\infty}^{a} f(x)\mathrm{d}x + \int_{a}^{b} f(x)\mathrm{d}x - \int_{-\infty}^{a} f(x)\mathrm{d}x = \int_{a}^{b} f(x)\mathrm{d}x.$$

(4) 若 $f(x)$ 在点 x 处连续,则有 $F(x) = \int_{-\infty}^{x} f(t)\mathrm{d}t, f(x) = F'(x)$.

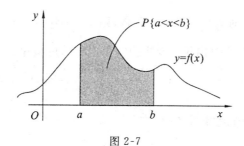

图 2-7

概率密度的几何意义如下：

(1) $f(x) \geqslant 0$,表明密度曲线 $y = f(x)$ 在 x 轴上方；

(2) $\int_{-\infty}^{+\infty} f(x)\mathrm{d}x = 1$,表明密度曲线 $y = f(x)$ 与 x 轴所夹图形的面积为 1；

(3) $p\{a < x < b\} = \int_{a}^{b} f(x)\mathrm{d}x$,表明 X 落在区间 (a, b) 内的概率等于以区间 (a, b) 为底,以密度曲线 $y = f(x)$ 为顶的曲边梯形面积.

例 1：已知连续型随机变量 X 的概率密度为 $f(x) = \begin{cases} kx + 1, & 0 \leqslant x \leqslant 2 \\ 0, & \text{其他} \end{cases}$,求系数 k 及分布函数 $F(x)$,并计算概率 $p\{1.5 < X < 2.5\}$.

解：(1) 因为 $\int_{-\infty}^{+\infty} f(x)\mathrm{d}x = 1$,故 $1 = \int_{0}^{2} (kx+1)\mathrm{d}x = \left(k\dfrac{x^2}{2} + x\right)\Big|_{0}^{2} = 2k + 2$,解得 $k = -\dfrac{1}{2}$. 于是 X 的概率密度为 $f(x) = \begin{cases} -\dfrac{x}{2} + 1, & 0 \leqslant x \leqslant 2 \\ 0, & \text{其他}. \end{cases}$

(2) 当 $x < 0$ 时,$F(x) = 0$.

当 $0 \leqslant x \leqslant 2$ 时,$F(x) = \int_{-\infty}^{x} f(t)\mathrm{d}t = \int_{0}^{x} \left(-\dfrac{t}{2} + 1\right)\mathrm{d}t = \left(-\dfrac{t^2}{4} + t\right)\Big|_{0}^{x} = -\dfrac{x^2}{4} + x$；

当 $x > 2$ 时,$F(x) = \int_{-\infty}^{x} f(t)\mathrm{d}t = \int_{0}^{2}\left(-\dfrac{t}{2}+1\right)\mathrm{d}t = 1.$

总之,$F(x) = \begin{cases} 0, & x < 0 \\ -\dfrac{x^2}{4}+x, & 0 \leqslant x \leqslant 2. \\ 1, & x > 2 \end{cases}$

(3) $p\{1.5 < x < 2.5\} = F(2.5) - F(1.5) = 1 - \left(-\dfrac{(1.5)^2}{4} + 1.5\right) = 0.0625.$

例 2:一种电子管的使用寿命为 X 小时,其概率密度为 $f(x) = \begin{cases} \dfrac{100}{x^2}, & x \geqslant 100 \\ 0, & x < 100 \end{cases}$,某仪器内装有三个这样电子管,试求使用 150 小时内只有一个电子管需要更换的概率.

解:首先计算一个电子管使用寿命不超过 150 小时的概率,此概率为

$$p\{X \leqslant 150\} = \int_{0}^{150}\left(\dfrac{100}{x^2}\right)\mathrm{d}x = \int_{100}^{150}\left(\dfrac{100}{x^2}\right)\mathrm{d}x = -\dfrac{100}{x}\Big|_{100}^{150} = 1 - \dfrac{100}{150} = \dfrac{1}{3}.$$

令 Y 表示工作 150 小时内损坏的电子管数,则 $Y \sim B\left(3,\dfrac{1}{3}\right)$,$Y$ 服从二项分布.

于是,此仪器工作 150 小时内仅需要更换一个电子管的概率:

$$p\{Y = 1\} = C_3^1\left(\dfrac{1}{3}\right)\left(\dfrac{2}{3}\right)^2 = \dfrac{4}{9} \approx 0.44.$$

2. 几个重要的连续型随机变量的分布

1) 均匀分布

如果随机变量 X 的概率密度为 $f(x) = \begin{cases} \dfrac{1}{b-a}, & a \leqslant x \leqslant b \\ 0, & \text{其他} \end{cases}$,则称 X 在区间 $[a,b]$ 上服

从均匀分布,记为 $X \sim U(a,b)$;其分布函数为 $F(x) = \begin{cases} 0, & x < a \\ \dfrac{x-a}{b-a}, & a \leqslant x \leqslant b. \\ 1, & x > b \end{cases}$

实际背景:如果实验中所定义的随机变量 X 仅在一个有限区间 $[a,b]$ 上取值,且在其内取值具有"等可能"性,则 $X \sim U(a,b)$.

例 3:某公共汽车从上午 7:00 起每隔 15 分钟有一趟班车经过某车站,即 7:00,7:15,7:30,… 都有班车到达此车站.如果某乘客是在 7:00 ~ 7:30 等可能到达此车站候车,问他等候不超过 5 分钟便能乘上汽车的概率.

解:设乘客于 7 点过 X 分钟到达车站,则 $X \sim U(0,30)$,即其概率密度为

$$f(x) = \begin{cases} \dfrac{1}{30}, & 0 \leqslant x \leqslant 30 \\ 0, & \text{其他} \end{cases}$$

于是该乘客等候不超过 5 分钟便能乘上汽车的概率为

$$p\{(10 \leqslant X \leqslant 15) \bigcup (25 \leqslant X \leqslant 30)\} = p\{10 \leqslant X \leqslant 15\} + p\{25 \leqslant X \leqslant 30\}$$
$$= \int_{10}^{15} \frac{1}{30} \mathrm{d}x + \int_{25}^{30} \frac{1}{30} \mathrm{d}x = \frac{5}{30} + \frac{5}{30} = \frac{1}{3}.$$

2）指数分布

如果随机变量 X 的概率密度为 $f(x) = \begin{cases} \lambda e^{-\lambda x}, & x \geqslant 0 \\ 0, & x < 0 \end{cases}$,其中 $\lambda > 0$,则称 X 服从参数为

λ 的指数分布,记为 $X \sim E(\lambda)$,其分布函数为 $F(x) = \begin{cases} 1 - e^{-\lambda x}, & x \geqslant 0 \\ 0, & x < 0 \end{cases}$.

实际背景:在实践中,如果随机变量 X 表示某一随机事件发生所需等待的时间,则一般 $X \sim E(\lambda)$.

例如,某电子元件直到损坏所需的时间(即寿命);随机服务系统中的服务时间;在某邮局等候服务的等候时间等均可认为是服从指数分布.

例 4:设随机变量 X 服从参数为 $\lambda = 0.015$ 的指数分布,(1) 求 $p\{X > 100\}$;(2) 若要使 $p\{X > x\} < 0.1$,问 x 应当在哪个范围内?

解:由于 $X \sim E(0.015)$,即其概率密度为 $f(x) = \begin{cases} 0.015e^{-0.015x}, & x \geqslant 0 \\ 0, & x < 0 \end{cases}$,于是,

(1) $p\{X > 100\} = \int_{100}^{+\infty} f(x)\mathrm{d}x = \int_{100}^{+\infty} 0.015e^{-0.015x}\mathrm{d}x = (-e^{-0.015x})\big|_{100}^{+\infty} = e^{-1.5} = 0.223.$

(2) 要使 $p\{X > x\} < 0.1$,即

$$\int_{x}^{+\infty} f(t)\mathrm{d}t = \int_{x}^{+\infty} 0.015e^{-0.015t}\mathrm{d}t = (-e^{-0.015t})\big|_{x}^{+\infty} = e^{-0.015x} < 0.1.$$

取对数,便得:$x > \dfrac{-\ln 0.1}{0.015} = 153.5.$

3）正态分布(高斯分布)

如果随机变量 X 的概率密度为 $f(x) = \dfrac{1}{\sqrt{2\pi}\sigma} e^{-\frac{(x-\mu)^2}{2\sigma^2}}$,

$-\infty < x < +\infty$,其中 $\mu, \sigma^2 (\sigma > 0)$ 为常数,则称 X 服从参数为 (μ, σ^2) 的正态分布,记为 $X \sim N(\mu, \sigma^2)$.

实际背景:在实践中,如果随机变量 X 表示许许多多均匀微小随机因素的总效应,则它通常将近似地服从正态分布,如:测量产生的误差;弹着点的位置;噪声电压;产品的尺寸等均可认为近似地服从正态分布.

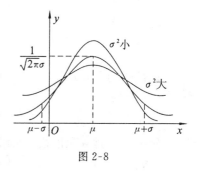

图 2-8

正态分布概率密度曲线:参数 μ, σ^2 对概率密度曲线的影响(如图 2-8)

(1) 当 σ^2 不变 μ 改变时,概率密度曲线

$$y = f(x) = \frac{1}{\sqrt{2\pi}\sigma} e^{-\frac{(x-\mu)^2}{2\sigma^2}}$$ 形状不变,但位置要沿 x 轴方向左、右平移(μ 实际上就是 x 落在曲边梯形内部的平均概率).

(2) 当 μ 不变 σ^2 改变时,σ^2 变大,曲线变平坦;σ^2 变小,曲线变锐利.

分布函数：$F(x) = \dfrac{1}{\sqrt{2\pi}\sigma} \displaystyle\int_{-\infty}^{x} \mathrm{e}^{-\frac{(t-\mu)^2}{2\sigma^2}} \mathrm{d}t$（积分是存在的，但是不能用初等函数表示）．

标准正态分布：称 $\mu = 0, \sigma^2 = 1$ 的正态分布 $N(0,1)$ 为标准正态分布，其概率密度为 $\varphi(x) = \dfrac{1}{\sqrt{2\pi}}\mathrm{e}^{-\frac{x^2}{2}}, -\infty < x < +\infty$；分布函数为 $\varPhi(x) = \dfrac{1}{\sqrt{2\pi}}\displaystyle\int_{-\infty}^{x}\mathrm{e}^{-\frac{t^2}{2}}\mathrm{d}t$（其值有表可查）．

正态分布函数具有对称性：$\varPhi(-x) = 1 - \varPhi(x)$

证：

$$\varPhi(-x) = \frac{1}{\sqrt{2\pi}}\int_{-\infty}^{-x}\mathrm{e}^{-\frac{t^2}{2}}\mathrm{d}t \overset{u=-t}{=} -\frac{1}{\sqrt{2\pi}}\int_{+\infty}^{x}\mathrm{e}^{-\frac{u^2}{2}}\mathrm{d}u = \frac{1}{\sqrt{2\pi}}\int_{x}^{+\infty}\mathrm{e}^{-\frac{u^2}{2}}\mathrm{d}u$$

$$= \frac{1}{\sqrt{2\pi}}\int_{-\infty}^{+\infty}\mathrm{e}^{-\frac{u^2}{2}}\mathrm{d}u - \frac{1}{\sqrt{2\pi}}\int_{-\infty}^{x}\mathrm{e}^{-\frac{u^2}{2}}\mathrm{d}u = 1 - \varPhi(x)$$

例 5：设 $X \sim N(0,1)$，求 $p\{-1 < x < 2\}$ 及 $p\{|x| < 1\}$．

解：$p\{-1 < x < 2\} = \varPhi(2) - \varPhi(-1) = \varPhi(2) + \varPhi(1) - 1$
$$= 0.97725 + 0.8413 - 1 = 0.81855,$$

$p\{|x| < 1\} = \varPhi(1) - \varPhi(-1) = 2\varPhi(1) - 1 = 2 \times 0.8413 - 1 = 0.6826.$

例 6：设 $X \sim N(0,1)$，要使 $p\{|x| \geqslant \lambda\} = 0.05$，问 λ 应为何值？

解：由于 $p\{|x| \geqslant \lambda\} = 1 - p\{|x| < \lambda\} = 2 - 2\varPhi(\lambda) = 0.05$，
即 $\varPhi(\lambda) = 0.975$，反查表，便得 $\lambda = 1.96$．

一般正态分布与标准分布有如下关系：

a. 若 $X \sim N(\mu, \sigma^2)$，其分布函数为 $F(x)$，则有 $F(x) = \varPhi\left(\dfrac{x-\mu}{\sigma}\right)$．

证：$F(x) = \dfrac{1}{\sqrt{2\pi}\sigma}\displaystyle\int_{-\infty}^{x}\mathrm{e}^{-\frac{(t-\mu)^2}{2\sigma^2}}\mathrm{d}t \overset{s=\frac{t-\mu}{\sigma}}{=\!=} \dfrac{1}{\sqrt{2\pi}}\displaystyle\int_{-\infty}^{\frac{x-\mu}{\sigma}}\mathrm{e}^{-\frac{s^2}{2}}\mathrm{d}s = \varPhi\left(\dfrac{x-\mu}{\sigma}\right).$

b. 若 $X \sim N(\mu, \sigma^2)$，则 $p\{a < x < b\} = \varPhi\left(\dfrac{b-\mu}{\sigma}\right) - \varPhi\left(\dfrac{a-\mu}{\sigma}\right)$．

证：事实上，由 $F(x) = \varPhi\left(\dfrac{x-\mu}{\sigma}\right)$，可得

$$p\{a < x < b\} = F(b) - F(a) = \varPhi\left(\frac{b-\mu}{\sigma}\right) - \varPhi\left(\frac{a-\mu}{\sigma}\right).$$

例 7：从某地乘车前往火车站，有两条路可走：(1) 走市区路程短，但交通拥挤，所需时间 $X_1 \sim N(50,100)$，(2) 走郊区路程长，但意外阻塞少，所需时间 $X_2 \sim N(60,16)$．若有 70 分钟可用，应走哪条路线？

解：走市区及时赶上火车的概率为：

$$p\{0 \leqslant X_1 \leqslant 70\} = \varPhi\left(\frac{70-50}{10}\right) - \varPhi\left(\frac{0-50}{10}\right) = \varPhi(2) - \varPhi(-5) \approx \varPhi(2) = 0.97725.$$

走郊区及时赶上火车的概率为：

$$p\{0 \leqslant X_2 \leqslant 70\} = \varPhi\left(\frac{70-60}{4}\right) - \varPhi\left(\frac{0-60}{4}\right) = \varPhi(2.5) - \varPhi(-12.5) \approx \varPhi(2.5) = 0.9938.$$

故应走郊区路线．

如果还有 65 分钟可用情况又如何呢？

同样计算，走市区及时赶上火车的概率为：

$$p\{0 \leqslant X_1 \leqslant 65\} = \Phi\left(\frac{65-50}{10}\right) - \Phi\left(\frac{0-50}{10}\right) \approx \Phi(1.5) = 0.9332.$$

而走郊区及时赶上火车的概率为：

$$p\{0 \leqslant X_2 \leqslant 65\} = \Phi\left(\frac{65-60}{4}\right) - \Phi\left(\frac{0-60}{4}\right) \approx \Phi(1.25) = 0.8944.$$

此时便应改走市区路线.

在自然现象和社会现象中，大量随机变量都服从或近似服从正态分布. 例如，一个地区的成年人身高；测量某零件长度的误差；半导体器件中的热噪声电流或电压等，都服从正态分布.

2.5　随机变量函数的分布

在实际中，人们常对某些随机变量的函数更感兴趣. 例如，在一些试验中，所关心的随机变量往往不能由直接测量得到，而是某个能直接测量的随机变量的函数. 比如我们能直接测量圆轴截面的直径 d，而关心的却是截面面积 $A = \frac{1}{4}\pi d^2$. 这里，随机变量 A 是随机变量 d 的函数. 我们以离散型和连续型两种情况讨论随机变量函数的分布.

1. 离散型随机变量的情况

所谓随机变量 X 的函数 $Y = g(X)$ 是指 Y 也是一个随机变量，且每当 X 取值为 x 时，Y 的取值便为 $y = g(x)$.

例如，车床车轴，若令 X 表示车轴的直径，Y 表示车轴的横断面积，则 $Y = \frac{\pi}{4}X^2$，

问题：已知 X 的分布，求 $Y = g(X)$ 的分布.

例 1：设离散型随机变量 X 的分布律为

X	-1	0	1	2	$5/2$
P	2/10	1/10	1/10	3/10	3/10

求 (1) $Y = X-1$，(2) $Y = -2X^2$ 的分布律.

解：(1) 由随机变量函数的概念便可由 X 的可能值求出 Y 的可能值，见下表：

$Y = X-1$	-2	-1	0	1	$3/2$
X	-1	0	1	2	$5/2$
P	2/10	1/10	1/10	3/10	3/10

于是便得 Y 的分布律

$Y=X-1$	-2	-1	0	1	$3/2$
P	2/10	1/10	1/10	3/10	3/10

（2）$Y=-2X^2$ 的可能值由下表给出

$Y=-2X^2$	-2	0	-2	-8	$-25/2$
X	-1	0	1	2	$5/2$
P	2/10	1/10	1/10	3/10	3/10

由于 Y 的值有相同的，即 -2，因此应将其合并，相应的概率应按概率的可加性进行相加，即

$$P\{Y=-2\}=P\{(X=-1)\bigcup(X=1)\}=P\{X=-1\}+P\{X=1\}=\frac{2}{10}+\frac{1}{10}=\frac{3}{10}.$$

最后，得 Y 的分布律为

$Y=-2X^2$	$-25/2$	-8	-2	0
P	3/10	3/10	3/10	1/10

2. 连续型随机变量的情况

设 X 为连续型随机变量，其概率密度为 $f_X(x)$，要求 $Y=g(X)$ 的概率密度 $f_Y(y)$，我们有如下定理.

定理：设 X 为连续型随机变量，其概率密度为 $f_X(x)$，$-\infty<x<+\infty$，又设函数 $g(x)$ 处处可导且恒有 $g'(x)>0$（或恒有 $g'(x)<0$），则 $Y=g(X)$ 是连续型随机变量，其概率密度为

$$f_Y(y)=\begin{cases}f_X[h(y)]\,|\,h'(y)\,|, & a<y<b,\\ 0, & \text{其他}.\end{cases}$$

其中 $a=\min(g(-\infty),g(\infty))$，$b=\max(g(-\infty),g(\infty))$，$h(y)$ 是 $g(x)$ 的反函数.

此即"分布函数法"——先求 $Y=g(x)$ 的分布函数，然后再求导便可得到 Y 的概率密度.

例 2：设随机变量 X 的概率密度为 $f_X(x)$，试求 X 的线性函数 $Y=k_1X+k_2$ 的概率密度 $f_Y(y)(k_1\neq0,k_2$ 为常数）.

解：Y 的分布函数 $F_Y(y)=P\{Y\leqslant y\}=P\{k_1X+k_2\leqslant y\}$（分布函数的定义），

当 $k_1>0$ 时，$F_Y(y)=P\{k_1X\leqslant y-k_2\}=P\left\{X\leqslant\dfrac{y-k_2}{k_1}\right\}=F_X\left(\dfrac{y-k_2}{k_1}\right)$，

于是 $f_Y(y) = F_Y'(y) = \dfrac{1}{k_1} f_X\left(\dfrac{y-k_2}{k_1}\right)$（注意复合函数求导）.

当 $k_1 < 0$ 时, $F_Y(y) = P\{k_1 X \leqslant y - k_2\} = P\left\{X \geqslant \dfrac{y-k_2}{k_1}\right\} = 1 - F_X\left(\dfrac{y-k_2}{k_1}\right)$,

于是 $f_Y(y) = F_Y'(y) = -\dfrac{1}{k_1} f_X\left(\dfrac{y-k_2}{k_1}\right)$.

以上 $k_1 > 0$ 和 $k_1 < 0$ 两种情况所得结果可以合并为如下形式 $f_Y(y) = \dfrac{1}{|k_1|} f_X\left(\dfrac{y-k_2}{k_1}\right)$.

特别, 当 $X \sim N(\mu, \sigma^2)$ 时, 则运用上述结果便可得线性变换 $Y = k_1 X + k_2 (k_1 \neq 0)$ 的概率密度为

$$f_Y(y) = \frac{1}{|k_1|} f_X\left(\frac{y-k_2}{k_1}\right) = \frac{1}{|k_1|} \cdot \frac{1}{\sqrt{2\pi}\sigma} e^{-\frac{\left(\frac{y-k_2}{k_1}-\mu\right)^2}{2\sigma^2}} = \frac{1}{\sqrt{2\pi}\sigma |k_1|} e^{-\frac{(y-k_2-\mu k_1)^2}{2\sigma^2 k_1^2}}.$$

即 $Y \sim N(\mu k_1 + k_2, (k_1 \sigma)^2)$.

此结果证明: **正态分布的随机变量经线性变换后, 仍是服从正态分布的随机变量.**

特别, 取 $Y = \dfrac{X-\mu}{\sigma}$, 即 $Y = \dfrac{1}{\sigma} X - \dfrac{\mu}{\sigma}$ 时, 代入上面结果便得 Y 的分布为

$$Y \sim N(\mu k_1 + k_2, (k_1\sigma)^2) = N\left(\mu \frac{1}{\sigma} - \frac{\mu}{\sigma}, \left(\frac{1}{\sigma}\right)^2 \sigma^2\right) = N(0,1)$$

即 $Y \sim N(0,1)$. 称 $Y = \dfrac{X-\mu}{\sigma}$ 为**标准化变换.**

例 3: 证 $X \sim N(0,1)$, 求 $Y = X^2$ 的概率密度 $f_Y(y)$（非线性）.

解: Y 的分布函数, $F_Y(y) = P\{Y \leqslant y\} = P\{X^2 \leqslant y\}$

当 $y > 0$ 时, $F_Y(y) = P\{X^2 \leqslant y\} = P\{-\sqrt{y} \leqslant X \leqslant \sqrt{y}\} = F_X(\sqrt{y}) - F_X(-\sqrt{y})$,

于是
$$f_Y(y) = F_Y'(y) = f_X(\sqrt{y}) \frac{1}{2\sqrt{y}} + f_X(-\sqrt{y}) \frac{1}{2\sqrt{y}}$$

$$= \frac{1}{2\sqrt{y}}\left(\frac{1}{\sqrt{2\pi}} e^{-\frac{y}{2}} + \frac{1}{\sqrt{2\pi}} e^{-\frac{y}{2}}\right) = \frac{1}{\sqrt{2\pi y}} e^{-\frac{y}{2}},$$

当 $y \leqslant 0$ 时, $F_Y(y) = P\{X^2 \leqslant y\} = 0$, 从而 $f_Y(y) = 0$,

总之 $f_Y(y) = \begin{cases} \dfrac{1}{\sqrt{2\pi y}} e^{-\frac{y}{2}}, & y > 0 \\ 0, & y \leqslant 0. \end{cases}$

例 4: 设电流 I 为随机变量, 它在 $9 \sim 11$ 安培之间均匀分布, 若此电流通过 2 欧姆电阻, 求在此电阻上消耗功率 $W = 2I^2$ 的概率密度.

解: W 的分布函数为 $F_W(y) = P\{W \leqslant y\} = P\{2I^2 \leqslant y\} = P\left\{I^2 \leqslant \dfrac{y}{2}\right\}$,

当 $y > 0$ 时, $F_W(y) = P\{2I^2 \leqslant y\} = P\left\{-\sqrt{\dfrac{y}{2}} \leqslant I \leqslant \sqrt{\dfrac{y}{2}}\right\} = F_I\left(\sqrt{\dfrac{y}{2}}\right) - F_I\left(-\sqrt{\dfrac{y}{2}}\right)$.

两边求导, 便得 W 的概率密度

$$f_W(y) = f_I\left(\sqrt{\frac{y}{2}}\right) \cdot \left(\sqrt{\frac{y}{2}}\right)' - f_I\left(-\sqrt{\frac{y}{2}}\right) \cdot \left(-\sqrt{\frac{y}{2}}\right)'$$

$$= f_I\left(\sqrt{\frac{y}{2}}\right) \cdot \frac{1}{2}\frac{1}{\sqrt{2y}} + f_I\left(-\sqrt{\frac{y}{2}}\right) \cdot \frac{1}{2}\frac{1}{\sqrt{2y}},$$

当 $y \leqslant 0$ 时,显然 $f_W(y) = 0$.

因为 $I \sim U(9,11)$,即其概率密度 $f_I(x) = \begin{cases} \dfrac{1}{2}, & 9 \leqslant x \leqslant 11 \\ 0, & 其他 \end{cases}$,所以 $f_I\left(-\sqrt{\dfrac{y}{2}}\right) = 0$,

故

$$f_W(y) = f_I\left(\sqrt{\frac{y}{2}}\right) \cdot \frac{1}{2\sqrt{2y}} = \begin{cases} \dfrac{1}{2} \cdot \dfrac{1}{2\sqrt{2y}}, & 9 \leqslant \sqrt{\dfrac{y}{2}} \leqslant 11 \\ 0, & 其他 \end{cases} = \begin{cases} \dfrac{1}{4\sqrt{2y}}, & 162 \leqslant y \leqslant 242 \\ 0, & 其他 \end{cases}$$

习　题　2

1. 设有函数

$$F(x) = \begin{cases} \sin x, & 0 \leqslant x\pi, \\ 0, & 其他, \end{cases}$$

试说明 $F(x)$ 能否是某随机变量的分布函数.

2. 一筐中装有 7 只篮球,编号为 $1,2.\ 3,4,5,6,7$.在筐中同时取 3 只,以 X 表示取出的 3 只当中的最大号码,写出随机变量 X 的分布列.

3. 设 X 服从 $(0-1)$ 分布,其分布列为 $P\{X = k\} = p^k(1-p)^{1-k}, k = 0,1$,求 X 的分布函数,并作出其图形.

4. 将一颗骰子抛掷两次,以 X 表示两次所得点数之和,以 Y 表示两次中得到的小的点数,试分别求 X 与 Y 的分布列.

5. 试求下列分布列中的待定系数 k

(1) $r.v.\xi \sim P\{\xi = m\} = \dfrac{k}{m-4}, m = 1,2,3,\cdots$

(2) $r.v.\xi \sim P\{\xi = m\} = \dfrac{4k}{3^m}, m = 1,2,3,\cdots$

(3) $r.v.\xi \sim P\{\xi = m\} = k\dfrac{\lambda^m}{m!}, m = 0,1,2,\cdots,\lambda > 0$ 为常数.

6. 进行重复独立试验,设每次试验成功的概率为 p,失败的概率为 $q = 1 - p(0 < p < 1)$.

(1) 将试验进行到出现一次成功为止,以 X 表示所需的试验次数,求 X 的分布列.(此时称 X 服从以 p 为参数的几何分布)

(2) 将试验进行到出现 r 次成功为止,以 X 表示所需的试验次数,求 X 的分布列.(此时称 X 服从以 r,p 为参数的巴斯卡分布)

(3) 一篮球运动员的投篮命中率为 45%.以 X 表示他首次投中时累计已投篮的次数,写出 X 的分布列,并计算 X 取偶数的概率.

7. 有甲、乙 两个口袋,两袋分别装有 3 个白球和 2 个黑球.现从甲袋中任取一球放入乙袋,再从乙袋任取 4 个球,求从乙袋中取出的 4 个球中包含的黑球数 X 的分布列.

8. 设 X 服从 Poisson 分布,且已知 $P\{X=1\}=P\{X=2\}$,求 $P\{X=4\}$.

9. 一大楼装有 5 套同类型的空调系统,调查表明在任一时刻 t 每套系统被使用的概率为 0.1,问在同一时刻

(1) 恰有 2 套系统被使用的概率是多少?

(2) 至少有 3 套系统被使用的概率是多少?

(3) 至多有 3 套系统被使用的概率是多少?

(4) 至少有 1 套系统被使用的概率是多少?

10. 在纺织厂里一个女工照顾 800 个纱锭.每个纱锭旋转时,由于偶然的原因,纱会被扯断.设在某段时间内每个纱锭上的纱被扯断的概率是 0.005,求在这段时间内断纱次数不大于 10 的概率.

11. 一寻呼台每分钟收到寻呼的次数服从参数为 4 的泊松分布.求:

(1) 每分钟恰有 7 次寻呼的概率.

(2) 每分钟的寻呼次数大于 10 的概率.

12. 某商店出售某种商品,据历史记载分析,月销售量服从泊松分布,参数为 5,问在月初进货时要库存多少件此种商品,才能以 0.999 的概率满足顾客的需要.

13. 确定下列函数中的待定系数 a,使它们成为分布密度,并求它们的分布函数.

(1) $f(x)=\begin{cases} a(1-x^2), & |x|<1, \\ 0, & \text{其他,} \end{cases}$

(2) $f(x)=ae^{-|x|}, \quad -\infty<x<\infty.$

14. 设随机变量 X 的分布函数为

$$F(x)=\begin{cases} 0, & x<1, \\ \ln x, & 1\leqslant x<e, \\ 1, & x\geqslant e, \end{cases}$$

(1) 求 $P\{X<2\},P\{1<X\leqslant4\},P\left\{X>\dfrac{3}{2}\right\}$;

(2) 求分布密度 $f(x)$.

15. 设随机变量 X 的分布密度为 $f(x)$,且 $f(-x)=f(x)$,$F(x)$ 是随机变量 X 的分布函数,则对任意实数 a 有 $F(-a)=\dfrac{1}{2}-\int_0^a f(x)dx$,试证之.

16. 设 k 在 $(0,5)$ 上服从均匀分布,求方程 $4x^2+4kx+k+2=0$ 有实根的概率.

17. 设顾客在某银行的窗口等待服务的时间 X(以分计)服从指数分布,其分布密度为

$$f(x)=\begin{cases} \dfrac{1}{5}e^{-\frac{x}{5}}, & x>0, \\ 0, & \text{其他,} \end{cases}$$

某顾客在窗口等待服务,若超过 10 分钟,他就离开.他一个月要到银行 5 次.以 Y 表示一个月内他未等到服务而离开窗口的次数.写出 Y 的分布律,并求 $P\{Y\geqslant2\}$.

18. 设随机变量 X 服从正态分布 $N(3,4)$,试求:

(1) $P\{2<X\leqslant5\}$;

(2) $P\{-2<X<7\}$;

(3) 确定 C, 使得 $P\{X > C\} = P\{X \leqslant C\}$.

19. 在电源电压不超过 200 伏、在 $200 \sim 240$ 伏和超过 240 伏三种情况下, 某种电子元件损坏的概率分别为 0.1, 0.001 和 0.2. 假设电源电压 X 服从正态分布 $N(220, 25^2)$, 试求:

(1) 该电子元件损坏的概率;

(2) 该电子元件损坏时, 电源电压在 $200 \sim 240$ 伏之间的概率.

20. 一个袋中有 6 个一样的球, 其中 3 个球各标有一个点, 2 个球各标有 2 个点, 一个球上标有 3 个点, 从袋中任取 3 个球, 设 X 表示这 3 个球上点数的和.

(1) 求 X 的分布列;

(2) 若任取 10 次 (有放回抽样), 求 8 次出现 $X = 6$ 的概率;

(3) 求 $Y = 2X$ 的概率分布.

21. 设随机变量 X 的分布列为:

X	-2	-1	0	1	3
p_k	$\dfrac{1}{5}$	$\dfrac{1}{6}$	$\dfrac{1}{5}$	$\dfrac{1}{15}$	$\dfrac{11}{30}$

求 $Y = X^2$ 的分布列.

22. 设随机变量 X 在 $(0, 1)$ 区间内服从均匀分布.

(1) 求 $Y = e^X$ 的分布密度.

(2) 求 $Y = -2\ln X$ 的分布密度.

23. (1) 设随机变量 X 的分布密度为 $f(x)$, $-\infty < x < \infty$. 求 $Y = X^3$ 的分布密度.

(2) 设随机变量 X 的分布密度为 $f(x) = \begin{cases} e^{-x}, & x > 0 \\ 0, & 其他 \end{cases}$. 求 $Y = X^2$ 的分布密度.

24. 设随机变量 $X \sim N(0, 1)$.

(1) 求 $Y = e^X$ 的分布密度.

(2) 求 $Y = 2X^2 + 1$ 的分布密度,

(3) 求 $Y = |X|$ 的分布密度.

25. 设随机变量 X 服从参数为 2 的指数分布, 证明: $Y = 1 - e^{-2X}$ 在区间 $(0, 1)$ 上服从均匀分布.

第3章　　多维随机变量及其分布

前面讨论了一维随机变量及其分布,但有些随机现象用一个随机变量来描述还不够,需要用两个或多个随机变量来描述.比如,研究某地区人口的健康状况可能取身高和体重两个参数作为随机变量;打靶弹着点选取横纵坐标两个随机变量作为参考.

本章将针对二维随机变量进行分析.与一维随机变量的分布函数和概率密度函数相对应,二维随机变量是考虑联合分布函数和联合概率密度函数.二维随机变量涉及多个随机变量之间的关系,因此要考虑边缘分布和条件分布,也要考虑随机变量的独立性.对于随机变量函数的分布进行讨论,同时,更高维随机变量的分析可以由二维的结果进行推广.

3.1　　二维随机变量及其联合分布

二维随机变量(X,Y)的性质不仅与X及Y有关,还依赖于这两个随机变量的相互关系.因此,逐个研究X或Y的性质是不够的,还需要将(X,Y)作为一个整体来进行研究.

设S为某实验的样本空间,X和Y是定义在S上的两个随机变量,则称有序随机变量对(X,Y)为**二维随机变量**.和一维的情形类似,常借助"分布函数","概率密度","分布律"等来研究二维随机变量.

1. 联合分布函数

设(X,Y)为二维随机变量,对任意实数x,y,称二元函数$F(x,y)=P\{X\leqslant x,Y\leqslant y\}$为$(X,Y)$的分布函数或$X$与$Y$的**联合分布函数**.

几何上,$F(x,y)$表示(X,Y)落在平面直角坐标系中以(x,y)为右上顶点的左下方的无穷矩形内的概率(图3-1).

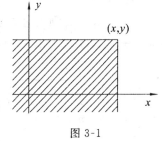

图 3-1

二维随机变量(X,Y)的分布函数$F(x,y)$具有以下四条基本性质:

(1) $F(x,y)$对每个自变量是单调不减的,即若$x_1<x_2$,则有$F(x_1,y)\leqslant F(x_2,y)$;若$y_1<y_2$,则有$F(x,y_1)\leqslant F(x,y_2)$.

(2) 归一性$0\leqslant F(x,y)\leqslant 1$且$F(x,-\infty)=F(-\infty,y)=F(-\infty,-\infty)=0$,$F(+\infty,+\infty)=1$.

(3) $F(x,y)$对每个自变量是右连续的,即$F(x+0,y)=F(x,y)$,$F(x,y+0)=F(x,y)$.

(4) 对任意$x_1\leqslant x_2,y_1<y_2$有矩形不等式:
$$F(x_2,y_2)-F(x_1,y_2)-F(x_2,y_1)+F(x_1,y_1)\geqslant 0.$$

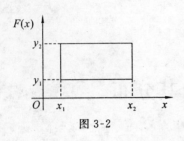

图 3-2

事实上,由图 3-2 可见:

$$F(x_2,y_2) - F(x_1,y_2) - F(x_2,y_1) + F(x_1,y_1)$$
$$= P\{-\infty < X \leqslant x_2, -\infty < Y \leqslant y_2\}$$
$$\quad - P\{-\infty < X \leqslant x_1, -\infty < Y \leqslant y_2\}$$
$$\quad - P\{-\infty < X \leqslant x_2, -\infty < Y \leqslant y_1\}$$
$$\quad + P\{-\infty < X \leqslant x_1, -\infty < Y \leqslant y_1\}$$
$$= P\{x_1 < X \leqslant x_2, y_1 < Y \leqslant y_2\} \geqslant 0.$$

例 1:设 (X,Y) 的分布函数为 $F(x,y) = \left(\dfrac{1}{2} + \dfrac{1}{\pi}\arctan(x)\right)\left(\dfrac{1}{2} + \dfrac{1}{\pi}\arctan(y)\right)$,试求概率 $P\{0 < X \leqslant 1, 0 < Y \leqslant 1\}$.

解:由性质(4)可得:

$$P\{0 < X \leqslant 1, 0 < Y \leqslant 1\} = F(1,1) - F(0,1) - F(1,0) + F(0,0)$$

$$= \left(\frac{1}{2} + \frac{1}{\pi}\arctan(1)\right)\left(\frac{1}{2} + \frac{1}{\pi}\arctan(1)\right) - \left(\frac{1}{2} + \frac{1}{\pi}\arctan(0)\right)\left(\frac{1}{2} + \frac{1}{\pi}\arctan(1)\right)$$

$$\quad - \left(\frac{1}{2} + \frac{1}{\pi}\arctan(1)\right)\left(\frac{1}{2} + \frac{1}{\pi}\arctan(0)\right) + \left(\frac{1}{2} + \frac{1}{\pi}\arctan(0)\right)\left(\frac{1}{2} + \frac{1}{\pi}\arctan(0)\right)$$

$$= \left(\frac{1}{2} + \frac{1}{\pi} \times \frac{\pi}{4}\right)\left(\frac{1}{2} + \frac{1}{\pi} \times \frac{\pi}{4}\right) - \left(\frac{1}{2} + \frac{1}{\pi} \times 0\right)\left(\frac{1}{2} + \frac{1}{\pi} \times \frac{\pi}{4}\right)$$

$$\quad - \left(\frac{1}{2} + \frac{1}{\pi} \times \frac{\pi}{4}\right)\left(\frac{1}{2} + \frac{1}{\pi} \times 0\right) + \left(\frac{1}{2} + \frac{1}{\pi} \times 0\right)\left(\frac{1}{2} + \frac{1}{\pi} \times 0\right)$$

$$= \frac{9}{16} - \frac{3}{8} - \frac{3}{8} + \frac{1}{4} = \frac{1}{16}.$$

2. 联合分布律

如果二维随机变量 (X,Y) 的所有可能取值为有限对或可列对,则称 (X,Y) 为二维离散型随机变量.

设 (X,Y) 的所有可能取值为 (x_i,y_j), $i,j = 1,2,\cdots$,则称下列一组概率 $P\{X = x_i, Y = y_j\} = p_{ij}$, $i,j = 1,2,\cdots$,为 (X,Y) 的分布律,或称为 X 与 Y 的**联合分布律**,用表格表示:

x＼y	y_1	y_2	……	y_j	……
x_1	p_{11}	p_{12}	……	p_{1j}	……
x_2	p_{21}	p_{22}	……	p_{2j}	……
$\vdots$	$\vdots$	$\vdots$		$\vdots$	
x_i	p_{i1}	p_{i2}	……	p_{ij}	……
$\vdots$	$\vdots$	$\vdots$	……	$\vdots$	

性质 1:(1) 对一切 $i,j,p_{ij} \geqslant 0$;

(2) $\sum\limits_i \sum\limits_j p_{ij} = 1.$

显然,(X,Y) 落在区域 D 内的概率应为 $P\{(X,Y) \in D\} = \sum\limits_{(X,Y) \in D} p_{ij}$,由此便得 (X,Y) 的分布函数与分布律之间关系为 $F(x,y) = \sum\limits_{x_i \leqslant x, y_j \leqslant y} p_{ij}.$

例 2:两封信随机地向编号为 I,II,III,IV 的四个邮筒内投,令 X 表示投入 I 号邮筒内的信件数;Y 表示投入 II 号邮筒内的信件数.试求 (X,Y) 的分布律,并分别求投入 I,II 号邮筒内信件数相同及至少有一封信投入 I,II 号邮筒的概率.

解:$p_{11} = P\{X=0,Y=0\} = \dfrac{2^2}{4^2} = \dfrac{4}{16}$,$p_{12} = P\{X=0,Y=1\} = \dfrac{2 \times 1 + 1 \times 2}{4^2} = \dfrac{4}{16}$,

$p_{13} = P\{X=0,Y=2\} = \dfrac{1}{4^2} = \dfrac{1}{16}$,$p_{21} = p_{12} = \dfrac{4}{16}$,

$p_{22} = P\{X=1,Y=1\} = \dfrac{2!}{4^2} = \dfrac{2}{16}$,$p_{23} = P\{X=1,Y=2\} = 0$,

$p_{31} = p_{13} = \dfrac{1}{16}$,$p_{32} = p_{23} = 0, p_{33} = 0$,

总之,(X,Y) 的分布律为

Y \ X	0	1	2
0	4/16	4/16	1/16
1	4/16	2/16	0
2	1/16	0	0

投入 I,II 号邮筒内邮件数相等的概率为:

$$P\{X=Y\} = \sum\limits_{x_i = y_j} p_{ij} = p_{11} + p_{22} + p_{33} = \dfrac{4}{16} + \dfrac{2}{16} + 0 = \dfrac{3}{8}.$$

至少有一封信投入 I,II 号邮筒的概率为:

$$P\{(X \geqslant 1) \bigcup (Y \geqslant 1)\} = 1 - P\{(X < 1) \bigcap (Y < 1)\} = 1 - P\{X=0,Y=0\}$$
$$= 1 - p_{11} = 1 - \dfrac{4}{16} = \dfrac{3}{4}.$$

3. 联合概率密度

设 $F(x,y)$ 为二维随机变量 (X,Y) 的分布函数,如果存在非负函数 $f(x,y)$,使得对任意实数 x,y,有 $F(x,y) = \int_{-\infty}^{x} \int_{-\infty}^{y} f(u,v) \mathrm{d}u \mathrm{d}v$,则称 (X,Y) 为**二维连续型随机变量**,$f(x,y)$ 为 (X,Y) 的**概率密度**或 X 与 Y 的**联合概率密度**.

性质 2:(1) 对一切 $x,y,f(x,y) \geqslant 0$;

(2) $\int_{-\infty}^{+\infty} \int_{-\infty}^{+\infty} f(x,y)\mathrm{d}x\mathrm{d}y = 1$;

(3) $P\{(X,Y) \in D\} = \iint\limits_{D} f(x,y)\mathrm{d}x\mathrm{d}y$.

联合密度函数的几何意义:

(1) $f(x,y) \geqslant 0$ 表明密度曲面 $z = f(x,y)$ 应在 xOy 坐标面的上方;

(2) $\int_{-\infty}^{+\infty} \int_{-\infty}^{+\infty} f(x,y)\mathrm{d}x\mathrm{d}y = 1$ 表明密度曲面 $z = f(x,y)$ 与 xOy 坐标面所围成图形的体积为 1;

(3) $P\{(X,Y) \in D\} = \iint\limits_{D} f(x,y)\mathrm{d}x\mathrm{d}y$ 表明 (X,Y) 落在平面区域 D 内的概率等以 D 为底,以密度曲面 $z = f(x,y)$ 为顶的曲顶柱体的体积.

概率密度与分布函数的关系为:

$$F(x,y) = \int_{-\infty}^{x} \int_{-\infty}^{y} f(u,v)\mathrm{d}u\mathrm{d}v; f(x,y) = \frac{\partial^2 F(x,y)}{\partial x \partial y} (\text{在 } f(x,y) \text{ 的连续点处}).$$

例 3:设 (X,Y) 的概率密度为 $f(x,y) = \begin{cases} x^2 + Axy, & 0 \leqslant x \leqslant 1, 0 \leqslant y \leqslant 2 \\ 0, & \text{其他} \end{cases}$

(1) 求常数 A;(2) 求概率 $P\{X+Y \geqslant 1\}$.

解:(1) 由于 $1 = \int_{-\infty}^{+\infty} \int_{-\infty}^{+\infty} f(x,y)\mathrm{d}x\mathrm{d}y = \int_0^2 \int_0^1 (x^2 + Axy)\mathrm{d}x\mathrm{d}y$

$$= \int_0^1 \left(x^2 y + \frac{1}{2}Axy^2\right)\Big|_0^2 \mathrm{d}x = \int_0^1 (2x^2 + 2Ax)\mathrm{d}x = \frac{2}{3} + A,$$

故解得 $A = \frac{1}{3}$,即得 (X,Y) 的概率密度为 $f(x,y) = \begin{cases} x^2 + \frac{xy}{3}, & 0 \leqslant x \leqslant 1, 0 \leqslant y \leqslant 2 \\ 0, & \text{其他}. \end{cases}$

(2) $P\{X+Y \geqslant 1\} = P\{(X,Y) \in D\}$,其中 $D = \{(x,y) \mid x+y \geqslant 1\}$

$$= \iint\limits_{C} \left(x^2 + \frac{xy}{3}\right)\mathrm{d}x\mathrm{d}y = \int_0^1 \mathrm{d}x \int_{1-x}^2 \left(x^2 + \frac{xy}{3}\right)\mathrm{d}y = \int_0^1 \left(x^2 y + \frac{xy^2}{6}\right)\Big|_{1-x}^2 \mathrm{d}x$$

$$= \int_0^1 \left[2x^2 - x^2(1-x) + \frac{2}{3}x - \frac{x}{6}(1-x)^2\right]\mathrm{d}x$$

$$= \int_0^1 \left(x^2 + x^3 + \frac{2}{3}x - \frac{x}{6} + \frac{1}{3}x^2 - \frac{1}{6}x^3\right)\mathrm{d}x$$

$$= \int_0^1 \left(\frac{1}{2}x + \frac{4}{3}x^2 + \frac{5}{6}x^3\right)\mathrm{d}x = \frac{1}{4} + \frac{4}{9} + \frac{5}{24} = \frac{65}{72}.$$

3.2 边缘分布

二维随机变量 (X,Y) 作为一个整体,具有分布函数 $F(x,y)$,而 X 和 Y 作为随机变量,应该分别也有自己的分布函数,这个分布函数称为边缘分布函数.

1. 边缘分布函数

设 (X,Y) 的分布函数为 $F(x,y)$，X 和 Y 的分布函数分别为 $F_X(x)$，$F_Y(y)$，于是

$$F_X(x) = P\{X \leqslant x\} = P\{X \leqslant x, Y < +\infty\} = F(x, +\infty) = \lim_{y \to +\infty} F(x,y),$$

同样有 $F_Y(y) = F(+\infty, y) = \lim_{x \to +\infty} F(x,y).$

称 $F_X(x) = F(x, +\infty)$ 为二维随机变量 (X,Y) 关于 X 的**边缘分布函数**；称 $F_Y(y) = F(+\infty, y)$ 为二维随机变量 (X,Y) 关于 Y 的**边缘分布函数**.

例 1：设 (X,Y) 的分布函数为 $F(x,y) = \left(\dfrac{1}{2} + \dfrac{1}{\pi}\arctan(x)\right)\left(\dfrac{1}{2} + \dfrac{1}{\pi}\arctan(y)\right)$，求关于 X 和 Y 的边缘分布函数.

解：关于 X 的分布函数

$$\begin{aligned}
F_X(x) &= F(x, +\infty) = \lim_{y \to +\infty} F(x,y),\\
&= \lim_{y \to +\infty} \left(\frac{1}{2} + \frac{1}{\pi}\arctan(x)\right)\left(\frac{1}{2} + \frac{1}{\pi}\arctan(y)\right)\\
&= \left(\frac{1}{2} + \frac{1}{\pi}\arctan(x)\right)\left(\frac{1}{2} + \frac{1}{\pi} \times \frac{\pi}{2}\right)\\
&= \frac{1}{2} + \frac{1}{\pi}\arctan(x)
\end{aligned}$$

同理可得关于 Y 的边缘分布函数

$$F_Y(y) = F(+\infty, y) = \lim_{x \to +\infty} F(x,y) = \frac{1}{2} + \frac{1}{\pi}\arctan(y),$$

2. 边缘分布律

设 (X,Y) 的分布律为 $P\{X = x_i, Y = y_j\} = p_{ij}$，$i, j = 1, 2, \cdots$，可以证明 X 的分布律可以由 X 和 Y 的联合分布律求得：$P\{X = x_i\} = \sum_j p_{ij} \overset{\text{记为}}{=} p_{i\cdot}$，$i = 1, 2, \cdots$

事实上，由于 $\{Y < +\infty\}$ 为必然事件，于是

$$\begin{aligned}
P\{X = x_i\} &= P\{X = x_i, Y < +\infty\} = P\Big\{X = x_i, \bigcup_{y_j < +\infty}(Y = y_j)\Big\}\\
&= P\Big\{\bigcup_{y_j < +\infty}(X = x_i, Y = y_j)\Big\} = \sum_{y_j < +\infty} P\{X = x_i, Y = y_j\}\\
&= \sum_{y_j < +\infty} p_{ij} = \sum_j p_{ij} \overset{\text{记为}}{=} p_{i\cdot}.
\end{aligned}$$

同样，Y 的分布律也可以由联合分布律求得：$P\{Y = y_j\} = \sum_i p_{ij} \overset{\text{记为}}{=} p_{\cdot j}$，$j = 1, 2, \cdots$

称 $p_{i\cdot} = \sum_j p_{ij}$，$(i = 1, 2, \cdots)$ 为二维随机变量 (X,Y) 关于 X 的**边缘分布律**.

称 $p_{\cdot j} = \sum_i p_{ij}$，$(i = 1, 2, \cdots)$ 为二维随机变量 (X,Y) 关于 Y 的**边缘分布律**.

用表格求边缘分布律只要在联合分布律表上加一行一列，然后分别按行按列相加即可

x \ y	y_1	y_2	$\cdots\cdots$	y_j	$\cdots\cdots$	P_i
x_1	p_{11}	p_{12}	$\cdots\cdots$	p_{1j}	$\cdots\cdots$	$p_1.$
x_2	p_{21}	p_{22}	$\cdots\cdots$	p_{2j}	$\cdots\cdots$	$p_2.$
$\vdots$	$\vdots$	$\vdots$	$\cdots\cdots$	$\vdots$	$\cdots\cdots$	$\vdots$
x_i	p_{i1}	p_{i2}	$\cdots\cdots$	p_{ij}	$\cdots\cdots$	$p_i.$
$\vdots$	$\vdots$	$\vdots$	$\cdots\cdots$	$\vdots$	$\cdots\cdots$	$\vdots$
P_j	$p._1$	$p._2$	$\cdots\cdots$	$p._j$	$\cdots\cdots$	1

　　例 2：袋中有 2 个白球、3 个黑球，从袋中(1)有放回地取球；(2)无放回地取球，分别取两次球，每次取一球，令

$$X = \begin{cases} 1, \text{第一次取得白球}, \\ 0, \text{第一次取得黑球}, \end{cases} \quad Y = \begin{cases} 1, \text{第二次取得白球}, \\ 0, \text{第二次取得黑球}. \end{cases}$$

求 (X,Y) 的分布律及边缘分布律.

　　解：(1) 有放回地取球

可以计算：

$$p_{11} = \frac{3}{5} \cdot \frac{3}{5} = \frac{9}{25}$$

$$p_{12} = \frac{3}{5} \cdot \frac{2}{5} = \frac{6}{25}$$

$$p_{21} = \frac{2}{5} \cdot \frac{3}{5} = \frac{6}{25}$$

$$p_{22} = \frac{2}{5} \cdot \frac{2}{5} = \frac{4}{25}$$

可以得到其分布律如下

X \ Y	0	1	$P_i.$
0	9/25	6/25	3/5
1	6/25	4/25	2/5
$P._j$	3/5	2/5	1

于是得到关于 X 的边缘分布律为

X	0	1
p	3/5	2/5

关于 Y 的边缘分布律为

Y	0	1
p	3/5	2/5

(2) 无放回地取球

可以计算:

$$p_{11} = \frac{3}{5} \cdot \frac{2}{4} = \frac{6}{20}$$

$$p_{12} = \frac{3}{5} \cdot \frac{2}{4} = \frac{6}{20}$$

$$p_{21} = \frac{2}{5} \cdot \frac{3}{4} = \frac{6}{20}$$

$$p_{22} = \frac{2}{5} \cdot \frac{1}{4} = \frac{2}{20}$$

可以得到分布律

Y \ X	0	1	$P_{i.}$
0	6/20	6/20	3/5
1	6/20	2/20	2/5
$P_{.j}$	3/5	2/5	1

于是得关于 X 的边缘分布律为

X	0	1
p	3/5	2/5

关于 Y 的边缘分布律

Y	0	1
p	3/5	2/5

3. 边缘概率密度

设 (X,Y) 的概率密度为 $f(x,y)$,可以证明 X 的概率密度可以由 $f(x,y)$ 确定, $f_X(x) = \int_{-\infty}^{+\infty} f(x,y)\mathrm{d}y$.

事实上,由于 X 的分布函数 $F_X(x) = F(x,+\infty) = \int_{-\infty}^{x}\int_{-\infty}^{+\infty} f(u,v)\mathrm{d}v\mathrm{d}u$,故 X 的概率密度 $f_X(x) = \int_{-\infty}^{+\infty} f(x,y)\mathrm{d}y$;同样, Y 的概率密度也可由 $f(x,y)$ 确定 $f_Y(y) = \int_{-\infty}^{+\infty} f(x,y)\mathrm{d}x$.

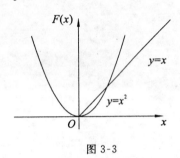

图 3-3

称 $f_X(x)$ 为二维随机变量 (X,Y) 关于 X 的边缘概率密度.

称 $f_Y(y)$ 为二维随机变量 (X,Y) 关于 Y 的边缘概率密度.

例 3:设区域 D 是由直线 $y = x$ 和曲线 $y = x^2$ 所围成(图 3-3).设 (X,Y) 在 D 上服从均匀分布,即其概率密度为 $f(x,y) = \begin{cases} \dfrac{1}{S_D}, & (x,y) \in D \\ 0, & \text{其他} \end{cases}$,其中 S_D 为 D 的面积,试求 (X,Y) 的边缘概率密度.

解: $S_D = \iint\limits_{D} 1\mathrm{d}x\mathrm{d}y = \int_0^1 (x - x^2)\mathrm{d}x = \dfrac{1}{2} - \dfrac{1}{3} = \dfrac{1}{6}$.

故 $f(x,y) = \begin{cases} 6, & (x,y) \in D \\ 0, & \text{其他} \end{cases}$

当 $0 < x < 1$ 时, $f_X(x) = \int_{-\infty}^{+\infty} f(x,y)\mathrm{d}y = \int_{x^2}^{x} 6\mathrm{d}y = 6x(1-x)$;

当 $x \leqslant 0$ 或 $x \geqslant 1$ 时 $f_X(x) = 0$

总之,关于 X 的边缘概率密度为 $f_X(x) = \begin{cases} 6x(1-x), & 0 < x < 1 \\ 0, & \text{其他} \end{cases}$

当 $0 < y < 1$ 时, $f_Y(y) = \int_{-\infty}^{+\infty} f(x,y)\mathrm{d}x = \int_{y}^{\sqrt{y}} 6\mathrm{d}x = 6(\sqrt{y} - y)$;

当 $y \leqslant 0$ 或 $y \geqslant 1$ 时 $f_Y(y) = 0$

总之,关于 Y 的边缘概率密度为 $f_Y(y) = \begin{cases} 6(\sqrt{y} - y), & 0 < y < 1 \\ 0, & \text{其他} \end{cases}$

例 4:设 (X,Y) 服从二维正态分布 $N(\mu_1,\mu_2,\sigma_1^2,\sigma_2^2,\rho)$,即 (X,Y) 的概率密度为

$$f(x,y) = \frac{1}{2\pi\sigma_1\sigma_2\sqrt{1-\rho^2}} e^{-\frac{1}{2(1-\rho^2)}\left[\frac{(x-\mu_1)^2}{\sigma_1^2} - 2\rho\frac{(x-\mu_1)(y-\mu_2)}{\sigma_1\sigma_2} + \frac{(y-\mu_2)^2}{\sigma_2^2}\right]}$$

其中 $\mu_1,\mu_2,\sigma_1^2(\sigma_1 > 0),\sigma_2^2(\sigma_2 > 0),\rho(-1 < \rho < 1)$ 为常数.试求边缘概率密度.

解:

$$f_X(x) = \int_{-\infty}^{+\infty} f(x,y)\mathrm{d}y = \frac{1}{2\pi\sigma_1\sigma_2\sqrt{1-\rho^2}} \int_{-\infty}^{+\infty} e^{-\frac{1}{2(1-\rho^2)}\left[\frac{(x-\mu_1)^2}{\sigma_1^2} - 2\rho\frac{(x-\mu_1)(y-\mu_2)}{\sigma_1\sigma_2} + \frac{(y-\mu_2)^2}{\sigma_2^2}\right]}\mathrm{d}y$$

$$= \frac{1}{2\pi\sigma_1\sqrt{1-\rho^2}} \int_{-\infty}^{+\infty} e^{-\frac{1}{2(1-\rho^2)}[u^2-2\rho uv+v^2]} \mathrm{d}v \quad \left(\text{令 } u = \frac{x-\mu_1}{\sigma_1}, v = \frac{y-\mu_2}{\sigma_2}, \mathrm{d}y = \sigma_2 \mathrm{d}v\right)$$

$$= \frac{1}{2\pi\sigma_1\sqrt{1-\rho^2}} \int_{-\infty}^{+\infty} e^{-\frac{1}{2(1-\rho^2)}[(v-\rho u)^2+(1-\rho^2)u^2]} \mathrm{d}v$$

$$= \frac{1}{2\pi\sigma_1\sqrt{1-\rho^2}} e^{-\frac{u^2}{2}} \int_{-\infty}^{+\infty} e^{-\frac{(v-\rho u)^2}{2(1-\rho^2)}} \mathrm{d}v = \frac{1}{\sqrt{2\pi}\sigma_1} e^{-\frac{u^2}{2}} \int_{-\infty}^{+\infty} \frac{1}{\sqrt{2\pi}\sqrt{1-\rho^2}} e^{-\frac{(v-\rho u)^2}{2(1-\rho^2)}} \mathrm{d}v$$

$$= \frac{1}{\sqrt{2\pi}\sigma_1} e^{-\frac{u^2}{2}} = \frac{1}{\sqrt{2\pi}\sigma_1} e^{-\frac{(x-\mu_1)^2}{2\sigma_1^2}}, \text{即 } X \sim N(\mu_1, \sigma_1^2)$$

同样,关于 Y 的边缘概率密度为 $f_Y(y) = \dfrac{1}{\sqrt{2\pi}\sigma_2} e^{-\frac{(y-\mu_2)^2}{2\sigma_2^2}}$,即 $Y \sim N(\mu_2, \sigma_2^2)$.

3.3　条　件　分　布

多个随机事件的发生涉及条件概率,二维随机变量的分布也包含着条件分布的概念.

1. 条件分布函数

在实践中常会遇到这样的问题:在已知随机变量 Y 取值为 y 条件下,求随机变量 X 落在某区间 (a,b) 内的概率,即 $P\{a < X \leqslant b \mid Y = y\}$. 由于形式上这一条件概率可表示为

$$P\{a < X \leqslant b \mid Y = y\} = P\{X \leqslant b \mid Y = y\} - P\{X \leqslant a \mid Y = y\}.$$

因此,对任意实数 x,研究形如 $P\{X \leqslant x \mid Y = y\}$ 的条件概率就是一件很重要的事情. 然而,需注意的是:如果 $P\{Y = y\} = 0$,上述条件概率将无意义,特别对连续型随机变量 Y,无论 y 为何值,总有 $P\{Y = y\} = 0$. 为了解决这一问题,可采取下列办法.

设 Y 在区间 $(y - \Delta y, y)$ 内的概率不为零,即 $P\{y - \Delta y < Y \leqslant y\} > 0$,此时条件概率 $P\{X \leqslant x \mid y - \Delta y < Y \leqslant y\}$ 便有意义,如果当 $\Delta y \to 0_+$ 时,此条件概率的极限存在,我们便将此极限定义为 $P\{X \leqslant x \mid Y = y\}$,并称它为 X 的条件分布函数.

设对固定的实数 y 及任意 $\Delta y > 0$,如果

$$\lim_{\Delta y \to 0_+} P\{X \leqslant x \mid y - \Delta y < Y \leqslant y\} = \lim_{\Delta y \to 0_+} \frac{P\{X \leqslant x, y - \Delta y < Y \leqslant y\}}{P\{y - \Delta y < Y \leqslant y\}}$$

存在,则称此极限为在 $Y = y$ 条件下, X 的条件分布函数.

同样,可定义在 $X = x$ 条件下, Y 的条件分布函数

$$F_{Y|X}(y \mid x) = \lim_{\Delta x \to 0_+} \frac{P\{x - \Delta x < X \leqslant x, Y \leqslant y\}}{P\{x - \Delta x < X \leqslant x\}}.$$

2. 条件分布律

设 (X, Y) 为二维离散型随机变量,其分布律为 $P\{X = x_i, Y = y_j\} = p_{ij}, i, j = 1, 2, \cdots$, 如果对固定的 $j, P\{Y = y_j\} > 0$,则称下列一组条件概率

$$P\{X = x_i \mid Y = y_j\} = \frac{P\{X = x_i, Y = y_j\}}{P\{Y = y_j\}} = \frac{p_{ij}}{p_{\cdot j}}, i = 1, 2, \cdots$$

为在 $Y = y_j$ 条件下,X 的**条件分布律**.

同样,对于固定 i,若 $P\{X = x_i\} > 0$,则称下列一组条件概率

$$P\{Y = y_j \mid X = x_i\} = \frac{p_{ij}}{p_{i\cdot}}, \quad j = 1, 2, \cdots$$

为在 $X = x_i$ 条件下,Y 的**条件分布律**.

不难看出,对数轴上子集 A 有

$$P\{X \in A \mid Y = y_j\} = \sum_{x_i \in A} \frac{p_{ij}}{p_{\cdot j}}, P\{Y \in A \mid X = x_i\} = \sum_{y_j \in A} \frac{p_{ij}}{p_{i\cdot}}$$

进而有

$$F_{X|Y}(x \mid y_j) = \sum_{x_i \leqslant x} p_{ij}/p_{\cdot j}, F_{Y|X}(y \mid x_i) = \sum_{y_j \leqslant y} p_{ij}/p_{i\cdot}.$$

例 1:设 (X, Y) 的分布律为

X＼Y	1	2	3	4
1	0.1	0	0.1	0
2	0.3	0	0.1	0.2
3	0	0.2	0	0

试求在条件 $X = 2$ 下,Y 的条件分布律.

解:首先求出边缘分布律,见下表

X＼Y	1	2	3	4	$P_{i\cdot}$
1	0.1	0	0.1	0	0.2
2	0.3	0	0.1	0.2	0.6
3	0	0.2	0	0	0.2
$P_{\cdot j}$	0.4	0.2	0.2	0.2	1

$$P\{Y = 1 \mid X = 2\} = \frac{p_{21}}{p_{2\cdot}} = \frac{0.3}{0.6} = \frac{1}{2}, P\{Y = 2 \mid X = 2\} = \frac{p_{22}}{p_{2\cdot}} = \frac{0}{0.6} = 0.$$

$$P\{Y = 3 \mid X = 2\} = \frac{p_{23}}{p_{2\cdot}} = \frac{0.1}{0.6} = \frac{1}{6}, P\{Y = 4 \mid X = 2\} = \frac{p_{24}}{p_{2\cdot}} = \frac{0.2}{0.6} = \frac{1}{3}.$$

总之,在 $X = 2$ 条件,Y 的条件分布律为

Y	1	2	3	4
$p_{2j}/p_{2.}$	1/2	0	1/6	1/3

3. 条件概率密度

设 (X,Y) 的概率密度为 $f(x,y)$，$f_X(x)$ 与 $f_Y(y)$ 分别为关于 X 和关于 Y 的边缘概率密度.

如果对固定的 y，$f_Y(y) > 0$，则称 $f_{X|Y}(x \mid y) = \dfrac{f(x,y)}{f_Y(y)}$ 为在 $Y = y$ 条件下，X 的条件概率密度.

如果对固定的 x，$f_X(x) > 0$，则称 $f_{Y|X}(y \mid x) = \dfrac{f(x,y)}{f_X(x)}$ 为在 $X = x$ 条件下，Y 的条件概率密度.

通常，若 A 为数轴上的子集，则有

$$P\{X \in A \mid Y = y\} = \int_A f_{X|Y}(x \mid y)\mathrm{d}x \text{ 及 } P\{Y \in A \mid X = x\} = \int_A f_{Y|X}(y \mid x)\mathrm{d}y,$$

进而有

$$F_{X|Y}(x \mid y) = \int_{-\infty}^{x} f_{X|Y}(u \mid y)\mathrm{d}u, F_{Y|X}(y \mid x) = \int_{-\infty}^{y} f_{Y|X}(u \mid x)\mathrm{d}u.$$

例 2：设 (X,Y) 的概率密度为 $f(x,y) = \begin{cases} \dfrac{21}{4}x^2 y, & x^2 \leqslant y \leqslant 1 \\ 0, & \text{其他} \end{cases}$，求条件概率密度 $f_{Y|X}(y \mid x)$ 及 $f_{X|Y}(x \mid y)$，并求条件概率 $P\left\{Y \geqslant \dfrac{3}{4} \mid X = \dfrac{1}{2}\right\}$.

解：首先，求出边缘概率密度，当 $-1 < x < 1$ 时

$$f_X(x) = \int_{-\infty}^{+\infty} f(x,y)\mathrm{d}y = \int_{x^2}^{1} \frac{21}{4}x^2 y\mathrm{d}y = \frac{21}{8}x^2(1-x^4),$$

当 $x \leqslant -1$ 或 $x \geqslant 1$ 时，显然 $f_X(x) = 0$.

总之，关于 X 的边缘概率密度为 $f_X(x) = \begin{cases} \dfrac{21}{8}x^2(1-x^4), & -1 < x < 1 \\ 0, & \text{其他} \end{cases}$

当 $0 < y < 1$ 时，$f_Y(y) = \int_{-\infty}^{+\infty} f(x,y)\mathrm{d}x = \int_{-\sqrt{y}}^{\sqrt{y}} \frac{21}{4}x^2 y\mathrm{d}x = \frac{7}{2}y^{\frac{5}{2}}$

当 $y \leqslant 0$ 或 $y \geqslant 1$ 时，显然 $f_Y(y) = 0$.

总之，关于 Y 的边缘概率密度为 $f_Y(y) = \begin{cases} \dfrac{7}{2}y^{\frac{5}{2}}, & 0 < y < 1 \\ 0, & \text{其他} \end{cases}$

下面求条件概率密度.

当 $-1 < x < 0$ 或 $0 < x < 1$ 时，$f_X(x) > 0$，故此时有条件概率密度：

$$f_{Y|X}(y \mid x) = \frac{f(x,y)}{f_X(x)} = \begin{cases} \dfrac{21}{4}x^2 y \bigg/ \dfrac{21}{8}x^2(1-x^4), & x^2 \leqslant y \leqslant 1 \\ 0 \bigg/ \dfrac{21}{8}x^2(1-x^4), & \text{其他} \end{cases} = \begin{cases} \dfrac{2y}{1-x^4}, & x^2 \leqslant y \leqslant 1 \\ 0, & \text{其他} \end{cases}$$

当 $0 < y \leqslant 1$ 时,$f_Y(y) > 0$,故此时有条件概率密度:

$$f_{X|Y}(x \mid y) = \frac{f(x,y)}{f_Y(y)} = \begin{cases} \dfrac{21}{4}x^2 y \bigg/ \dfrac{7}{2}y^{\frac{5}{2}}, & x^2 \leqslant y \\ 0 \bigg/ \dfrac{7}{2}y^{\frac{5}{2}}, & \text{其他} \end{cases} = \begin{cases} \dfrac{3}{2}x^2 y^{-\frac{3}{2}}, & -\sqrt{y} \leqslant x \leqslant \sqrt{y} \\ 0, & \text{其他} \end{cases}$$

特别,有 $f_{Y|X}\left(y \mid \dfrac{1}{2}\right) = \begin{cases} \dfrac{32y}{15}, & \dfrac{1}{4} \leqslant y \leqslant 1 \\ 0, & \text{其他} \end{cases}$

从而得 $P\left\{Y \geqslant \dfrac{3}{4} \,\middle|\, X = \dfrac{1}{2}\right\} = \displaystyle\int_{\frac{3}{4}}^{+\infty} f_{Y|X}\left(y \mid \dfrac{1}{2}\right) \mathrm{d}y = \int_{\frac{3}{4}}^{+\infty} \dfrac{32}{15}y\,\mathrm{d}y = \dfrac{7}{15}.$

3.4　随机变量的独立性

设 (X,Y) 的分布函数为 $F(x,y)$,边缘分布函数为 $F_X(x)$ 和 $F_Y(y)$,如果对一切 X,Y 有 $F(x,y) = F_X(x)F_Y(y)$,则称 X 与 Y 是相互独立的.

1. 离散型随机变量的情况

定理 1:设 (X,Y) 的分布律为 $P\{X = x_i, Y = y_j\} = p_{ij}, i,j = 1,2,\cdots$,边缘分布律分别为 $p_{i\cdot} = \sum_j p_{ij}, i = 1,2,\cdots$,及 $p_{\cdot j} = \sum_i p_{ij}, j = 1,2,\cdots$,则 X 与 Y 相互独立的充分必要条件为 $p_{ij} = p_{i\cdot} \cdot p_{\cdot j}, i,j = 1,2,\cdots$

例 1:袋中有 2 个白球,3 个黑球,从袋中(1) 有放回地取球;(2) 无放回地取球,分别取两次球,每次取一球,令

$$X = \begin{cases} 1, & \text{第一次取得白球,} \\ 0, & \text{第一次取得黑球,} \end{cases} \quad Y = \begin{cases} 1, & \text{第二次取得白球,} \\ 0, & \text{第二次取得黑球.} \end{cases}$$

试问 X 与 Y 是否相互独立?

解:(1) 有放回地取球,由 3.2 节例 2 有

X \ Y	0	1	$P_{i\cdot}$
0	9/25	6/25	3/5
1	6/25	4/25	2/5
$P_{\cdot j}$	3/5	2/5	1

可见，$p_{11} = \dfrac{9}{25} = \dfrac{3}{5} \times \dfrac{3}{5} = p_{1\cdot} \cdot p_{\cdot 1}$.

容易验证，对一切 $i, j = 1, 2$ 有 $P_{ij} = P_{i\cdot} P_{\cdot j}$，故 X, Y 相互独立.

（2）无放回地取球

X \ Y	0	1	$P_{i\cdot}$
0	6/20	6/20	3/5
1	6/20	2/20	2/5
$P_{\cdot j}$	3/5	2/5	1

可见，$P_{11} = \dfrac{6}{20} \neq \dfrac{3}{5} \times \dfrac{3}{5} = P_{1\cdot} \cdot P_{\cdot 1}$，故 X, Y 不独立.

2. 连续型随机变量的情况

定理 2：设 (X, Y) 的概率密度为 $f(x, y)$，其边缘概率密度为 $f_X(x)$ 和 $f_Y(y)$，X 与 Y 相互独立的充分必要条件为对于一切 x, y，有 $f(x, y) = f_X(x) f_Y(y)$.

例 2：设 X, Y 相互独立，均服从 $U[0, 1]$ 分布，试求 $P\{X + Y < 1\}$.

解：由于 X, Y 均在 $[0, 1]$ 上服从均匀分布，即

X 的概率密度为 $f_X(x) = \begin{cases} 1, & 0 \leqslant x \leqslant 1 \\ 0, & \text{其他} \end{cases}$，$Y$ 的概率密度为 $f_Y(y) = \begin{cases} 1, & 0 \leqslant y \leqslant 1 \\ 0, & \text{其他} \end{cases}$，

又由于 X 与 Y 相互独立，所以 (X, Y) 的概率密度为

$$f(x, y) = f_X(x) f_Y(y) = \begin{cases} 1, & 0 \leqslant x \leqslant 1, 0 \leqslant y \leqslant 1, \\ 0, & \text{其他} \end{cases}$$

于是 $P\{x + y < 1\} = P\{(x, y) \in D\}$，其中 $D = \{(x, y) \mid x + y \leqslant 1\} = \iint\limits_{D} f(x, y) \mathrm{d}x \mathrm{d}y$

$= \dfrac{1}{2}$.

例 3：设 $(X, Y) \sim N(\mu_1, \mu_2, \sigma_1^2, \sigma_2^2, \rho)$，证明：$X$ 与 Y 相互独立的充要条件为 $\rho = 0$.

证：由于 $f(x, y) = \dfrac{1}{2\pi\sigma_1\sigma_2\sqrt{1-\rho^2}} e^{-\frac{1}{2(1-\rho^2)}\left[\frac{(x-\mu_1)^2}{\sigma_1^2} - 2\rho\frac{(x-\mu_1)(y-\mu_2)}{\sigma_1\sigma_2} + \frac{(y-\mu_2)^2}{\sigma_2^2}\right]}$

已求得其边缘概率密度为 $f_X(x) = \dfrac{1}{\sqrt{2\pi}\sigma_1} e^{-\frac{(x-\mu_1)^2}{2\sigma_1^2}}$，$f_Y(y) = \dfrac{1}{\sqrt{2\pi}\sigma_2} e^{-\frac{(y-\mu_2)^2}{2\sigma_2^2}}$

"充分性"：当 $\rho = 0$ 时，对一切 x, y 有

$$f(x, y) = \dfrac{1}{2\pi\sigma_1\sigma_2} e^{-\frac{1}{2}\left[\frac{(x-\mu_1)^2}{\sigma_1^2} + \frac{(y-\mu_2)^2}{\sigma_2^2}\right]} = f_X(x) f_Y(y),$$

故 X 与 Y 相互独立.

"必要性":如果 X,Y 独立,于是应有 $f(\mu_1,\mu_2) = f_X(\mu_1)f_Y(\mu_2)$

即为

$$\frac{1}{2\pi\sigma_1\sigma_2}\frac{1}{\sqrt{1-\rho^2}} = \frac{1}{\sqrt{2\pi}\sigma_1}\frac{1}{\sqrt{2\pi}\sigma_2} = \frac{1}{2\pi\sigma_1\sigma_2},$$

解得 $\rho = 0$.

3. 多维随机变量的推广

设 E 是一个随机试验,它的样本空间是 $S = \{e\}$;设 $X_1 = X_1(e), X_2 = X_2(e),\cdots, X_n = X_n(e)$ 是定义在 S 上的随机变量,由它们构成的一个 n 维向量 $(X_1, X_2,\cdots, X_n)$ 称为 n 维随机变量。

对于任意 n 个实数 $x_1, x_2,\cdots, x_n, n$ 元函数:
$$F(x_1, x_2,\cdots x_n) = P(X_1 \leqslant x_1, X_2 \leqslant x_2,\cdots, X_n \leqslant x_n)$$
称为 n 维随机变量 $(X_1, X_2,\cdots, X_n)$ 的分布函数。

若存在非负函数 $f(x_1, x_2,\cdots, x_n)$,使对于任意实数 $x_1, x_2,\cdots, x_n$ 有
$$F(x_1, x_2,\cdots, x_n) = \int_{-\infty}^{x_n}\int_{-\infty}^{x_{n-1}}\cdots\int_{-\infty}^{x_1} f(x_1, x_2,\cdots, x_n)\mathrm{d}x_1\mathrm{d}x_2\cdots\mathrm{d}x_n,$$

及 $\int_{-\infty}^{\infty}\int_{-\infty}^{\infty}\cdots\int_{-\infty}^{\infty} f(x_1, x_2,\cdots, x_n)\mathrm{d}x_1\mathrm{d}x_2\cdots\mathrm{d}x_n = 1,$

则称 $f(x_1, x_2,\cdots, x_n)$ 为 $(X_1, X_2,\cdots, X_n)$ 的概率密度函数.

若 $F(x_1, x_2,\cdots, x_n)$ 是 $(X_1, X_2,\cdots, X_n)$ 的分布函数,则 $(X_1, X_2,\cdots, X_n)$ 关于 X_1,关于 (X_1, X_2) 的**边缘分布函数**分别为
$$F_{X_1}(x_1) = F(x_1,\infty,\infty,\cdots,\infty)$$
$$F_{X_1,X_2}(x_1, x_2) = F(x_1, x_2,\infty,\infty,\cdots,\infty)$$
其它依此类推.

若 $f(x_1, x_2,\cdots, x_n)$ 是 $(X_1, X_2,\cdots, X_n)$ 的概率密度,则 $(X_1, X_2,\cdots, X_n)$ 关于 X_1 及关于 (X_1, X_2) 的边缘概率密度分别为
$$f_{X_1}(x_1) = \int_{-\infty}^{+\infty}\int_{-\infty}^{+\infty}\cdots\int_{-\infty}^{+\infty} f(x_1, x_2,\cdots, x_n)\mathrm{d}x_2\mathrm{d}x_3\cdots\mathrm{d}x_n,$$
$$f_{X_1,X_2}(x_1, x_2) = \int_{-\infty}^{+\infty}\int_{-\infty}^{+\infty}\cdots\int_{-\infty}^{+\infty} f(x_1, x_2,\cdots, x_n)\mathrm{d}x_3\mathrm{d}x_4\cdots\mathrm{d}x_n.$$
同理可得 $(X_1, X_2,\cdots, X_n)$ 的 $k(1 \leqslant k < n)$ 维边缘概率密度.

若对于所有的 $x_1, x_2,\cdots, x_n$ 有
$$F(x_1, x_2,\cdots, x_n) = F_{X_1}(x_1)F_{X_2}(x_2)\cdots F_{X_n}(x_n),$$
则称 $X_1, X_2,\cdots, X_n$ 是相互独立的.

若对于所有的 $x_1, x_2,\cdots, x_m, y_1, y_2,\cdots, y_n$ 有
$$F(x_1, x_2,\cdots, x_m, y_1, y_2,\cdots, y_n) = F_1(x_1, x_2,\cdots, x_m)F_2(y_1, y_2,\cdots, y_n)$$
其中 F_1, F_2, F 依次为随机变量 $(X_1, X_2,\cdots, X_m)$、$(Y_1, Y_2,\cdots, Y_n)$ 和 $(X_1, X_2,\cdots, X_m, Y_1, Y_2,\cdots, Y_n)$ 的分布函数,则称随机变量 $(X_1,\cdots, X_m)$ 与 $(Y_1,\cdots, Y_n)$ 相互独立.

定理 3:设 $(X_1, X_2,\cdots, X_n)$ 与 $(Y_1, Y_2,\cdots, Y_m)$ 相互独立,则 $X_i(i = 1,2,\cdots,n)$ 与 $Y_j(j = 1,$

$2, \cdots, m)$ 相互独立;又若 h, g 是连续函数,则 $h(X_1, X_2, \cdots, X_n)$ 与 $g(Y_1, Y_2, \cdots, Y_m)$ 相互独立.

3.5　二维随机变量函数的分布

所谓二维随机变量 (X, Y) 的函数 $Z = g(X, Y)$ 是指 Z 也是一个随机变量,且每当 (X, Y) 取值为 (x, y) 时,Z 的取值为 $z = g(x, y)$.

例如,测量一长方形土地,长为 X,宽为 Y,则其面积便为 $Z = XY$.

1. 离散型随机变量的情况

例 1:一个仪器由两个主要部件组成,其总长度为此两部件长度之和,这两个部件长度分别为 X 和 Y,且相互独立,其分布律分别为

X	9	10	11
P	0.3	0.5	0.2

Y	6	7
P	0.4	0.6

求此仪器总长度 Z 的分布律.

解:$Z = X + Y$,首先,写出 (X, Y) 的联合分布律

X ＼ Y	6	7
9	0.12	0.18
10	0.20	0.30
11	0.08	0.12

改写为:

(x, y)	(9,6)	(9,7)	(10,6)	(10,7)	(11,6)	(11,7)
P	0.12	0.18	0.20	0.30	0.08	0.12

按随机变量函数概念可求出 $Z = X + Y$ 的可能取值,见下表

$Z = X + Y$	15	16	16	17	17	18
(X, Y)	(9,6)	(9,7)	(10,6)	(10,7)	(11,6)	(11,7)
P	0.12	0.18	0.20	0.30	0.08	0.12

对于相同的值进行合并,相应概率按概率可加性相加,便得 $Z = X + Y$ 的分布律为

$Z = X + Y$	15	16	17	18
P	0.12	0.38	0.38	0.12

例 2:设 $X \sim \pi(\lambda_1)$,$Y \sim \pi(\lambda_2)$,且 X 与 Y 独立,证明 $X + Y \sim \pi(\lambda_1 + \lambda_2)$.

证:由于 $\{X + Y = k\} = \bigcup_{n=0}^{k} \{X = n, Y = k - n\}$

故 $P\{X + Y = k\} = P\left\{\bigcup_{n=0}^{k} \{X = n, Y = k - n\}\right\}$

$$= \sum_{n=0}^{k} P\{X = n, Y = k - n\} = \sum_{n=0}^{k} P\{X = n\} P\{Y = k - n\}$$

$$= \sum_{n=0}^{k} \frac{\lambda_1^n}{n!} e^{-\lambda_1} \cdot \frac{\lambda_2^{k-n}}{(k-n)!} e^{-\lambda_2} = e^{-(\lambda_1 + \lambda_2)} \sum_{n=0}^{k} \frac{\lambda_1^n}{n!} \cdot \frac{\lambda_2^{k-n}}{(k-n)!}$$

$$= \frac{e^{-(\lambda_1 + \lambda_2)}}{k!} \sum_{n=0}^{k} C_k^n \lambda_1^n \lambda_2^{k-n} = \frac{e^{-(\lambda_1 + \lambda_2)}}{k!} (\lambda_1 + \lambda_2)^k, \quad k = 0, 1, 2, \cdots$$

即 $X + Y \sim \pi(\lambda_1 + \lambda_2)$.

2. 连续型随机变量的情况

利用"分布函数法"求 $Z = g(X, Y)$ 的概率密度,即首先求 z 的分布函数.

$$F_Z(z) = P\{Z \leqslant z\} = P\{g(X, Y) \leqslant z\} = P\{(X, Y) \in D_z\} = \iint_{D_z} f(x, y) \mathrm{d}x \mathrm{d}y$$

$$D_z = \{(x, y) \mid g(x, y) \leqslant z\}.$$

两边求导便可得到 Z 的概率密度.

例 3:设 $X \sim N(0, \sigma^2)$,$Y \sim N(0, \sigma^2)$,且 X 与 Y 独立,求 $Z = \sqrt{X^2 + Y^2}$ 的概率密度.

解:X 和 Y 的概率密度分别为

$$f_X(x) = \frac{1}{\sqrt{2\pi}\sigma} e^{-\frac{x^2}{2\sigma^2}}, f_Y(y) = \frac{1}{\sqrt{2\pi}\sigma} e^{-\frac{y^2}{2\sigma^2}}$$

由于 X 与 Y 独立,于是 (X, Y) 的概率密度为

$$f(x, y) = f_X(x) f_Y(y) = \frac{1}{2\pi\sigma^2} e^{-\frac{x^2+y^2}{2\sigma^2}}$$

$$F_Z(z) = P\{Z \leqslant z\} = P\{\sqrt{X^2 + Y^2} \leqslant z\} = P\{X^2 + Y^2 \leqslant z^2\}$$

$$= \iint_{x^2+y^2 \leqslant z^2} \frac{1}{2\pi\sigma^2} e^{-\frac{x^2+y^2}{2\sigma^2}} \mathrm{d}x \mathrm{d}y \text{(利用极坐标变换)}$$

$$= \frac{1}{2\pi\sigma^2} \int_0^{2\pi} \mathrm{d}\theta \int_0^z r e^{-\frac{r^2}{2\sigma^2}} \mathrm{d}r = 1 - e^{-\frac{z^2}{2\sigma^2}}$$

当 $z \leqslant 0$ 时,显然 $F_Z(z) = 0$.对 Z 求导,便得 Z 的概率密度

$$f_Z(z) = \begin{cases} \dfrac{z}{\sigma^2} \mathrm{e}^{-\frac{z^2}{2\sigma^2}}, & z > 0 \\[2mm] 0, & z \leqslant 0 \end{cases}$$

例 4:(和的分布) 设 (X,Y) 的概率密度为 $f(x,y)$,求 $Z = X + Y$ 的概率密度.

解:首先求 Z 的分布函数

$$\begin{aligned} F_Z(z) &= P\{Z \leqslant z\} = P\{X + Y \leqslant z\} \\ &= P\{(X,Y) \in D_z\}, \qquad D_z = \{(x,y) \mid x + y \leqslant z\} \\ &= \iint\limits_{D_z} f(x,y)\mathrm{d}x\mathrm{d}y = \int_{-\infty}^{+\infty} \int_{-\infty}^{z-y} f(x,y)\mathrm{d}x\mathrm{d}y \end{aligned}$$

固定 z 和 y,对积分 $\displaystyle\int_{-\infty}^{z-y} f(x,y)\mathrm{d}x$ 作换元 $u = x + y$ 得

$$\int_{-\infty}^{z-y} f(x,y)\mathrm{d}x = \int_{-\infty}^{z} f(u-y,y)\mathrm{d}u$$

于是,交换积分次序可以有

$$F_Z(z) = \int_{-\infty}^{+\infty} \int_{-\infty}^{z} f(u-y,y)\mathrm{d}u\mathrm{d}y = \int_{-\infty}^{z} \int_{-\infty}^{+\infty} f(u-y,y)\mathrm{d}y\mathrm{d}u$$

两边对 z 求导,便得 Z 的概率密度

$$f_Z(z) = \int_{-\infty}^{+\infty} f(z-y,y)\mathrm{d}y$$

类似也可得 $\displaystyle f_Z(z) = \int_{-\infty}^{+\infty} f(x,z-x)\mathrm{d}x$

特别,当 X 与 Y 独立时,有 $Z = X + Y$ 的概率密度:

$$f_Z(z) = \int_{-\infty}^{+\infty} f_X(z-y)f_Y(y)\mathrm{d}y = \int_{-\infty}^{+\infty} f_X(x)f_Y(z-x)\mathrm{d}x$$

称此式为 $f_X(x)$ 与 $f_Y(y)$ 的**卷积**,常记为 $f_X(z) * f_Y(z)$ 即

$$f_X(z) * f_Y(z) = \int_{-\infty}^{+\infty} f_X(z-y)f_Y(y)\mathrm{d}y = \int_{-\infty}^{+\infty} f_X(x)f_Y(z-x)\mathrm{d}x$$

例 5:设 X, Y 独立且同分布于 $N(0,1)$,试求 $Z = X + Y$ 的概率密度 $f_Z(z)$.

解:$\displaystyle f_Z(z) = \int_{-\infty}^{+\infty} f_X(x)f_Y(z-x)\mathrm{d}x$

$$\begin{aligned} &= \frac{1}{2\pi} \int_{-\infty}^{+\infty} \mathrm{e}^{-\frac{x^2}{2}} \cdot \mathrm{e}^{-\frac{(z-x)^2}{2}} \mathrm{d}x = \frac{1}{2\pi} \int_{-\infty}^{+\infty} \mathrm{e}^{-(x-\frac{z}{2})^2 - \frac{z^2}{4}} \mathrm{d}x \\ &= \frac{1}{2\pi} \mathrm{e}^{-\frac{z^2}{4}} \int_{-\infty}^{+\infty} \mathrm{e}^{-(x-\frac{z}{2})^2} \mathrm{d}x \\ &= \frac{1}{2\pi} \mathrm{e}^{-\frac{z^2}{4}} \cdot \sqrt{2\pi} \sqrt{1/2} \cdot \frac{1}{\sqrt{2\pi}\sqrt{1/2}} \int_{-\infty}^{+\infty} \mathrm{e}^{-\frac{(x-z/2)^2}{2\times 1/2}} \mathrm{d}x \\ &= \frac{1}{2\sqrt{\pi}} \mathrm{e}^{-\frac{z^2}{4}} \end{aligned}$$

即 $Z \sim N(0,2)$.

一般,若 X, Y 独立,且 $X \sim N(\mu_1, \sigma_1^2)$,$Y \sim N(\mu_2, \sigma_2^2)$ 则

$$X + Y \sim N(\mu_1 + \mu_2, \sigma_1^2 + \sigma_2^2)$$

推广：若 $X_1, X_2, \cdots, X_n$ 相互独立，且 $X_i \sim N(\mu_i, \sigma_i^2), (i = 1, 2, \cdots, n)$ 则

$$\sum_{i=1}^{n} X_i \sim N\left(\sum_{i=1}^{n} \mu_i, \sum_{i=1}^{n} \sigma_i^2\right), \sum_{i=1}^{n} a_i X_i \sim N\left(\sum_{i=1}^{n} a_i u_i, \sum_{i=1}^{n} a_i^2 \sigma_i^2\right)$$

例 6：设随机变量 X, Y 互相独立，且概率密度函数分别为：

$$f_X(x) = \begin{cases} \alpha e^{-\alpha x}, & x > 0, \\ 0, & x \leqslant 0, \end{cases} \qquad f_Y(y) = \begin{cases} \beta e^{-\beta y}, & y > 0, \\ 0, & y \leqslant 0, \end{cases}$$

其中 $\alpha > 0, \beta > 0$ 且 $\alpha \neq \beta$. 试求：(1) $Z = \max(X, Y)$；(2) $Z = \min(X, Y)$ 的概率密度函数.

解：由 $f_X(x) = \begin{cases} \alpha e^{-\alpha x}, & x > 0, \\ 0, & x \leqslant 0. \end{cases}$ 可得其分布函数 $F_X(x) = \begin{cases} 1 - e^{-\alpha x}, & x > 0, \\ 0, & x \leqslant 0. \end{cases}$ 同理可

得 $F_Y(y) = \begin{cases} 1 - \beta e^{-\beta y}, & y > 0, \\ 0, & y \leqslant 0. \end{cases}$ 考虑到 X, Y 的独立性.

(1) 有 $Z = \max(X, Y)$ 的分布函数

$$\begin{aligned} F_{\max}(z) &= P\{Z = \max(X, Y) \leqslant z\} = P\{(X \leqslant z) \bigcap (Y \leqslant z)\} \\ &= P\{X \leqslant z\} P\{Y \leqslant z\} = F_X(z) F_Y(z). \end{aligned}$$

即 $F_{\max}(z) = \begin{cases} (1 - e^{-\alpha z})(1 - e^{-\beta z}), & z > 0, \\ 0, & z \leqslant 0. \end{cases}$ 可得其概率密度函数

$$f_{\max}(z) = \begin{cases} \alpha e^{-\alpha z} + \beta e^{-\beta z} - (\alpha + \beta) e^{-(\alpha + \beta)z}, & z > 0, \\ 0, & z \leqslant 0. \end{cases}$$

(2) 有 $Z = \min(X, Y)$ 的分布函数

$$\begin{aligned} F_{\min}(z) &= P\{Z \leqslant z\} = 1 - P\{Z = \min(X, Y) > z\} = 1 - P\{X > z, Y > z\} \\ &= 1 - P\{X > z\} \cdot P\{Y > z\} = 1 - [1 - F_X(z)][1 - F_Y(z)]. \end{aligned}$$

即 $F_{\min}(z) = \begin{cases} 1 - e^{-(\alpha + \beta)z}, & z > 0, \\ 0, & z \leqslant 0. \end{cases}$ 可得其概率密度函数

$$f_{\min}(z) = \begin{cases} (\alpha + \beta) e^{-(\alpha + \beta)z}, & z > 0, \\ 0, & z \leqslant 0. \end{cases}$$

例 7：已知 X, Y 相互独立，且概率密度分别如下

$$f_X(x) = \frac{1}{5} e^{-\frac{x}{5}}, \quad x > 0; \qquad f_Y(y) = \frac{y}{25} e^{-\frac{y}{5}}, \quad y > 0$$

求 $Z = Y/X$ 的概率密度.

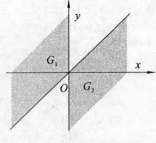

图 3-4

解：以 $z = y/x$ 作一条线，见图 3-4，有 $Z = Y/X$ 的分布函数

$$F_{Y/X}(z) = P\{Y/X \leqslant z\} = \iint\limits_{G_1 \cup G_2} f(x, y) \mathrm{d}x \mathrm{d}y$$

$$= \iint\limits_{y/x \leqslant z, x < 0} f(x, y) \mathrm{d}y \mathrm{d}x + \iint\limits_{y/x \leqslant z, x > 0} f(x, y) \mathrm{d}y \mathrm{d}x$$

$$= \int_{-\infty}^{0} \left[\int_{zx}^{\infty} f(x, y) \mathrm{d}y\right] \mathrm{d}x + \int_{0}^{\infty} \left[\int_{-\infty}^{zx} f(x, y) \mathrm{d}y\right] \mathrm{d}x$$

令 $y = xu$ 有

$$F_{Y/X}(z) = \int_{-\infty}^{0} \left[\int_{z}^{-\infty} x f(x, xu) \, \mathrm{d}u \right] \mathrm{d}x + \int_{0}^{\infty} \left[\int_{-\infty}^{z} x f(x, xu) \, \mathrm{d}u \right] \mathrm{d}x$$

$$= \int_{-\infty}^{\infty} \left[\int_{-\infty}^{z} |x| f(x, xu) \, \mathrm{d}u \right] \mathrm{d}x = \int_{-\infty}^{z} \left[\int_{-\infty}^{\infty} |x| f(x, xu) \, \mathrm{d}x \right] \mathrm{d}u$$

考虑到 X, Y 的独立性,可得其概率密度函数

$$f_{Y/X}(z) = \int_{-\infty}^{\infty} |x| f_X(x) f_Y(xz) \, \mathrm{d}x.$$

$$f_Z(z) = \int_{0}^{\infty} x \cdot \frac{1}{5} \mathrm{e}^{-\frac{x}{5}} \cdot \frac{xz}{25} \mathrm{e}^{-\frac{xz}{5}} \mathrm{d}x = \frac{z}{125} \int_{0}^{\infty} x^2 \cdot \mathrm{e}^{-\frac{x+xz}{5}} \mathrm{d}x = \frac{2z}{(1+z)^3}$$

习 题 3

1. 设二维随机变量 (ξ, η) 只能取下列数组中的值:
$$(0,0), (-1,1), (-1, 1/3), (2, 0).$$
取这些组值的概率依次为 $1/6, 1/3, 1/12, 5/12$,求表示这二维随机变量的联合分布律的矩形表格.

2. 一口袋中装有三个球,它们依次标有数字 $1,2,2$. 从这袋中任取一球,不放回袋中,再从袋中任取一球. 设每次取球时,袋中各个球被取到的可能性相同. 以 ξ, η 分别记第一次、第二次取得的球上标有的数字,求 (ξ, η) 的联合分布律.

3. 一整数 n 等可能在 $1, 2, 3, \cdots, 10$ 十个值中取一个值,设 $\xi = \xi(n)$ 是能整除 n 的正整数的个数,$\eta = \eta(n)$ 是能整除 n 的素数的个数(注意:1 不是素数),试写出 ξ 和 η 联合分布律.

4. 设随机变量 (ξ, η) 的联合概率密度为

$$f_\xi(x) = \int_{-\infty}^{+\infty} f(x, y) \mathrm{d}y = \begin{cases} \int_{-\sqrt{1-x^2}}^{\sqrt{1-x^2}} \frac{1}{\pi} \mathrm{d}y = \frac{2}{\pi} \sqrt{1-x^2}, & |x| \leqslant 1, \\ 0, & \text{其他} \end{cases}$$

(1) 确定常数 k;

(2) 求 $P\{\xi < 1, \eta < 3\}$;

(3) 求 $P\{\xi < 1.5\}$;

(4) 求 $P\{\xi + \eta \leqslant 4\}$.

5. 设二维随机变量 (ξ, η) 的联合分布函数为:

$$F(x, y) = \begin{cases} 1 - 3^{-x} - 3^{-y} + 3^{-x-y}, & (x > 0, y > 0) \\ 0, & \text{其他}, \end{cases}$$

试求:(1) 联合概率密度 $f(x, y)$;(2)$P\{0 < x \leqslant 1, 0 < y \leqslant 1\}$.

6. 已知在有一级品 2 件,二级品 5 件,次品 1 件的口袋中,任取其中的 3 件,用 ξ 表示所含的一级品件数,η 表示二级品件数. 试求:

(1) (ξ, η) 的联合分布律;

(2) 关于 ξ 和关于 η 的边缘分布律;

(3) $P\{\xi < 1.5, \eta < 2.5\}, P\{\xi \leqslant 2\}, P\{\eta < 0\}$.

7. 已知二维随机变量 (ξ, η) 的联合概率密度为

$$f(x,y) = \begin{cases} c\sin(x+y), & 0 \leqslant x \leqslant \dfrac{\pi}{4}, 0 \leqslant y \leqslant \dfrac{\pi}{4}, \\ 0, & \text{其他}, \end{cases}$$

试确定待定系数 c,并求关于 ξ,η 的边缘概率密度.

8. 设二维随机变量 (ξ,η) 在区域 G 上服从均匀分布,其中 $G = \{(x,y) \mid 0 \leqslant x \leqslant 1, x^2 \leqslant y < x\}$. 试求 (ξ,η) 的联合概率密度及 ξ 和 η 的边缘概率密度.

9. 已知 ξ 服从参数 $p = 0.6$ 的 $(0\text{-}1)$ 分布,且在 $\xi = 0$ 及 $\xi = 1$ 下,关于 η 的条件分布分别如下表表示:

η	1	2	3
$P\{\eta \mid \xi = 0\}$	1/4	1/2	1/4

η	1	2	3
$P\{\eta \mid \xi = 1\}P$	1/2	1/6	1/3

求二维随机变量 (ξ,η) 的联合概率分布,以及在 $\eta \neq 1$ 时关于 ξ 的条件分布.

10. 在第 2 题中的两个随机变量 ξ 与 η 是否独立?当 $\xi = 1$ 时,η 的条件分布是什么?

11. 设二维随机变量 (ξ,η) 的联合概率密度为

$$f(x,y) = \begin{cases} \dfrac{6}{(x+y+1)^4}, & (x \geqslant 0, y \geqslant 0), \\ 0, & \text{其他}, \end{cases}$$

试求:(1) 条件概率密度 $f_{\xi|\eta}(x \mid y)$;(2) $P\{0 \leqslant \xi \leqslant 1 \mid \eta = 1\}$.

12. 设随机变量 (ξ,η) 的概率密度为

$$f(x,y) = \begin{cases} 1, & |y| < x, 0 < x < 1, \\ 0, & \text{其他}, \end{cases}$$

求条件概率密度 $f_{\xi|\eta}(x \mid y), f_{\eta|\xi}(y \mid x)$.

13. 已知相互独立的随机变量 ξ,η 的分布律为:

ξ	0	1
p	0.7	0.3

η	0	1	2	3
p	0.4	0.2	0.1	0.3

试求:(1) (ξ,η) 的联合分布律;(2) $\zeta = \xi + \eta$ 的分布律.

14. 设 ξ 和 η 是两个独立的随机变量,ξ 在 $[0,1]$ 上服从均匀分布,η 的概率密度为

$$f_\eta(y) = \begin{cases} \dfrac{1}{2}e^{-\frac{y}{2}}, & y > 0, \\ 0, & y \leqslant 0, \end{cases}$$

(1) 求 ξ 和 η 的联合概率密度;

(2) 设含有 a 的二次方程为 $a^2 + 2\xi a + \eta = 0$,试求 a 有实根的概率.

15. 设 (ξ,η) 的联合概率密度为

$$f(x,y) = \frac{k}{(1+x^2)(1+y^2)}, \quad \begin{pmatrix} -\infty < x < +\infty \\ -\infty < y < +\infty \end{pmatrix},$$

（1）求待定系数 k；

（2）求关于 ξ 和关于 η 的边缘概率密度；

（3）判定 ξ,η 的独立性．

16. 设二维随机变量 (ξ,η) 的联合分布律为：

ξ ＼ η	-2	-1	0
-1	1/12	1/12	3/12
1/2	2/12	1/12	0
3	2/12	0	2/12

试求：(1) $\xi+\eta$；(2) $\xi-\eta$；(3) $\xi^2+\eta-2$ 的分布律．

17. 已知 $P\{\xi=k\}=\dfrac{a}{k}$，$P\{n=-k\}=\dfrac{b}{k^2}$，$(k=1,2,3)$，ξ 与 η 独立．试确定 a,b 的值；并求出 (ξ,η) 的联合分布律以及 $\xi+\eta$ 的分布律．

18. 已知二维随机变量 (ξ,η) 的联合概率密度为

$$f(x,y)=\begin{cases} Ae^{-(2x+y)}, & x>0,y>0,\\ 0, & \text{其他} \end{cases}$$

试求待定系数 A；$P\{\xi>2,\eta>1\}$；$F_\zeta(z)$（其中 $\zeta=\xi+\eta$）．

19. 设 ξ 与 η 是两个相互独立的随机变量，其概率密度分别为：

$$f_\xi(x)=\begin{cases} 1, & 0\leqslant x\leqslant 1,\\ 0, & \text{其他}, \end{cases} \qquad f_\eta(x)=\begin{cases} e^{-y}, & y>0,\\ 0, & y\leqslant 0, \end{cases}$$

试求 $\zeta=\xi+\eta$ 的概率密度．

20. 设 (ξ,η) 的联合概率密度为 $f(x,y)=\dfrac{1}{2\pi}e^{-\frac{x^2+y^2}{2}}$，试求 $\zeta=\sqrt{\xi^2+\eta^2}$ 的概率密度．

21. 设某种型号的电子管寿命（以小时计）近似地服从 $N(160,20^2)$ 分布．随机地抽取 4 只，求其中没有一只寿命小于 180 的概率．

22. 对某种电子装置的输出测量了 5 次，得到观察值 $\xi_1,\xi_2,\xi_3,\xi_4,\xi_5$．设它们是相互独立的随机变量，且都服从参数 $\sigma=2$ 的瑞利（Rayleigh）分布，即概率密度为：

$$f(x)=\begin{cases} \dfrac{x}{\sigma^2}e^{-\frac{x^2}{2\sigma^2}}, & x\geqslant 0,\\ 0, & x<0 \end{cases} \quad (\sigma>0) \text{ 的分布．}$$

（1）求 $\eta_1=\max(\xi_1,\xi_2,\xi_3,\xi_4,\xi_5)$ 的分布函数；

（2）求 $\eta_2=\min(\xi_1,\xi_2,\xi_3,\xi_4,\xi_5)$ 的分布函数；

（3）计算 $P\{\eta_1>4\}$．

23. 设二维随机变量 (ξ,η) 在 G 上服从均匀分布，其中

$$G=\left\{(x,y)\,\Big|-\frac{1}{2}\leqslant x\leqslant 0,\ 0\leqslant y\leqslant 2x+1\right\},\text{试求}(\xi,\eta)\text{的联合分布函数 }F(x,y).$$

第4章　随机变量的数字特征

前面讨论了随机变量的分布函数,我们从中知道随机变量的分布函数能完整地描述随机变量的统计规律性.对许多实际问题来讲,要想精确地求出其分布是很困难的.其实,通过对现实问题的分析,人们发现对某些随机现象的认识并不要求了解它的确切分布,而只要求掌握这些随机现象的某些重要特征,这些特征往往更能集中地反映随机现象的特点.例如要评价两个不同厂家生产电子产品的质量,人们最关心的是谁家电子产品的平均寿命更长些,而不需要知道其寿命的完全分布,同时还要考虑其寿命与平均寿命的偏离程度等,这些数据反映了它在某些方面的重要特征.

实际上,描述随机变量的平均值和偏离程度的某些数字特征在理论和实践上都具有重要的意义,它们能更直接、更简洁、更清晰和更实用地反映出随机变量的本质.

本章将要讨论的随机变量的常用数字特征包括:数学期望、方差、相关系数以及矩.

4.1　数　学　期　望

在介绍随机变量的数学期望定义之前,先看一个例子.

例1:某年级一学生大学四年共有 30 门课程,其中有 10 课程考试成绩 92 分,成绩为 83 分的课程有 8 门,成绩为 75 分的课程有 7 门,其余课程成绩为 62 分,则,该学生所有课程的平均成绩为:

$$(10 \times 92 + 8 \times 83 + 7 \times 75 + 5 \times 60)/30 = 80.3$$

事实上我们在计算中是用频率权重的加权平均.在第 1 章讲到,当随机实验次数足够大的时候,某个事件发生的频率在一定意义下接近于该事件发生的概率.也就是说,在实验次数足够大的时候,某个随机变量 X 的频率权重平均值在一定意义下接近于 X 的概率权重平均值,我们将随机变量 X 的概率权重平均值称为数学期望或均值.一般,有以下定义:

定义:设离散型随机变量 X 的分布律:

X	x_1	x_2	……	x_n	……
P	p_1	p_2	……	p_n	……

若级数 $\sum\limits_{k=1}^{\infty} x_k p_k$ 绝对收敛,则称其为随机变量 X 的数学期望或均值. 记为 $E(X) = \sum\limits_{k=1}^{\infty} x_k p_k$. 若级数 $\sum\limits_{k=1}^{\infty} | x_k p_k |$ 发散,则称随机变量 X 的数学期望不存在.

设连续型随机变量 X 的概率密度函数为 $f(x)$，若积分 $\int_{-\infty}^{+\infty} x f(x) \mathrm{d}x$ 绝对收敛，则称其为随机变量 X 的**数学期望**或**均值**. 记为 $E(X)$

$$E(X) = \int_{-\infty}^{+\infty} x f(x) \mathrm{d}x. \tag{4.1}$$

数学期望简称期望，又称均值. 在本书中，若无特别声明且在不引起概念混淆的前提下，上述三种表述具有相同的数学含义.

数学期望 $E(X)$ 完全由随机变量 X 的概率分布所确定. 若 X 服从某一分布，也称 $E(X)$ 是这一分布的数学期望.

例 2：甲、乙两人进行打靶，所得分数分别记为 X_1, X_2，它们的分布律分别为

X_1	0	1	2
p_i	0	0.2	0.8

X_2	0	1	2
p_i	0.6	0.3	0.1

试评定他们的成绩的好坏.

解：分别计算随机变量 X_1 和 X_2 的数学期望，有

$$E(X_1) = 0 \times 0 + 1 \times 0.2 + 2 \times 0.8 = 1.8;$$
$$E(X_2) = 0 \times 0.6 + 1 \times 0.3 + 2 \times 0.1 = 0.5;$$

这意味着，如果甲进行很多次的射击，那么其所得分数的均值接近 1.8，而乙所得分数接近 0.5. 很明显，乙的成绩远不如甲的成绩.

例 3：某种产品的每件表面上的疵点数服从参数 $\lambda = 0.8$ 的泊松分布，若规定疵点数不超过 1 个为一等品，价值 10 元；疵点数大于 1 个不多于 4 个为二等品，价值 8 元；疵点数超过 4 个为废品，价值为 1 元. 求：

（1）产品的废品率；

（2）产品价值的平均值.

解：（1）设 X 表示产品表明的疵点数. 根据题意，产品为一等品的概率为，

$$P\{X \leqslant 1\} = P\{X = 0\} + P\{X = 1\} = \frac{\lambda^0 \mathrm{e}^{-\lambda}}{0!} + \frac{\lambda^1 \mathrm{e}^{-\lambda}}{1!} = (1 + \lambda)\mathrm{e}^{-\lambda} = 0.8088.$$

产品为二等品的概率为，

$$P\{1 < X \leqslant 4\} = P\{X = 2\} + P\{X = 3\} + P\{X = 4\} = \frac{\lambda^2 \mathrm{e}^{-\lambda}}{2!} + \frac{\lambda^3 \mathrm{e}^{-\lambda}}{3!} + \frac{\lambda^4 \mathrm{e}^{-\lambda}}{4!} = 0.1898.$$

那么，产品为废品的概率为，

$$P\{X > 4\} = 1 - P\{X \leqslant 4\} = 1 - (0.8088 + 0.1898) = 0.0014.$$

（2）因此，产品为一等品，二等品以及废品的分布率可以表示为下表，

Y	一等品	二等品	废品
p	0.8088	0.1898	0.0014

那么,产品价值的平均值为,

$$E(Y) = 10 \times 0.8088 + 8 \times 0.1898 + 1 \times 0.0014 = 9.6078 \text{（元）}.$$

例 4:在下列句子中随机地选取一单词,以 X 表示取到的单词所包含的字母个数,求 $E(X)$.

"THE GIRL PUT ON HER BEAUTIFUL RED HAT"

解:随机实验属于等可能概型,所给句子共 8 个单词,其中含 2 个字母,4 个字母,9 个字母的各有一个单词,另有 5 个单词含 3 个字母,因此,X 的分布率为,

X	2	3	4	9
p	1/8	5/8	1/8	1/8

X 的数学期望为

$$E(X) = 2 \times 1/8 + 3 \times 5/8 + 4 \times 1/8 + 9 \times 1/8 = 15/4.$$

例 5:设 $X \sim U(a,b)$,求 $E(X)$.

解:由于 $X \sim U[a,b]$,其概率密度为 $f(x) = \begin{cases} \dfrac{1}{b-a}, & a \leqslant x \leqslant b \\ 0, & \text{其他} \end{cases}$,于是

$$E(X) = \int_{-\infty}^{\infty} x f(x) \mathrm{d}x = \int_{a}^{b} x \frac{1}{b-a} \mathrm{d}x = \frac{a+b}{2}$$

下面来学习数学期望的几个重要性质(以下设所遇到的随机变量的数学期望存在).

(1) 设 C 是常数,则有 $E(C) = C$.

(2) 设 X 是一个随机变量,C 是常数,则有,

$$E(CX) = CE(X).$$

(3) 设 X,Y 是两个随机变量,则有

$$E(X+Y) = E(X) + E(Y).$$

这一性质可以推广到任意有限个随机变量之和的情况.

(4) 设 X,Y 是相互独立的随机变量,则有

$$E(XY) = E(X)E(Y).$$

这一性质可以推广到任意有限个相互独立的随机变量之积的情况.

性质(1)、(2)由读者自己证明.我们来证明性质(3)和(4).我们仅就连续型情形给出证明,离散型情形类似可证.

证:设二维连续型随机变量 (X,Y) 的联合分布密度为 $f(x,y)$,其边缘分布密度为 $f_X(x), f_Y(y)$ 则

$$E(X+Y) = \int_{-\infty}^{+\infty} \int_{-\infty}^{+\infty} (x+y) f(x,y) \mathrm{d}x \mathrm{d}y$$

$$= \int_{-\infty}^{+\infty} \int_{-\infty}^{+\infty} x f(x,y) \mathrm{d}x \mathrm{d}y + \int_{-\infty}^{+\infty} \int_{-\infty}^{+\infty} y f(x,y) \mathrm{d}x \mathrm{d}y$$

$$= E(X) + E(Y).$$

性质(3)得证.

又若 X 和 Y 相互独立,此时 $f(x,y) = f_X(x)f_Y(y)$,故有

$$E(XY) = \int_{-\infty}^{+\infty} xyf(x,y)\mathrm{d}x\mathrm{d}y$$

$$= \left[\int_{-\infty}^{+\infty} xf_X(x)\mathrm{d}x\right]\left[\int_{-\infty}^{+\infty} yf_Y(y)\mathrm{d}y\right] = E(X)E(Y)$$

性质(4)得证.

例 6:设一电路中电流 $I(A)$ 与电阻 $R(\Omega)$ 是两个相互独立的随机变量,其概率密度分别为

$$g(i) = \begin{cases} 2i, & 0 \leqslant i \leqslant 1, \\ 0, & \text{其他,} \end{cases} \qquad h(r) = \begin{cases} \dfrac{r^2}{9}, & 0 \leqslant r \leqslant 3, \\ 0, & \text{其他.} \end{cases}$$

试求电压 $V = IR$ 的均值

解:
$$E(V) = E(IR) = E(I)E(R)$$

$$= \left[\int_{-\infty}^{+\infty} ig(i)\mathrm{d}i\right]\left[\int_{-\infty}^{+\infty} rh(r)\mathrm{d}r\right]$$

$$= \left(\int_0^1 2i^2\mathrm{d}i\right)\left(\int_0^3 \frac{r^3}{9}\mathrm{d}r\right) = \frac{3}{2}(V).$$

定理 1:设 Y 是随机变量 X 的函数:$Y = g(X)$($g(X)$ 是连续函数),

(1) X 是离散随机变量,它的分布率为 $P\{X = x_i\} = p_i, i = 1,2,\cdots$,若 $\sum\limits_{i=1}^{\infty} g(x_i)p_i$ 绝对收敛,则有

$$E(Y) = E(g(X)) = \sum_{i=1}^{\infty} g(x_i)p_i.$$

(2) X 是连续型随机变量,它的概率密度为 $f(x)$,若 $\int_{-\infty}^{\infty} g(x)f(x)\mathrm{d}x$ 绝对收敛,则有

$$E(Y) = E(g(X)) = \int_{-\infty}^{\infty} g(x)f(x)\mathrm{d}x.$$

此定理的重要意义在于,当我们求 $E(Y)$ 时,不必计算出 Y 的分布函数(或概率密度),而只需利用 X 的分布率或概率密度就可以了.

例 7:设风速 V 在 $(0,a)$ 上服从均匀分布,即具有概率密度

$$f(v) = \begin{cases} \dfrac{1}{a}, & 0 < v < a, \\ 0, & \text{其他.} \end{cases}$$

又设飞机机翼受到的正压力 W 是 V 的函数:$W = kV^2$($k > 0$,常数),求 W 的数学期望.

解:由定理 1 有

$$E(W) = \int_{-\infty}^{+\infty} kv^2 f(v)\mathrm{d}v = \int_0^a kv^2 \frac{1}{a}\mathrm{d}v = \frac{1}{3}ka^2.$$

4.2　方　　差

我们在上一节研究了随机变量的重要数字特征 —— 数学期望.它描述了随机变量一切

可能取值的平均水平.但在一些实际问题中,仅知道平均值是不够的,因为它有很大的局限性,还不能够完全反映问题的实质.例如,某厂生产两类手表,甲类手表日走时误差均匀分布在 $-10 \sim 10$ 秒之间;乙类手表日走时误差均匀分布在 $-20 \sim 20$ 秒之间,易知其数学期望均为 0,即两类手表的日走时误差平均来说都是 0.所以由此并不能比较出哪类手表走得好,但我们从直觉上易得出甲类手表比乙类手表走得准,这是由于甲的日走时误差与其平均值偏离度较小,质量稳定.由此可见,我们有必要研究随机变量取值与其数学期望值的偏离程度 —— 即方差.

定义:设 X 是随机变量,$E\{[X - E(X)]^2\}$ 存在,就称其为 X 的方差,记为 $D(X)$ 或 $\mathrm{Var}(X)$,即

$$D(X) = E\{[X - E(X)]^2\} \tag{4.2}$$

在应用上,还引入与随机变量 X 具有相同量纲的量 $\sqrt{D(X)}$,记为 $\sigma(X)$,称为**标准差**.

按定义,随机变量 X 的方差表达了 X 的取值与其数学期望的偏离程度.若 X 取值比较集中,则 $D(X)$ 较小,反之若取值比较分散,则 $D(X)$ 较大.因此,$D(X)$ 是刻画 X 取值分散程度的一个量.

由定义可知,方差实际上是随机变量 X 的函数 $g(X) = [X - E(X)]^2$ 的数学期望.于是,对于离散随机变量,有:

$$D(X) = \sum_{k=1}^{\infty} [x_k - E(X)]^2 p_k.$$

其中,$P\{X = x_k\} = p_k, k = 1, 2, \cdots$ 是 X 的分布律.

对于连续型随机变量,有:

$$D(X) = \int_{-\infty}^{\infty} [x - E(X)]^2 f(x) \mathrm{d}x.$$

其中,$f(x)$ 是 X 的概率密度.

随机变量 X 的方差也可以按下列经过简化的公式计算:

$$D(X) = E(X^2) - [E(X)]^2. \tag{4.3}$$

例 1:设随机变量 X 服从正态分布 $N(\mu, \sigma^2)$,求 $D(X)$.

解:由于
$$D(X) = E(X^2) - [E(X)]^2$$
$$E(X) = \mu, E(X^2) = \mu^2 + \sigma^2$$
因而
$$D(X) = \sigma^2.$$

注:若 $\sigma^2 \neq 0$,记 $X^* = \dfrac{X - \mu}{\sigma}$,则有:

$$E(X^*) = \frac{1}{\sigma} E(X - \mu) = 0$$

$$D(X^*) = \frac{1}{\sigma^2} E[(X - \mu)^2] = 1$$

即,$X^* = \dfrac{X - \mu}{\sigma}$ 的数学期望为 0,方差为 1,X^* 称为 X 的**标准化变量**.

例 2:设随机变量 X 服从参数为 λ 的泊松分布,求 $D(X)$.

解:由于 $D(X) = E(X^2) - [E(X)]^2$,而 $E(X) = \lambda$

$$E(X^2) = \sum_{k=1}^{\infty} k^2 \frac{\lambda^k}{k!} e^{-\lambda} = \lambda \sum_{k=1}^{\infty} \frac{k\lambda^{k-1}}{(k-1)!} e^{-\lambda}$$

$$= \lambda e^{-\lambda} \sum_{k=0}^{\infty} \frac{(k+1)\lambda^k}{k!} = \lambda e^{-\lambda} \sum_{k=0}^{\infty} \frac{k\lambda^k}{k!} + \lambda e^{-\lambda} \sum_{k=0}^{\infty} \frac{\lambda^k}{k!}$$

$$= \lambda e^{-\lambda}(\lambda e^{\lambda} + e^{\lambda}) = \lambda^2 + \lambda,$$

因而 $D(X) = \lambda$.

例 3：设随机变量 X 服从参数为 λ 的指数分布，求 $D(X)$.

解：由于指数分布的密度函数为

$$f(x) = \begin{cases} \lambda e^{-\lambda x}, & x \geqslant 0 \\ 0, & x < 0, \end{cases}$$

$$E(X^2) = \int_0^{+\infty} x^2 f(x)\,dx = \int_0^{+\infty} \lambda x^2 e^{-\lambda x}\,dx = -\int_0^{+\infty} x^2 \,d e^{-\lambda x}$$

$$= -x^2 e^{-\lambda x}\Big|_0^{+\infty} + \int_0^{+\infty} 2x e^{-\lambda x}\,dx = -\frac{2}{\lambda}\int_0^{+\infty} x\,d e^{-\lambda x}$$

$$= -\frac{2}{\lambda} x e^{-\lambda x}\Big|_0^{+\infty} + \frac{2}{\lambda}\int_0^{+\infty} e^{-\lambda x}\,dx = -\frac{2}{\lambda^2} e^{-\lambda x}\Big|_0^{+\infty} = \frac{2}{\lambda^2}$$

$$D(X) = \frac{2}{\lambda^2} - \frac{1}{\lambda^2} = \frac{1}{\lambda^2}.$$

例 4：设随机变量 X 服从 $[a,b]$ 上的均匀分布，求 $D(X)$.

解：由于均匀分布的密度函数为

$$f(x) = \begin{cases} \dfrac{1}{b-a}, & a \leqslant x \leqslant b \\ 0, & \text{其他} \end{cases}, E(X) = \frac{a+b}{2},$$

$$E(X^2) = \int_a^b \frac{x^2}{b-a}\,dx = \frac{b^3-a^3}{3(b-a)} = \frac{b^2+ab+a^2}{3}$$

$$D(X) = \frac{b^2+ab+a^2}{3} - \left(\frac{a+b}{2}\right)^2 = \frac{(b-a)^2}{12}$$

例 5：已知随机变量 X 的密度函数为

$$f(x) = \begin{cases} ax^2 + bx + c, & 0 \leqslant x \leqslant 1 \\ 0, & \text{其他} \end{cases}$$

又已知 $E(X) = 0.5, D(X) = 0.15$，求 a, b, c.

解：$\displaystyle\int_0^1 (ax^2 + bx + c)\,dx = \frac{a}{3} + \frac{b}{2} + \frac{c}{3} = 1$

$$E(X) = \int_0^1 x(ax^2 + bx + c)\,dx = \frac{a}{4} + \frac{b}{3} + \frac{c}{2} = 0.5$$

$$E(X^2) = \int_0^1 x^2(ax^2 + bx + c)\,dx = \frac{a}{5} + \frac{b}{4} + \frac{c}{3} = D(X) + E(X)^2 = 0.15 + 0.5^2 = 0.4$$

解之得 $a = 12, b = -12, c = 3$.

现在来学习方差的几个重要性质（以下设所遇到的随机变量的方差存在）.

(1) 设 C 是常数，则有 $D(C) = 0$；

(2) 设 C 是常数,则有 $D(CX) = C^2 D(X)$;

(3) 设 X,Y 是两个随机变量,则有,
$$D(X+Y) = D(X) + D(Y) - 2E\{(X-E(X))(Y-E(Y))\}.$$

特别地,若 X,Y 相互独立,则有
$$D(X+Y) = D(X) + D(Y).$$

这一性质可以推广到任意有限多个相互独立的随机变量之和的情况.

(4) $D(X) = 0$ 的充要条件是 X 以概率 1 取常数 C,即:
$$P\{X = C\} = 1.$$

显然,这里 $C = E(X)$.

请读者自行证明.

例 6:设随机变量 X 服从二项分布 $B(n,p)$,求 $D(X)$.

解:由性质(3),设 $X_1, \cdots, X_n$ 独立同分布,且 $P(X_1 = 1) = p$,$P(X_1 = 0) = 1 - p$,

那么 $X = X_1 + X_2, \cdots, + X_n$ 服从 $B(n,p)$,因而 $D(X) = \sum_{i=1}^{n} D(X_i)$.

又因为
$$D(X_i) = E(X_i^2) - E(X_i)^2 = 1^2 \times p + 0^2 \times (1-p) - p^2 = p(1-p),$$

因此
$$D(X) = np(1-p).$$

例 7:设 (X,Y) 的概率密度函数为
$$f(x,y) = \begin{cases} 1, & |y| \leqslant x, 0 \leqslant x \leqslant 1 \\ 0, & \text{其他} \end{cases}$$

求 $D(X)$ 及 $D(Y)$.

解:$f(x,y)$ 不为零的区域 D:$|y| \leqslant x, 0 \leqslant x \leqslant 1$
$$E(X) = \iint_D x f(x,y) \mathrm{d}x \mathrm{d}y = \int_0^1 x \mathrm{d}x \int_{-x}^x \mathrm{d}y = \int_0^1 2x^2 \mathrm{d}x = \frac{2}{3}$$
$$E(Y) = \iint_D y f(x,y) \mathrm{d}x \mathrm{d}y = \int_0^1 \mathrm{d}x \int_{-x}^x y \mathrm{d}y = 0$$
$$E(X^2) = \iint_D x^2 f(x,y) \mathrm{d}x \mathrm{d}y = \int_0^1 x^2 \mathrm{d}x \int_{-x}^x \mathrm{d}y = \int_0^1 2x^3 \mathrm{d}x = \frac{1}{2}$$
$$E(Y)^2 = \iint_D y^2 f(x,y) \mathrm{d}x \mathrm{d}y = \int_0^1 \mathrm{d}x \int_{-x}^x y^2 \mathrm{d}y = \frac{2}{3} \int_0^1 x^3 \mathrm{d}x = \frac{1}{6}$$
$$D(X) = \frac{1}{2} - \frac{4}{9} = \frac{1}{18}, D(Y) = \frac{1}{6} - 0 = \frac{1}{6}.$$

例 8:一台探测雷达设备由三大件组成,在设备的运转过程中需要调整的概率分别为 $0.1, 0.2, 0.3$,假设各部分相互独立,X 表示需要调整的部件数,试求 X 的分布,$E(X)$,$D(X)$.

解:设 $A_i = \{$部件 i 需要调整$\}(i = 1,2,3)$,$P(A_1) = 0.1$,$P(A_2) = 0.2$,$P(A_3) = 0.3$,由于各部件相互独立,则有

$$P(X = 0) = P(\overline{A_1}\,\overline{A_2}\,\overline{A_3}) = 0.9 \times 0.8 \times 0.7 = 0.504$$

$$P(X = 1) = P(A_1\,\overline{A_2}\,\overline{A_3} + \overline{A_1}A_2\,\overline{A_3} + \overline{A_1}\,\overline{A_2}A_3)$$
$$= 0.1 \times 0.8 \times 0.7 + 0.9 \times 0.2 \times 0.7 + 0.9 \times 0.8 \times 0.3 = 0.398$$

$$P(X = 2) = P(\overline{A_1}A_2A_3 + A_1\,\overline{A_2}A_3 + A_1A_2\,\overline{A_3})$$
$$= 0.9 \times 0.2 \times 0.3 + 0.1 \times 0.8 \times 0.3 + 0.1 \times 0.2 \times 0.7 = 0.092$$

$$P(X = 3) = P(A_1A_2A_3) = 0.1 \times 0.2 \times 0.3 = 0.006$$

$$E(X) = 0 \times 0.504 + 1 \times 0.398 + 2 \times 0.092 + 3 \times 0.006 = 0.6$$

$$E(X^2) = 0^2 \times 0.504 + 1^2 \times 0.398 + 2^2 \times 0.092 + 3^2 \times 0.006 = 0.82$$

$$D(X) = 0.82 - 0.6^2 = 0.46.$$

4.3　协方差及相关系数

对于二维随机变量 (X,Y)，我们除了讨论 X 与 Y 的数学期望和方差外，还需讨论描述 X 与 Y 之间相互关系的数字特征. 本节讨论这方面的数字特征.

1. 协方差及相关系数的定义

定义：设有二维随机变量 (X,Y)，如果 $E[X - E(X)][Y - E(Y)]$ 存在，则称 $E\{[X - E(X)][Y - E(Y)]\}$ 为随机变量 X 与 Y 的协方差. 记为 $\mathrm{Cov}(X,Y)$，即

$$\mathrm{Cov}(X,Y) = E\{[X - E(X)][Y - E(Y)]\} \tag{4.4}$$

若 $D(X) \neq 0, D(Y) \neq 0$，则称

$$\rho_{XY} = \frac{\mathrm{Cov}(X,Y)}{\sqrt{D(X)}\ \sqrt{D(Y)}} \tag{4.5}$$

为随机变量 X 与 Y 的相关系数. 若 $\mathrm{Cov}(X,Y) = 0$，称 X 与 Y 不相关.

ρ_{XY} 是一个无量纲的量. 由定义可知

$$\mathrm{Cov}(X,Y) = \mathrm{Cov}(Y,X), \mathrm{Cov}(X,X) = D(X)$$

将 $\mathrm{Cov}(X,Y)$ 的定义式展开，易得

$$\mathrm{Cov}(X,Y) = E(XY) - E(X)E(Y) \tag{4.6}$$

我们通常利用式(4.6)计算协方差.

2. 协方差与相关系数的性质

协方差具有如下性质：

(1) $\mathrm{Cov}(X,Y) = \mathrm{Cov}(Y,X)$；

(2) $\mathrm{Cov}(X,Y) = E(XY) - E(X)E(Y)$；

(3) $D(X \pm Y) = D(X) + D(Y) \pm 2\mathrm{Cov}(X,Y)$；

(4) $\mathrm{Cov}(aX,bY) = ab\mathrm{Cov}(X,Y)$；

(5) $\mathrm{Cov}(X_1 + X_2,Y) = \mathrm{Cov}(X_1,Y) + \mathrm{Cov}(X_2,Y)$；

(6) 若 X 与 Y 相互独立，则 $\mathrm{Cov}(X,Y) = 0$，即 X 与 Y 不相关. 反之，若 X 与 Y 不相关，X 与 Y 不一定相互独立；

(7) $[\mathrm{Cov}(X,Y)]^2 \leqslant D(X)D(Y)$.

相关系数具有如下性质:

(1) $|\rho_{XY}| \leqslant 1$;

(2) 若 X 与 Y 不相关,则 $\rho_{XY} = 0$;

(3) 当 X 与 Y 有线性关系时,即当 $Y = aX + b(a, b$ 为常数,$a \neq 0)$ 时,$|\rho_{XY}| = 1$,

$$\rho_{XY} = \begin{cases} 1, & a > 0 \\ -1, & a < 0 \end{cases};$$

(4) $|\rho_{XY}| = 1$ 的充要条件是,存在常数 a, b 使 $P(Y = aX + b) = 1$.

事实上相关系数只是随机变量间线性关系强弱的一个度量,当 $|\rho_{XY}| = 1$ 表明随机变量 X 与 Y 具有线性关系,$\rho = 1$ 时为正线性相关,$\rho = -1$ 时为负线性相关;当 $|\rho_{XY}| < 1$ 时,这种线性相关程度就随着 $|\rho_{XY}|$ 的减小而减弱;当 $|\rho_{XY}| = 0$ 时,就意味着随机变量 X 与 Y 是不具有线性关系.

例 1:设 Z 服从 $[-\pi, \pi]$ 上的均匀分布,又 $X = \sin Z, Y = \cos Z$,试求相关系数 ρ_{XY}.

解:

$$E(X) = \frac{1}{2\pi} \int_{-\pi}^{\pi} \sin z \, dz = 0, E(Y) = \frac{1}{2\pi} \int_{-\pi}^{\pi} \cos z \, dz = 0,$$

$$E(X^2) = \frac{1}{2\pi} \int_{-\pi}^{\pi} \sin^2 z \, dz = \frac{1}{2}, E(Y^2) = \int_{-\pi}^{\pi} \cos^2 z \, dz = \frac{1}{2}$$

$$E(XY) = \frac{1}{2\pi} \int_{-\pi}^{\pi} \sin z \cos z \, dz = 0.$$

因而

$$\mathrm{Cov}(X,Y) = 0, \rho_{XY} = 0.$$

相关系数 $\rho_{XY} = 0$,随机变量 X 与 Y 不相关,但是有 $X^2 + Y^2 = 1$,从而 X 与 Y 不独立.

例 2:设二维随机变量 (X, Y) 的概率密度函数为

$$f(x,y) = \begin{cases} \dfrac{1}{\pi}, & x^2 + y^2 \leqslant 1 \\ 0, & x^2 + y^2 > 1 \end{cases}$$

证明随机变量 X 与 Y 不相关,也不相互独立.

证:由于 (X, Y) 的分布区域 D 关于 x 轴、y 轴对称,有

$$E(X) = \iint\limits_D x \, dx dy = 0, E(Y) = \iint\limits_D y \, dx dy = 0, E(XY) = \iint\limits_D xy \, dx dy = 0$$

因而

$$\mathrm{Cov}(X,Y) = 0, \rho_{XY} = 0$$

即是 X 与 Y 不相关.

又由于

$$f_X(x) = \begin{cases} \dfrac{2}{\pi} \sqrt{1-x^2}, & |x| \leqslant 1 \\ 0, & |x| \geqslant 1 \end{cases}, \quad f_Y(x) = \begin{cases} \dfrac{2}{\pi} \sqrt{1-y^2}, & |y| \leqslant 1 \\ 0, & |y| \geqslant 1 \end{cases}$$

显然在 $\{(x,y) \mid |x| \leqslant 1, |y| \leqslant 1, x^2 + y^2 > 1\}$ 上,

$$f(x,y) \equiv 0 \neq f_X(x)f_Y(y)$$

所以 X 与 Y 不相互独立.

假设随机变量 X,Y 的相关系数 ρ_{XY} 存在. 当 X 和 Y 相互独立时,由数学期望的性质可知 $\text{Cov}(X,Y) = 0$,从而 $\rho_{XY} = 0$,即 X,Y 不相关;反之,若 X,Y 不相关,X 和 Y 却不一定相互独立.上述情况,从"不相关"和"相互独立"的含义来看是明显的.这是因为不相关只是就线性关系来说的,而相互独立是就一般关系而言的.

当 (X,Y) 服从二维正态分布时,"X 和 Y 不相关"与"X 和 Y 相互独立"是等价的.

4.4　矩、协方差矩阵

本节先介绍随机变量的另外几个数字特征.

定义：设 X 和 Y 是随机变量,若

$$E(X^k), k = 1,2,\cdots$$

存在,称它为 X 的 k **阶原点矩**,简称 k **阶矩**.

若

$$E\{[X - E(X)]^k\}, k = 2,3,\cdots$$

存在,称它为 X 的 k **阶中心矩**.

若

$$E\{[X - E(X)]^k[Y - E(Y)]^l\}, k,l = 1,2,3,\cdots$$

存在,称它为 X 和 Y 的 $k+l$ **阶混合中心矩**.

根据上述定义,X 的数学期望 $E(X)$ 是 X 的一阶原点矩,方差 $D(X)$ 是 X 的二阶中心矩,协方差 $\text{Cov}(X,Y)$ 是 X 和 Y 的二阶混合中心矩.

下面介绍 n 维随机变量的协方差矩阵.先从二维随机变量讲起.

二维随机变量 (X_1,X_2) 有四个二阶中心矩(设它们都存在),分别记为：

$c_{11} = E\{[X_1 - E(X_1)]^2\}$,

$c_{12} = E\{[X_1 - E(X_1)][X_2 - E(X_2)]\}$,

$c_{21} = E\{[X_2 - E(X_2)][X_1 - E(X_1)]\}$,

$c_{22} = E\{[X_2 - E(X_2)]^2\}$,

将它们写成矩阵的形式：

$$\begin{bmatrix} c_{11} & c_{12} \\ c_{21} & c_{22} \end{bmatrix}.$$

这个矩阵称为随机变量 (X_1,X_2) 的**协方差矩阵**.

设 n 维随机变量 $(X_1,X_2,\cdots,X_n)$ 的二阶混合中心矩

$$c_{ij} = \text{Cov}(X_i,X_j) = E\{[X_i - E(X_i)][X_j - E(X_j)]\}, i,j = 1,2,\cdots,n$$

都存在,则称矩阵

$$C = \begin{bmatrix} c_{11} & c_{12} & \cdots & c_{1n} \\ c_{21} & c_{22} & \cdots & c_{2n} \\ \vdots & \vdots & & \vdots \\ c_{n1} & c_{n2} & \cdots & c_{nn} \end{bmatrix}$$

为 n 维随机变量 $(X_1,X_2,\cdots,X_n)$ 的**协方差矩阵**.由于 $c_{ij} = c_{ji}, i \neq j, i,j = 1,2,\cdots,n$,因

而,上述矩阵是一个对称矩阵.

　　一般,n 维随机变量的分布是未知的,或者是太复杂,以至于在数学上不易处理,因此,在实际应用中,协方差矩阵就显得十分重要.

　　本节最后,介绍 n 维正态随机变量的概率密度.我们先将二维正态随机变量的概率密度改写成另一种形式,以便将它推广到 n 维随机变量的场合中去.正态随机变量 (X_1, X_2) 的概率密度为

$$f(x_1, x_2) = \frac{1}{2\pi\sigma_1\sigma_2\sqrt{1-\rho^2}}\exp\left\{\frac{-1}{2(1-\rho^2)}\left[\frac{(x_1-\mu_1)^2}{\sigma_1^2} - 2\rho\frac{(x_1-\mu_1)(x_2-\mu_2)}{\sigma_1\sigma_2} + \frac{(x_2-\mu_2)^2}{\sigma_2^2}\right]\right\}$$

　　将上式指数部分写成矩阵形式,为此引入下面的列矩阵:

$$\boldsymbol{X} = \begin{bmatrix} x_1 \\ x_2 \end{bmatrix}, \boldsymbol{\mu} = \begin{bmatrix} \mu_1 \\ \mu_2 \end{bmatrix}.$$

　　(X_1, X_2) 的协方差矩阵为

$$\boldsymbol{C} = \begin{bmatrix} c_{11} & c_{12} \\ c_{21} & c_{22} \end{bmatrix} = \begin{bmatrix} \sigma_1^2 & \rho\sigma_1\sigma_2 \\ \rho\sigma_2\sigma_1 & \sigma_2^2 \end{bmatrix},$$

　　它的逆矩阵为

$$\boldsymbol{C}^{-1} = \frac{1}{\sigma_1^2\sigma_2^2(1-\rho^2)}\begin{bmatrix} \sigma_1^2 & \rho\sigma_1\sigma_2 \\ \rho\sigma_2\sigma_1 & \sigma_2^2 \end{bmatrix}$$

　　经过计算可知

$$(\boldsymbol{X}-\boldsymbol{\mu})^{\mathrm{T}}\boldsymbol{C}^{-1}(\boldsymbol{X}-\boldsymbol{\mu}) = \frac{1}{(1-\rho^2)}\left[\frac{(x_1-\mu_1)^2}{\sigma_1^2} - 2\rho\frac{(x_1-\mu_1)(x_2-\mu_2)}{\sigma_1\sigma_2} + \frac{(x_2-\mu_2)^2}{\sigma_2^2}\right].$$

　　于是,二维随机变量 (X_1, X_2) 的概率密度可写成

$$f(x_1, x_2) = \frac{1}{(2\pi)^{2/2}(\det C)^{1/2}}\exp\left\{\frac{-1}{2}(X-\mu)^{\mathrm{T}}C^{-1}(X-\mu)\right\}$$

其中,$\det C = \sigma_1^2\sigma_2^2(1-\rho^2)$.

上式容易推广到 n 维正态随机变量 $(X_1, X_2, \cdots, X_n)$ 的情况.

引入列矩阵

$$X = \begin{bmatrix} x_1 \\ x_2 \\ \cdots \\ x_n \end{bmatrix}, \mu = \begin{bmatrix} \mu_1 \\ \mu_2 \\ \cdots \\ \mu_n \end{bmatrix} = \begin{bmatrix} E(X_1) \\ E(X_2) \\ \cdots \\ E(X_n) \end{bmatrix},$$

n 维正态随机变量 $(X_1, X_2, \cdots, X_n)$ 的概率密度定义为

$$f(x_1, x_2, \cdots, x_n) = \frac{1}{(2\pi)^{n/2}(\det C)^{1/2}}\exp\left\{\frac{-1}{2}(X-\mu)^{\mathrm{T}}C^{-1}(X-\mu)\right\}$$

其中,C 是 $(X_1, X_2, \cdots, X_n)$ 的协方差矩阵.

n 维正态随机变量具有以下四条重要性质:

　　(1) n 维正态随机变量 $(X_1, X_2, \cdots, X_n)$ 的每一个分量 $X_i, i = 1, 2, \cdots, n$ 都是正态变量;反之,若 $X_1, X_2, \cdots, X_n$ 都是正态变量,且相互独立,则 $(X_1, X_2, \cdots, X_n)$ 是 n 维正态随机变量.

（2）n 维随机变量 $(X_1, X_2, \cdots, X_n)$ 服从 n 维正态分布的充要条件是 $X_1, X_2, \cdots, X_n$ 的任意线性组合：

$$l_1 X_1 + l_2 X_2 + \cdots + l_n X_n$$

服从一维正态分布（其中, $l_1, l_2, \cdots, l_n$ 不全为零）.

（3）若 $(X_1, X_2, \cdots, X_n)$ 服从 n 维正态分布, 设 $Y_1, Y_2, \cdots, Y_n$ 是 $X_i, i = 1, 2, \cdots, n$ 的线性函数, 则 $(Y_1, Y_2, \cdots, Y_n)$ 也服从多维正态分布.

这一性质称为正态变量的线性变换不变性.

（4）设 $(X_1, X_2, \cdots, X_n)$ 服从 n 维正态分布, 则 "$X_1, X_2, \cdots, X_n$ 相互独立" 与 "$X_1, X_2, \cdots, X_n$ 两两不相关" 是等价的.

n 维正态分布在随机过程和数理统计中常会遇到.

习　题　4

1. 设 $X \sim U(0, \pi), Y = \sin(X)$, 求 $E(Y)$.

2. 设一批同类型的产品共有 N 件, 其中次品有 M 件. 今从中任取 n（假定 $n \leqslant N - M$）件, 记这 n 件中所含次品数为 X, 求 $E(X)$.

3. 设 X 的概率密度为 $f(x) = \begin{cases} a + bx^2 & 0 \leqslant x \leqslant 1 \\ 0 & \text{其他} \end{cases}$, 其中 a, b 为常数, 且 $E(X) = \dfrac{3}{5}$. 求 a, b 的值.

4. 某水果商店冬季每周购进一批苹果. 已知该店一周苹果销售量 X（单位:kg）服从 $U[1000, 2000]$. 购进的苹果在一周内售出, 1 kg 获纯利 1.5 元; 一周内没售出, 1 kg 需付耗损、储藏等费用 0.3 元. 问一周应购进多少千克苹果, 商店才能获得最大的平均利润.

5. 某种商品每件表面上的疵点数 X 服从泊松分布, 平均每件上有 0.8 个疵点. 若规定表面不超过一个疵点的为一等品, 价值 10 元, 表面疵点数大于 1 不多于 4 的为二等品, 价值 8 元. 某件表面疵点数是 4 个以上者为废品, 求产品价值的均值和方差.

6. 设 (X, Y) 在圆域 $D = \{(x, y): x^2 + y^2 \leqslant r^2\}, (r > 0)$ 上服从均匀分布, 判断 X, Y 是否不相关. 并求 $\mathrm{Cov}(X, Y)$.

7. 按规定, 某车站每天 8:00 ~ 9:00 和 9:00 ~ 10:00 之间都恰有一辆客车到站, 但到站的时刻是随机的, 且两者到站的时间相互独立. 其规律如下表所示. 某一旅客 8:20 到车站, 求他候车时间的数学期望.

8:00 ~ 9:00 到站时间	8:10	8:30	8:50
9:00 ~ 10:00 到站时间	9:10	9:30	9:50
概率	1/6	3/6	2/6

8. 某商店对某种家用电器的销售采用先使用后付款的方式. 记使用寿命为 X（以年计）, 规定：

$$\begin{cases} X \leqslant 1, & \text{一台付款 } 1\,500 \text{ 元;} \\ 1 < X \leqslant 2, & \text{一台付款 } 2\,000 \text{ 元;} \\ 2 < X \leqslant 3, & \text{一台付款 } 2\,500 \text{ 元;} \\ X > 3, & \text{一台付款 } 3\,000 \text{ 元.} \end{cases}$$

设电器的寿命 X 服从指数分布,概率密度为

$$f(x) = \begin{cases} \dfrac{1}{10} \mathrm{e}^{-x/10}, & x > 0 \\ 0, & x \leqslant 0. \end{cases}$$

试求该商店一台电器收费 Y 的数学期望.

9. 随机变量 $X \sim f(x)$,$E(X) = \dfrac{7}{12}$,且

$$f(x) = \begin{cases} ax + b, & 0 \leqslant x \leqslant 1 \\ 0, & \text{其他} \end{cases}$$

求 a 与 b 的值,并求分布函数 $F(x)$.

10. 有 2 个相互独立工作的电子装置,它们的寿命 $X_k (k = 1, 2)$ 服从统一指数分布,其概率密度为

$$f(x) = \begin{cases} \dfrac{1}{\theta} \mathrm{e}^{-x/\theta}, & x > 0 \\ 0, & x \leqslant 0 \end{cases}, \theta > 0.$$

若将这 2 个电子装置串联连接组成整机,求整机寿命(以小时计)N 的数学期望.

11. 设随机变量 X 和 Y 在圆域 $x^2 + y^2 \leqslant r^2 (r > 0)$ 上服从均匀分布,求:

(1) X 和 Y 的相关系数 ρ;

(2) X 和 Y 是否相互独立?

第5章　大数定理及中心极限定理

概率论与数理统计是研究随机现象统计规律性的学科. 而随机现象的规律性在相同的条件下进行大量重复试验时会呈现某种稳定性. 例如, 大量抛掷硬币的随机试验中, 正面出现频率; 在大量文字资料中, 字母使用频率; 工厂大量生产某种产品过程中, 产品的废品率等. 一般地, 要从随机现象中去寻求事件内在的必然规律, 就要研究大量随机现象的问题.

在生产实践中, 人们还认识到大量试验数据、测量数据的算术平均值也具有稳定性. 这种稳定性就是我们将要讨论的大数定律的客观背景. 在这一章中, 我们将介绍有关随机变量序列的最基本的两类极限定理 —— 大数定理和中心极限定理.

5.1　大　数　定　理

在第 1 章中引入事件与概率的概念时曾经指出, 尽管随机事件 A 在一次试验可能出现也可能不出现, 但在大量的试验中则呈现出明显的统计规律性 —— 频率的稳定性. 频率是概率的反映, 随着观测次数的增加, 频率将会逐渐稳定到概率. 这里说的"频率逐渐稳定到概率" 实质上是频率依某种收敛意义趋于概率, 这个稳定性就是"大数定律" 研究的客观背景.

详细地说: 设在一次观测中事件 A 发生的概率 $P(A) = p$, 如果观测了 n 次（也就是一个 n 重贝努里试验）, A 发生了 μ_n 次, 则 A 在 n 次观测中发生的频率为 $\dfrac{\mu_n}{n}$, 当 n 充分大时, 频率 $\dfrac{\mu_n}{n}$ 逐渐稳定到概率 p. 若以随机变量 ξ_i 表示第 i 次观测中事件 A 是否发生, 令

$$\xi_i = \begin{cases} 1, & \text{第 } i \text{ 次试验中 } A \text{ 发生} \\ 0, & \text{第 } i \text{ 次试验中 } A \text{ 不发生} \end{cases} \quad i = 1, 2, \cdots, n$$

则 $\xi_1, \xi_2, \cdots, \xi_n$ 是 n 个相互独立的随机变量, 显然 $\mu_n = \displaystyle\sum_{i=1}^{n} \xi_i$.

从而有 $\dfrac{\mu_n}{n} = \dfrac{1}{n} \displaystyle\sum_{i=1}^{n} \xi_i$, 因此 "$\dfrac{\mu_n}{n}$ 稳定于 p", 又可表述为 n 次观测结果的平均值稳定于 p.

现在的问题是: "稳定" 的确切含义是什么? $\dfrac{\mu_n}{\mu}$ 稳定于 p 是否能写成

$$\lim_{n \to \infty} \frac{\mu_n}{n} = p \tag{5.1}$$

亦即, 是否对任意 $\varepsilon > 0$, 当 $n > \mathbf{N}$($\mathbf{N}$ 为任意正整数, 下同) 时有

$$\left| \frac{\mu_n}{n} - p \right| < \varepsilon \tag{5.2}$$

对 n 重贝努里试验的所有样本点都成立？

实际上，我们发现事实并非如此．比如，在 n 次观测中，事件 A 发生 n 次还是有可能的．此时 $\mu_n = n, \dfrac{\mu_n}{n} = 1$，从而对 $0 < \varepsilon < 1 - p$，不论 N 取何正整数，也不可能得到 $n > N$ 时，有 $\left| \dfrac{\mu_n}{n} - p \right| < \varepsilon$ 成立．也就是说，在个别场合下，事件 $\left(\left| \dfrac{\mu_n}{n} - p \right| \geqslant \varepsilon \right)$ 还是有可能发生的，只不过当 n 很大时，事件 $\left(\left| \dfrac{\mu_n}{n} - p \right| \geqslant \varepsilon \right)$ 发生的可能性很小，是个小概率事件．例如，对上面的 $\mu_n = n$，有 $P\left(\dfrac{\mu_n}{n} = 1 \right) = p^n$.

显然，当 $n \to \infty$ 时，$P\left(\dfrac{\mu_n}{n} = 1 \right) = p^n \to 0$，所以 "$\dfrac{\mu_n}{n}$ 稳定于 p" 是意味着对任意 $\varepsilon > 0$，有

$$\lim_{n \to \infty} P\left(\left| \frac{\mu_n}{n} - p \right| \geqslant \varepsilon \right) = 0. \tag{5.3}$$

概率上 "$\dfrac{\mu_n}{n}$ 稳定于 p" 还有其他提法，如博雷尔建立了 $P\left(\lim\limits_{n \to \infty} \dfrac{\mu_n}{n} = p \right) = 1$，从而开创了另一形式的极限定理 —— 强大数定律的研究．

沿用前面的记号，式 (5.3) 可写成，

$$\lim_{n \to \infty} P\left(\left| \frac{1}{n} \sum_{i=1}^{n} \xi_i - p \right| \geqslant \varepsilon \right) = 0.$$

一般地，设 $\xi_1, \xi_2, \cdots, \xi_n, \cdots$ 是随机变量序列，a 为常数，如果对 $\forall \varepsilon > 0$，有

$$\lim_{n \to \infty} P\left(\left| \frac{1}{n} \sum_{i=1}^{n} \xi_i - a \right| \geqslant \varepsilon \right) = 0$$

即，

$$\lim_{n \to \infty} P\left(\left| \frac{1}{n} \sum_{i=1}^{n} \xi_i - a \right| < \varepsilon \right) = 1. \tag{5.4}$$

则称 $\dfrac{1}{n} \sum\limits_{i=1}^{n} \xi_i$ 稳定于 a.

大数定理是阐明概率论中大量随机现象平均结果的稳定性的一系列极限定理．

若将式 (5.4) 中的 a 换成常数列 $a_1, a_2, \cdots, a_n, \cdots$，即得大数定律的一般定义．

定义：若 $\xi_1, \xi_2, \cdots, \xi_n, \cdots$ 是随机变量序列，如果存在常数列 $a_1, a_2, \cdots, a_n, \cdots$，使对 $\forall \varepsilon$，有

$$\lim_{n \to \infty} P\left(\left| \frac{1}{n} \sum_{i=1}^{n} \xi_i - a_n \right| < \varepsilon \right) = 1$$

成立，则称随机变量序列 $\{\xi_n\}$ 服从大数定律．

若随机变量 ξ_i 具有数学期望 $E(\xi_i), i = 1, 2, \cdots$，则大数定律的经典形式是：对任意 $\varepsilon > 0$，有

$$\lim_{n \to \infty} P\left(\left| \frac{1}{n} \sum_{i=1}^{n} \xi_i - \frac{1}{n} \sum_{i=1}^{n} E(\xi_i) \right| < \varepsilon \right) = 1.$$

这里常数列 $a_n = \dfrac{1}{n}\sum\limits_{i=1}^{n} E(\xi_i), n = 1, 2, \cdots$.

下面介绍三个定理,它们分别反映了算术平均值及频率的稳定性.

定理 1:(切比雪夫定理的特殊情况)设随机变量 $X_1, X_2, \cdots, X_n, \cdots$ 相互独立,且具有相同的数学期望和方差:$E(X_k) = \mu, D(X_k) = \sigma^2 (k = 1, 2, \cdots)$. 记前 n 个随机变量的算术平均为,

$$\overline{X} = \frac{1}{n}\sum_{k=1}^{n} X_k$$

则对任意 $\varepsilon > 0$,有

$$\lim_{n\to\infty} P\left\{|\overline{X} - \mu| < \varepsilon\right\} = \lim_{n\to\infty} P\left\{\left|\frac{1}{n}\sum_{k=1}^{n} X_k - \mu\right| < \varepsilon\right\} = 1 \tag{5.5}$$

先解释一下上式的意义. $\left\{\left|\dfrac{1}{n}\sum\limits_{k=1}^{n} X_k - \mu\right| < \varepsilon\right\}$ 是一个随机事件,上式表明,当 $n \to \infty$ 时,这个事件的概率趋于 1. 即,对于任意 $\varepsilon > 0$,当 n 充分大时,不等式 $\left|\dfrac{1}{n}\sum\limits_{k=1}^{n} X_k - \mu\right| < \varepsilon$ 成立的概率很大.

证:由于

$$E\left[\frac{1}{n}\sum_{k=1}^{n} X_k\right] = \frac{1}{n}\sum_{k=1}^{n} E(X_k) = \frac{1}{n} \cdot n\mu = \mu,$$

$$D\left[\frac{1}{n}\sum_{k=1}^{n} X_k\right] = \frac{1}{n^2}\sum_{k=1}^{n} D(X_k) = \frac{1}{n^2} \cdot n\sigma^2 = \frac{\sigma^2}{n},$$

由切比雪夫不等式,可得

$$P\left\{\left|\frac{1}{n}\sum_{k=1}^{n} X_k - \mu\right| < \varepsilon\right\} \geqslant 1 - \frac{\dfrac{\sigma^2}{n}}{\varepsilon^2}.$$

在上式中,令 $n \to \infty$,并注意到概率不能大于 1,即得

$$\lim_{n\to\infty} P\left\{\left|\frac{1}{n}\sum_{k=1}^{n} X_k - \mu\right| < \varepsilon\right\} = 1.$$

定理 1 表明,当 n 很大时,随机变量 $X_1, X_2, \cdots, X_n$ 的算术平均值 $\overline{X} = \dfrac{1}{n}\sum\limits_{k=1}^{n} X_k$ 接近于数学期望 $E(X_1) = E(X_2) = \cdots = E(X_k) = \mu$. 这种接近是在概率的意义下的接近. 换句话说,在定理的条件下,n 个随机变量的算术平均值,当 n 无限增加时几乎变成一个常数.

设 $Y_1, Y_2, \cdots, Y_n, \cdots$ 是一个随机变量序列,a 是一个常数. 若对任意 $\varepsilon > 0$,有

$$\lim_{n\to\infty} P\left\{|Y_n - a| < \varepsilon\right\} = 1,$$

则,称序列 $Y_1, Y_2, Y_3, \cdots, Y_n, \cdots$ 依概率收敛于 a. 记为

$$Y_n \xrightarrow{P} a.$$

定理 2:(贝努里大数定理)设 n_A 是 n 重贝努里试验中事件 A 发生的次数,p 是事件 A 在每次试验中发生的概率,则对任意的 $\varepsilon > 0$,有

$$\lim_{n \to \infty} P\left\{\left|\frac{n_A}{n} - p\right| < \varepsilon\right\} = 1 \tag{5.6}$$

或

$$\lim_{n \to \infty} P\left\{\left|\frac{n_A}{n} - p\right| \geqslant \varepsilon\right\} = 0.$$

证：因为 $n_A \sim b(n, p)$，由第 4 章知道，有

$$n_A = X_1 + X_2 + \cdots + X_n,$$

其中，$X_1, X_2, \cdots, X_n$ 相互独立，且都服从以 p 为参数的（0-1）分布. 因而 $E(X_k) = p$，$D(X_k) = p(1-p)(k = 1, 2, \cdots, n)$，由式(5.5)得，

$$\lim_{n \to \infty} P\left\{\left|\frac{1}{n}(X_1 + X_2 + \cdots + X_n) - p\right| < \varepsilon\right\} = 1,$$

即，

$$\lim_{n \to \infty} P\left\{\left|\frac{n_A}{n} - p\right| < \varepsilon\right\} = 1.$$

贝努里大数定理表明，事件发生的频率 $\frac{n_A}{n}$ 依概率收敛于事件 A 的概率 p. 这个定理以严格的数学形式表达了频率的稳定性. 就是说，当 n 很大时，事件发生的频率与概率有较大偏差的可能性很小. 由实际推断原理，在实际应用中，当实验次数很大时，便可以用事件发生的频率来代替事件的概率.

定理 3：（辛钦大数定理）设随机变量 $X_1, X_2, \cdots, X_n, \cdots$ 相互独立，服从同一分布，且具有数学期望 $E(X_i) = \mu, i = 1, 2, \cdots$，则对任意 $\varepsilon > 0$，有

$$\lim_{n \to \infty} P\left\{\left|\frac{1}{n}\sum_{i=1}^{n} X_i - \mu\right| < \varepsilon\right\} = 1. \tag{5.7}$$

显然，贝努里大数定理是辛钦大数定理的特殊情况. 辛钦大数定理在实际应用中是很重要的.

5.2　中心极限定理

在实际问题中，许多随机现象是由大量相互独立的随机因素综合影响所形成，其中每一个因素在总的影响中所起的作用是微小的. 这类随机变量一般都服从或近似服从正态分布. 以一门大炮的射程为例，影响大炮的射程的随机因素包括：大炮炮身结构的制造导致的误差，炮弹及炮弹内炸药在质量上的误差，瞄准时的误差，受风速、风向的干扰而造成的误差等. 其中每一种误差造成的影响在总的影响中所起的作用是微小的，并且可以看成是相互独立的，人们关心的是这众多误差因素对大炮射程所造成的总影响. 因此需要讨论大量独立随机变量和的问题.

中心极限定理回答了大量独立随机变量和的近似分布问题，其结论表明：如一个量受许多随机因素（主导因素除外）的共同影响而随机取值，则它的分布就近似服从正态分布.

定理 1：（独立同分布的中心极限定理）设随机变量 $X_1, X_2, \cdots, X_n, \cdots$ 相互独立，服从同一分布，且具有相同的数学期望和方差：

$$E(X_i) = \mu, D(X_i) = \sigma^2, i = 1, 2, \cdots, n, \cdots$$

则随机变量之和 $\sum\limits_{k=1}^{n} X_k$ 的标准化变量：

$$Y_n = \frac{\sum\limits_{k=1}^{n} X_k - E\left(\sum\limits_{k=1}^{n} X_k\right)}{\sqrt{D\left(\sum\limits_{k=1}^{n} X_k\right)}} = \frac{\sum\limits_{k=1}^{n} X_k - n\mu}{\sqrt{n}\sigma}$$

的分布函数 $F_n(x)$ 对任意的 x 满足

$$\lim_{n\to\infty} F_n(x) = \lim_{n\to\infty} P\left\{\frac{\sum\limits_{k=1}^{n} X_k - n\mu}{\sigma\sqrt{n}} \leqslant x\right\} = \int_{-\infty}^{x} \frac{1}{\sqrt{2\pi}} e^{-t^2/2} dt = \Phi(x). \tag{5.8}$$

这也就是说,当 n 充分大时, n 个具有相同的期望和方差的独立同分布的随机变量之和近似服从正态分布.

虽然在一般情况下,我们很难求出 $X_1 + X_2 + \cdots + X_n$ 的分布的确切形式,但当 n 很大时,可求出其近似分布.由定理结论有

$$\frac{\sum\limits_{i=1}^{n} X_i - n\mu}{\sigma\sqrt{n}} \overset{近似}{\sim} N(0,1) \Rightarrow \frac{\frac{1}{n}\sum\limits_{i=1}^{n} X_i - \mu}{\sigma/\sqrt{n}} \overset{近似}{\sim} N(0,1) \Rightarrow \overline{X} \sim N(\mu, \sigma^2/n), \overline{X} = \frac{1}{n}\sum\limits_{i=1}^{n} X_i.$$

故定理 1 又可表述为:均值为 μ, 方差 $\sigma^2 > 0$ 的独立同分布的随机变量 $X_1, X_2, \cdots,$ $X_n, \cdots$ 的算术平均值 $\overline{X}$, 当 n 充分大时近似地服从均值为 μ, 方差为 σ^2/n 的正态分布.这一结果是数理统计中大样本统计推断的理论基础.

定理 2:(李雅普诺夫(Liapunov)定理) 设随机变量 $X_1, X_2, \cdots, X_n, \cdots$ 相互独立,它们具有数学期望和方差:

$$E(X_k) = \mu_k, \quad D(X_k) = \sigma_k^2 > 0, i = 1, 2, \cdots,$$

记

$$B_n^2 = \sum_{k=1}^{n} \sigma_k^2.$$

若存在正数 δ, 使得当 $n \to \infty$ 时,

$$\frac{1}{B_n^{2+\delta}} \sum_{k=1}^{n} E\{|X_k - \mu_k|^{2+\delta}\} \to 0,$$

则随机变量之和 $\sum\limits_{k=1}^{n} X_k$ 的标准化变量：

$$Z_n = \frac{\sum\limits_{k=1}^{n} X_k - E\left(\sum\limits_{k=1}^{n} X_k\right)}{\sqrt{D\left(\sum\limits_{k=1}^{n} X_k\right)}} = \frac{\sum\limits_{k=1}^{n} X_k - \sum\limits_{k=1}^{n} \mu_k}{B_n}$$

的分布函数 $F_n(x)$ 对于任意 x, 满足

$$\lim_{n\to\infty} F_n(x) = \lim_{n\to\infty} P\left\{\frac{\sum_{k=1}^{n} X_k - \sum_{k=1}^{n} \mu_k}{B_n} \leqslant x\right\} = \int_{-\infty}^{x} \frac{1}{\sqrt{2\pi}} e^{-t^2/2} dt = \Phi(x). \tag{5.9}$$

定理 2 表明,在定理的条件下,随机变量

$$Z_n = \frac{\sum\limits_{k=1}^{n} X_k - \sum\limits_{k=1}^{n} \mu_k}{B_n}.$$

当 n 很大时,近似地服从正态分布 $N(0,1)$. 由此, 当 n 很大时, $\sum\limits_{k=1}^{n} X_k = B_n Z_n + \sum\limits_{k=1}^{n} \mu_k$ 近似

地服从正态分布 $N(\sum\limits_{k=1}^{n} \mu_k, B_n^2)$. 这就是说, 无论各个随机变量 $X_k(k=1,2,\cdots)$ 服从什么分

布, 只要满足定理的条件, 那么它们的和 $\sum\limits_{k=1}^{n} X_k$ 当 n 很大时, 就近似地服从正态分布. 这就是

为什么正态随机变量在概率论中占有重要地位的一个基本原因. 在很多问题中, 所考虑的随
机变量可以表示成很多个独立的随机变量之和. 例如, 在任一指定时刻, 一个城市的耗电量
是大量用户耗电量的总和; 一个物理实验的测量误差是由许多观察不到的、可加的微小误差
所合成的, 它们往往近似地服从正态分布.

下面介绍另一个中心极限定理, 它是定理 1 的特殊情况.

定理 3:(棣莫佛 - 拉普拉斯定理) 设随机变量 Y_n 服从参数 $n, p(0 < p < 1)$ 的二项分布,
则对任意 x, 有

$$\lim_{n \to \infty} P\left\{ \frac{Y_n - np}{\sqrt{np(1-p)}} \leqslant x \right\} = \int_{-\infty}^{x} \frac{1}{\sqrt{2\pi}} e^{-\frac{t^2}{2}} dt = \Phi(x). \tag{5.10}$$

这个定理表明, 正态分布是二项式分布的极限分布. 当 n 充分大时, 我们可以利用上式
来计算二项式分布的概率.

例 1:一生产线生产的产品成箱包装, 每箱的重量是随机的, 假设每箱平均重 50 kg, 标
准差为 5 kg. 若用最大载重量为 5 吨的汽车承运, 试用中心极限定理说明每车最多可装多少
箱, 才能保障不超载的概率大于 0.977.

解:设 $X_i(i=1,2,\cdots,n)$ 为装运第 i 箱的重量, n 是所求的箱数. 由题意可把 $X_1, X_2, \cdots$,

X_n 看作独立同分布的随机变量, 令 $Y_n = X_1 + X_2 + \cdots + X_n = \sum\limits_{i=1}^{n} X_i$, 则 Y_n 就是这 n 箱货

物的总重量.

又因为 $E(X_i) = 50, D(X_i) = 25$,

所以 $E(Y_n) = 50n, D(Y_n) = 25n$.

由中心极限定理, 有

$$P(Y_n \leqslant 5000) \approx \Phi\left(\frac{5000 - 50n}{5\sqrt{n}} \right) > 0.977 = \Phi(2),$$

从而, 有 $\frac{1000 - 10n}{\sqrt{n}} > 2, \Rightarrow n < 98.0199$,

故最多可以装 98 箱.

例 2:某公司生产的电子元件合格率为 99.5%. 装箱出售时,(1) 若每箱中装 1 000 只,
问不合格品在 2 至 6 只之间的概率是多少?(2) 若要以 99% 的概率保证每箱合格品数不少于
1 000 只, 问每箱至少应该多装几只这种电子元件?

解：

（1）这个公司生产的电子元件不合格率为 $1-0.995=0.005$，设 X 表示"1 000 只电子元件中不合格的只数"，则 $X \sim B(1\,000,0.005)$.

$$P(2 \leqslant X \leqslant 6) = \Phi\left(\frac{6.5-1000\times 0.005}{\sqrt{1000\times 0.005\times 0.995}}\right) - \Phi\left(\frac{1.5-1000\times 0.005}{\sqrt{1000\times 0.005\times 0.995}}\right)$$

$$= \Phi(0.45) - \Phi(-1.34) = 0.6736 - (1-0.9099) = 0.5835.$$

（2）设每箱中应多装 k 只元件，则不合格品数 $X \sim B(1000+k,0.005)$，由题设，应有 $P(X \leqslant k) \geqslant 0.99$，因而可得，

$$P(X \leqslant k) = \Phi\left[\frac{k+\frac{1}{2}-(1000+k)\times 0.005}{\sqrt{(1000+k)\times 0.005\times 0.995}}\right] \geqslant 0.99 = \Phi(2.326)$$

于是 k 应满足 $\dfrac{k+\frac{1}{2}-(1000+k)\times 0.005}{\sqrt{(1000+k)\times 0.005\times 0.995}} \geqslant 2.326.$

解之，有 $k \geqslant 11$. 这就是说，每箱应多装 11 只电子元件，才能以 99% 以上的概率保证合格品数不低于 1 000 只.

习 题 5

1. 某病的患病率为 0.005，现对 10 000 人进行检查，试求查出患病人数在 [45,55] 内的概率.

2. 在一家保险公司里有 10 000 个人参加保险，每人每年付 12 元保险费. 在一年内一个人死亡的概率为 0.006，死亡时其家属可向保险公司领得 1 000 元，问：

（1）保险公司亏本的概率多大？

（2）保险公司一年的利润不少于 40 000 元的概率为多大？

3. 某单位内部有 260 架电话分机，每个分机有 4% 的时间要用外线通话. 可以认为各个电话分机用不同外线是相互独立的. 问：总机需备多少条外线才能以 95% 的把握保证各个分机在使用外线时不必等候？

4. 一盒同型号螺丝钉共有 100 个，已知该型号的螺丝钉的重量是一个随机变量，期望值是 100 g，标准差是 10 g，求一盒螺丝钉的重量超过 10.2 kg 的概率.

5. 一船舶在某海区航行，已知每遭受一次波浪的冲击，纵摇角大于 3° 的概率为 $p=1/3$，若船舶遭受了 90 000 次波浪冲击，问其中有 29 500～30 500 次纵摇角度大于 3° 的概率是多少？

6.（供电问题）某车间有 200 台车床，在生产期间由于需要检修、调换刀具、变换位置及调换工作等常需停车. 设开工率为 0.6，并设每台车床的工作是独立的，且在开工时需电力 1 千瓦. 问应供应多少瓦电力就能以 99.9% 的概率保证该车间不会因供电不足而影响生产？

7. 设一大批产品中一级品率为 10%，现从中任取 500 件.

（1）分别用切比雪夫不等式估计和中心极限定理计算：这 500 件中一级品的比例与 10% 之差的绝对值小于 2% 的概率；

（2）至少应取多少件才能使一级品的比例与 10% 之差的绝对值小于 2% 的把握大于 95%？

8. 某地有甲、乙两个电影院竞争当地每天的 1 000 名观众，观众选择电影院是独立的和随机的. 问：每个电影院至少应设有多少个座位，才能保证观众因缺少座位而离去的概率小于 1%？

9. 已知一本 300 页的书中每页印刷错误的个数服从泊松分布 $P(0.2)$，求这本书印刷错误总数不多于 70 的概率.

10. 设在独立重复试验中，每次试验中事件 A 发生的概率为 1/4，问是否可用 0.925 的概率确信在 1 000 次试验中 A 发生的次数在 200 到 300 之间？

11. 为了确定事件 A 的概率，进行了 10 000 次重复独立试验. 利用切比雪夫不等式估计：用事件 A 在 10 000 次试验中发生的频率作为事件 A 的概率的近似值时，误差小于 0.01 的概率.

第6章 样本及抽样分布

对任意随机试验及其样本空间,根据所研究对象的不同,可定义出不同的随机变量.通过研究随机变量的分布函数可对其分布特征,也即对所研究随机现象的全部统计规律和特征给出确定性的描述.概率论的基本内容就是建立起将研究对象用随机变量表达,通过其分布函数对随机变量的统计规律和主要特征进行分析和描述的理论方法.这里,随机变量分布函数的建立是关键,但在大量的生产实践和科学试验活动中出现的随机变量的分布函数一般无法用理论方法给出,只能用统计和推断的方法对分布函数或者分布特征进行分析和描述,这就是数理统计的主要研究内容.所谓统计是对所研究对象的大量随机试验中获得的数据进行有效的收集和整理,推断是对整理出的数据的分布特征进行分析和判断.统计和推断的内容主要有三种:(1) 仅对随机变量的主要分布特征,也即数字特征进行分析和推断;(2) 假定随机变量的分布形式已知,但包含着一些未知参数,对这些未知参数进行分析和推断;(3) 对随机变量的分布形式进行分析和推断.

本书仅对(1)和(2)两种情况介绍数理统计的基本内容和方法,主要包括试验(统计)数据的收集和整理、统计和推断量的建立和分析、常用的统计推断内容和方法等内容.

本章主要介绍数理统计的基本概念以及数理统计的基础工具:常用统计量的分布和相关定理.

6.1 数理统计的基本概念

1. 随机样本

在概率论中,随机试验中的研究对象可通过定义一个一维或多维随机变量来表达,在数理统计中,我们称这种研究对象为**总体**,因此总体通常是用一个一维或多维随机变量或者该随机变量的分布函数来表示.例如我们要研究某一地区青少年身高的分布,则该地区青少年的身高指标 X 就构成了研究的总体,可用一个一维随机变量 X 表示;若还要研究体重 Y 的分布,则总体包含着两个指标:身高和体重,则该总体可由一个二维随机变量 (X,Y) 描述.一般情况下,身高和体重都服从正态分布,因此,上述总体又可称为正态总体.对于总体中的每一个具体的研究对象,也即随机试验的每一个可能的结果,称为**个体**,它与表达总体的随机变量的所有可能取值是一一对应的.例如在上面所讨论的某地区青少年身高分布的问题中,该地区每一个符合条件的青少年的身高都构成了所研究总体的个体,他们的身高就构成了总体随机变量 X 的所有可能的取值.总体中个体的数目称为总体的**容量**,若总体容量是不可数的,则称为**无限总体**;若是可数的则称为**有限总体**.

对总体的研究往往是从总体中随机抽取(有放回或不放回)有限个个体,通过对这些个体的研究,推断出总体的特征. 由于抽取的随机性,这些个体构成了一个多维随机变量,我们称为总体的**随机样本**,个体的数目,也即多维随机变量的维数称为随机样本的**容量**. 依据以上所述,设随机变量 X 为一总体,从该总体中随机抽取一个容量为 n 的随机样本,则该样本可用一个 n 维随机变量 $(X_1, X_2, \cdots, X_n)$ 表示. 随机样本的随机性在于我们事先不能确定会抽取到哪些个体,但随机抽取一旦完成,必定对应着随机试验(n 次观察或试验)的 n 个具体的结果,也即总体 X 的 n 个取值 $(x_1, x_2, \cdots, x_n)$,称为随机样本 $(X_1, X_2, \cdots, X_n)$ 的一组**样本值**. 在数理统计中,在不引起混淆的前提下,经常不再区分 $(X_1, X_2, \cdots, X_n)$ 与 $(x_1, x_2, \cdots, x_n)$ 的区别,它们都能既表示随机变量,又能表示随机变量的取值,因此随机样本也可用一组样本值表示. 为了保证从随机样本出发,能够客观、准确地推断出总体的特征,对随机样本通常有以下两点要求:

(1) 随机样本中的每一个随机变量 $X_1, X_2, \cdots, X_n$ 相互独立;

(2) $X_1, X_2, \cdots, X_n$ 与总体 X 具有完全相同的分布.

满足上述两个条件的随机样本称为**简单随机样本**或简称为**样本**,以后本书中所说的样本,如无特别说明,都是指简单随机样本. 因此,实验数据的收集和整理具有特定的含义,即如何得到满足要求的样本,对每一个研究对象,设计出获得有效样本的方法是解决问题的基础,这就是所谓"统计"的内涵. 我们所遵循的基本原则是:抽样过程是在完全相同的条件下独立完成的,具体来说,一个容量为 n 的样本 $(X_1, X_2, \cdots, X_n)$ 是通过在相同条件下(保证同分布性)的 n 次相互独立(保证独立性)的重复试验中获得的. 因此,对有限总体,抽样原则上只能采用有放回抽样的方式,但若有限总体的容量远大于样本容量,则该总体可视为无限总体,从而采用更为实用和方便的不放回抽样方式.

2. 样本分布函数与经验分布函数

数理统计是基于样本对总体作出分析和推断,因此必须对样本分布与总体分布之间的关系给出定性和定量的描述,给出统计推断的理论依据. 设随机变量 X 为一总体,其分布函数为 $F_X(x)$,$(X_1, X_2, \cdots, X_n)$ 是该总体的样本,$(x_1, x_2, \cdots, x_n)$ 是一组样本值. 由于 $X_1, X_2, \cdots, X_n$ 相互独立,并且与总体 X 有完全相同的分布,则样本 $(X_1, X_2, \cdots, X_n)$ 的联合分布函数为

$$F^*(x_1, x_2, \cdots, x_n) = \prod_{i=1}^{n} F_X(x_i).$$

若总体 X 有密度函数 $f(x)$,则样本密度函数为

$$f^*(x_1, x_2, \cdots, x_n) = \prod_{i=1}^{n} f(x_i).$$

实际上,上面两式等号两端都是未知的,现在的问题是否能从一组样本观察值 $x_1, x_2, \cdots, x_n$ 确定出总体的分布 $F_X(x)$?

定义 1:设 $x_1, x_2, \cdots, x_n$ 是总体 $F_X(x)$ 的样本,以 $S(x)$,$-\infty < x < +\infty$ 表示 $x_1, x_2, \cdots, x_n$ 中不大于 x 的个数,定义总体的**经验分布函数**为

$$F_n(x) = \frac{1}{n} S(x), \quad -\infty < x < +\infty. \tag{6.1}$$

显然,$F_n(x)$ 具有分布函数所具有的基本性质,但也有本质的不同:对于不同的样本,经验分布函数有可能不同,它实际上是一个随机变量.例如对 (1,2,3) 和 (1,1,2) 两个样本,经验分布函数分别为

$$F_3(x) = \begin{cases} 0, & x < 1, \\ \dfrac{1}{3}, & 1 \leqslant x < 2, \\ \dfrac{2}{3}, & 2 \leqslant x < 3, \\ 1, & x \geqslant 3. \end{cases}$$

和

$$F_3(x) = \begin{cases} 0, & x < 1, \\ \dfrac{2}{3}, & 1 \leqslant x < 2, \\ 1, & x \geqslant 2. \end{cases}$$

一般情况下,设 $x_1, x_2, \cdots, x_n$ 是总体 X 的一个容量为 n 的样本值,将它们按从小到大的次序重新排列,得 $x_1^* \leqslant x_2^* \leqslant \cdots \leqslant x_n^*$,则

$$F_n(x) = \begin{cases} 0, & x < x_1^* \\ \dfrac{k}{n}, & x_k^* \leqslant x < x_{k+1}^*, \\ 1, & x \geqslant x_n^*. \end{cases} \tag{6.2}$$

无论从式(6.1)或式(6.2)来看,$F_n(x)$ 在 x 的值等于诸 x_i 中不超过 x 的样本值的个数再除以 n,即是不大于 x 的样本值出现,也即事件 $\{X \leqslant x\}$ 出现的频率.因此 $F_n(x)$ 实际上是一个"频率分布函数".但依据频率收敛于概率的性质,经验分布函数 $F_n(x)$ 应该收敛于一个概率分布函数,格里汶科(Glivenko) 在 1933 年证明了这个概率分布函数就是总体的分布函数.

定理 1(格里汶科定理):设总体的分布函数为 $F(x)$,经验分布函数为 $F_n(x)$,则有
$$P\{\lim_{n \to \infty} \sup_{-\infty < x < \infty} | F_n(x) - F(x) | = 0\} = 1.$$
即 $F_n(x)$ 依概率 1 关于 x 均匀地收敛于 $F(x)$,也即当 n 足够大时,对于所有的 x 值,$F_n(x)$ 与 $F(x)$ 之差的绝对值都足够小的事件发生的概率等于 1,这正是用样本推断总体的理论依据.图 6-1 直观地刻画出了总体的分布函数 $F(x)$(光滑曲线)与总体的经验分布函数 $F_n(x)$(阶梯曲线)之间的关系,显然当 n 足够大时,可用 $F_n(x)$ 很好地近似 $F(x)$.

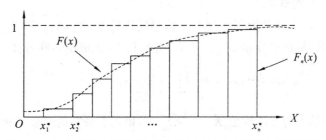

图 6-1　用经验分布函数(阶梯曲线)近似分布函数(光滑曲线)

3. 统计量

一个容量有限的样本不可能全面地反映总体,但根据局部与总体的关系,样本必定对总体有所反映.显然,这种反映的准确性与样本的容量是密切相关的,但是我们更为关心的是在容量确定的情况下,如何最大限度地利用好样本这个推断总体的工具.样本包含着反映总体的大量信息,提取哪些信息?如何提取?这与我们要解决的具体问题有关.因此,通常是针对不同的问题,将样本进行一些适当的"构造",确切地说是构造一个不含任何未知参数的样本的函数,这种样本的函数是一个随机变量,称为统计量.通过对构造出来的统计量的定性和定量分析对所要解决的问题进行推断.例如,总体的经验分布函数(6.1)就是由容量确定的样本构造出的不含未知参数的函数,它就是一个统计量,格里汶科证明它可作为对总体的分布函数进行推断的依据和信息源.

定义 2:设 $X_1, X_2, \cdots, X_n$ 是来自总体 X 的一个样本,$g(X_1, X_2, \cdots, X_n)$ 是 $X_1, X_2, \cdots, X_n$ 的函数,若 g 中不含未知参数,则称 $g(X_1, X_2, \cdots, X_n)$ 是一统计量.

例如从正态总体 $N(\mu, \sigma^2)$(μ 和 σ^2 是未知参数)中,抽取容量为 4 的样本(X_1, X_2, X_3, X_4),则样本函数 $X_1 + X_3 + 3, \frac{1}{4}(X_1^2 + X_2^2 + X_3^2 + X_4^2)$ 是统计量,而 $X_1 + X_3 - \mu$ 和 $\frac{X_2 + X_4}{\sigma}$ 由于都包含着未知参数,所以不是统计量.

下面介绍几个在数理统计中常用的统计量.设 $X_1, X_2, \cdots, X_n$ 是总体 X 的样本,$x_1, x_2, \cdots, x_n$ 是一组样本观察值,则可定义

样本均值 $$\overline{X} = \frac{1}{n}\sum_{i=1}^{n} X_i \ \text{或} \ \overline{x} = \frac{1}{n}\sum_{i=1}^{n} x_i ;$$

样本方差 $$S^2 = \frac{1}{n-1}\sum_{i=1}^{n}(X_i - \overline{X})^2 \ \text{或} \ s^2 = \frac{1}{n-1}\sum_{i=1}^{n}(x_i - \overline{x})^2 ;$$

样本 k 阶原点矩 $$A_k = \frac{1}{n}\sum_{i=1}^{n} X_i^k \ \text{或} \ a_k = \frac{1}{n}\sum_{i=1}^{n} x_i^k, k = 1, 2, \cdots;$$

样本 k 阶中心矩 $$B_k = \frac{1}{n}\sum_{i=1}^{n}(X_i - \overline{X})^k \ \text{或} \ b_k = \frac{1}{n}\sum_{i=1}^{n}(x_i - \overline{x})^k, k = 1, 2, \cdots.$$

上述统计量,尤其是样本均值和样本方差,常常直接或间接应用于各种统计推断问题中.

例 1:已知某种能力测试的得分服从正态分布 $N(\mu, \sigma^2)$,随机抽取 10 人的测试成绩,求他们成绩的联合概率密度以及该 10 人的平均分数小于 μ 的概率.若 $\mu = 62, \sigma = 5$,求至少有一个人的分数超过 70 的概率.

解:"随机抽取"的含义是为了得到一个简单随机样本$(X_1, X_2, \cdots, X_{10})$,即 $X_1, X_2, \cdots, X_{10}$ 相互独立,且均服从正态分布 $N(\mu, \sigma^2)$,因此易得 10 人成绩的联合概率密度函数为

$$f(x_1, x_2, \cdots, x_{10}) = \prod_{i=1}^{10} \frac{1}{\sqrt{2\pi}\sigma}\exp\left[-\frac{(x_i - \mu)^2}{2\sigma^2}\right].$$

10 人的平均成绩即为样本均值 $\overline{X} = \frac{1}{n}\sum_{i=1}^{n} X_i$,由正态分布的性质易知 $\overline{X} \sim N\left(\mu, \frac{\sigma^2}{n}\right)$,故该平均成绩小于 μ 的概率为 $P(\overline{X} < \mu) = 0.5$.

当 $\mu = 62, \sigma = 5$ 时,

$$P(X_i \leqslant 70) = P\left(\frac{X_i - 62}{5} \leqslant \frac{70 - 62}{5}\right) = \Phi\left(\frac{8}{5}\right) = 0.9452, i = 1, 2, \cdots, 10,$$

则 10 人成绩均不超过 70 的概率为 $0.9452^{10} = 0.5692$,故至少一人成绩超过 70 的概率为

$$1 - 0.5692 \approx 0.431.$$

6.2　抽样分布

统计推断是利用统计量的分布推断总体的分布或有关信息,统计量的分布就称为抽样分布.如何构造统计量与总体中要解决的具体问题和解决方法密切相关,问题在于,对于确定的总体,虽然各种统计量的分布是确定的,然而要精确地求出统计量的分布,一般来说是非常困难的.本书主要针对在生产实践和科学实验活动中大量存在的正态总体介绍统计推断的内容及方法,对这类总体,抽样分布往往能够准确地确定.本节就将讨论有关正态总体的一些常用的抽样分布,熟知和掌握这些分布是学好数理统计知识的重要基础.

1. χ^2 分布

定义 1:设 $X_1, X_2, \cdots, X_n$ 是来自正态总体 $N(0, 1)$ 的样本,则称统计量

$$\chi^2 = X_1^2 + X_2^2 + \cdots + X_n^2 \tag{6.3}$$

服从自由度为 n 的 χ^2 分布,记为 $\chi^2 \sim \chi^2(n)$.这里,自由度是指上式右端包含的独立随机变量的个数.$\chi^2(n)$ 分布的概率密度函数为

$$f(y) = \begin{cases} \dfrac{1}{2^{\frac{n}{2}} \Gamma\left(\dfrac{n}{2}\right)} y^{\frac{n}{2} - 1}, & y > 0, \\ 0, & \text{其他.} \end{cases} \tag{6.4}$$

图 6-2 给出了几个不同自由度的 χ^2 分布曲线,随着 n 的增加,曲线的对称性增强,当 n

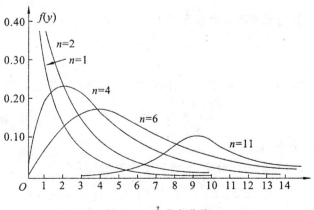

图 6-2　χ^2 分布曲线

趋近于无限大时,χ^2 分布趋近于形如正态分布的对称曲线.

同正态分布一样,χ^2 分布也具有可加性:设 $\chi_1^2 \sim \chi^2(n_1)$,$\chi_2^2 \sim \chi^2(n_2)$,且 χ_1^2 和 χ_2^2 相互独立,则 $\chi_1^2 + \chi_2^2 \sim \chi^2(n_1 + n_2)$.

例 1:求 $\chi^2(n)$ 的数学期望与方差.

解:设 $\chi^2 \sim \chi^2(n)$,则有 $\chi^2 = \sum_{i=1}^{n} X_i^2$,且 $X_i \sim N(0,1)$,$X_i^2 \sim \chi^2(1)$.

由于
$$E[\chi^2(1)] = E(X_i^2) = D(X_i) = 1,$$
$$D[\chi^2(1)] = D(X_i^2) = E(X_i^4) - [E(X_i^2)]^2 = 3 - 1 = 2, i = 1,2,\cdots,n.$$

则由 χ^2 分布的可加性 $E(\chi^2) = n$,$D(\chi^2) = 2n$. 可见 $\chi^2(n)$ 分布的数学期望与方差均随样本容量线性增加,它们的比值是常数.

定义 2:对于给定的 $\alpha(0 < \alpha < 1)$,若

$$P\{\chi^2 > \chi_\alpha^2(n)\} = \int_{\chi_\alpha^2(n)}^{\infty} f(y)\mathrm{d}y = \alpha \tag{6.5}$$

则称 $\chi_\alpha^2(n)$ 为 $\chi^2(n)$ 分布的上 α 分位点(如图 6-3 所示).

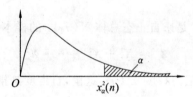

图 6-3　$\chi^2(n)$ 分布的上 α 分位点

对不同的 α、n,χ^2 分布的上 α 分位点的值已制成表格,可以查用. 例如当 $\alpha = 0.1$,$n = 25$ 时,查表得 $\chi_{0.1}^2(25) = 34.382$. 但表中的 n 值通常只列到 45,当 n 足够大时,可用下面近似公式

$$\chi_\alpha^2(n) \approx \frac{1}{2} \left(z_\alpha + \sqrt{2n-1}\right)^2 \tag{6.6}$$

计算上 α 分位点,其中 z_α 是标准正态分布的上 α 分位点.

2. t 分布

定义 3:设 $X \sim N(0,1)$,$Y \sim \chi^2(n)$,且 X 和 Y 相互独立,则称随机变量

$$t = \frac{X}{\sqrt{Y/n}} \tag{6.7}$$

服从自由度为 n 的 t 分布,记为 $t \sim t(n)$.

t 分布又称学生氏(Student)分布,它的概率密度函数为

$$f_T(t) = \frac{\Gamma[(n+1)/2]}{\sqrt{n\pi}\Gamma(n/2)} \left(1 + \frac{t^2}{n}\right)^{-(n+1)/2}, -\infty < t < +\infty. \tag{6.8}$$

图 6-4 给出了几个不同自由度的 t 分布图形,它们都关于 $t = 0$ 对称,形似标准正态分布图形.事实上,利用 Γ 函数的性质易得

$$\lim_{n \to \infty} f_T(t) = \frac{1}{\sqrt{2\pi}} \mathrm{e}^{-\frac{t^2}{2}}. \tag{6.9}$$

也即当 n 足够大时,t 分布近似于 $N(0,1)$ 分布.但在 n 较小时,二者实际上有不小的差别.这里的自由度 n 往往就是样本容量,因此在小样本的统计推断问题中时常用到 t 分布.

定义 4:对于给定的 $\alpha(0 < \alpha < 1)$,若

$$P\{t > t_\alpha(n)\} = \int_{t_\alpha(n)}^{\infty} f_T(t)\mathrm{d}t = \alpha, \tag{6.10}$$

则称 $t_\alpha(n)$ 为 $t(n)$ 分布的上 α 分位点(图 6-5).

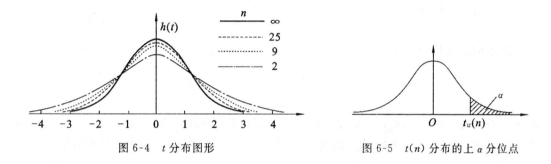

图 6-4　t 分布图形　　　　　　　　　　图 6-5　$t(n)$ 分布的上 α 分位点

由 t 分布的对称性容易证明,t 分布的上 α 分位点具有类似于正态分布的上 α 分位点的对称性

$$t_{1-\alpha}(n) = -t_\alpha(n). \tag{6.11}$$

对不同的 α、$n(n \leqslant 45)$,t 分布的上 α 分位点的值已制成表格,当 $n > 45$ 时,可用标准正态分布的上 α 分位点作为近似,即

$$t_\alpha(n) \approx z_\alpha.$$

3. F 分布

定义 5:设随机变量 X 和 Y 相互独立,且 $X \sim \chi^2(n_1)$,$Y \sim \chi^2(n_2)$,则随机变量

$$F = \frac{X/n_1}{Y/n_2} \tag{6.12}$$

服从第一自由度为 n_1,第二自由度为 n_2 的 F 分布,记为 $F \sim F(n_1, n_2)$.

$F(n_1, n_2)$ 的概率密度函数为

$$f_F(y) = \begin{cases} \dfrac{\Gamma[(n_1 + n_2)/2](n_1/n_2)^{n_1/2} y^{(n_1/2)-1}}{\Gamma(n_1/2)\Gamma(n_2/2)[1 + (n_1 y/n_2)]^{(n_1 + n_2)/2}}, & y > 0, \\ 0. & \text{其他}. \end{cases}$$

图 6-6 画出了几个不同自由度的 F 分布的密度函数图形,同 χ^2 分布一样,F 分布也具有非对称性.

根据定义,F 分布具有一个非常重要的性质:若 $F \sim F(n_1, n_2)$,则

$$\frac{1}{F} \sim F(n_2, n_1). \tag{6.13}$$

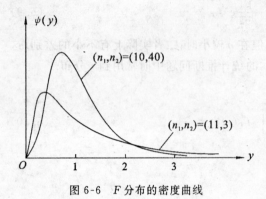

图 6-6　F 分布的密度曲线

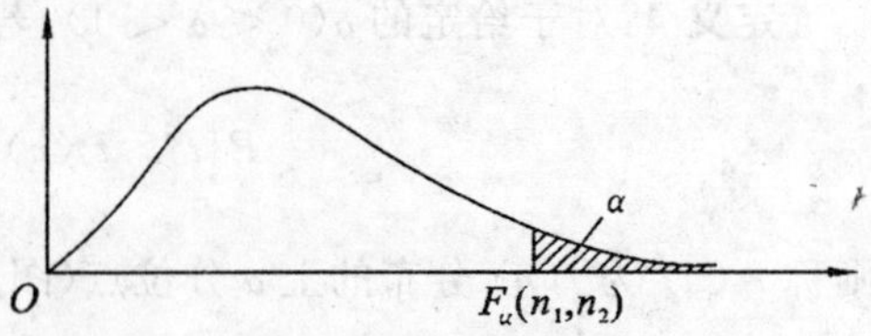

图 6-7　$F(n_1, n_2)$ 分布的上 α 分位点

定义 6：对于给定的 $\alpha(0 < \alpha < 1)$，若

$$P\{F > F_\alpha(n)\} = \int_{F_\alpha(n_1, n_2)}^{\infty} f_F(y)\mathrm{d}y = \alpha, \tag{6.14}$$

则称 $F_\alpha(n_1, n_2)$ 为 $F(n_1, n_2)$ 分布的上 α 分位点(图 6-7)．F 分布的上 α 分位点的数值也制成了表格，以便查用．由 F 分布的性质，容易证明 F 分布的上 α 分位点的如下重要性质：

$$F_{1-\alpha}(n_1, n_2) = \frac{1}{F_\alpha(n_2, n_1)}. \tag{6.15}$$

上式常用来计算 F 分布表中未列出的一些常用上 α 分位点．

实际上，对任意一个连续型随机变量 X，设其分布函数为 $F(x)$，概率密度函数为 $f(x)$，$-\infty < x < +\infty$，则有 $f(x) \geqslant 0$ 和 $F(+\infty) = \int_{-\infty}^{+\infty} f(x)\mathrm{d}x = 1$．那么对任意一个实数 $\alpha(0 < \alpha < 1)$，总可以找到一个实数 s 使 $\int_{s}^{+\infty} f(x)\mathrm{d}x = \alpha$ 成立，这个 s 就称为分布 $F(x)$ 的上 α 分位点，可以以我们认为方便和形象的符号来表示．

例 2：证明 F 分布的上 α 分位点的性质式(6.15)．

证：设 $F \sim F(n_1, n_2)$，根据 F 分布的上 α 分位点的定义有：

$$P\{F > F_\alpha(n_1, n_2)\} = \int_{F_\alpha(n_1, n_2)}^{+\infty} f_F(y)\mathrm{d}y = \alpha,$$

由 $F(n_1, n_2)$ 分布的上 α 分位点 $F_\alpha(n_1, n_2)$ 的非负性，上式等价于

$$P\left\{\frac{1}{F} < \frac{1}{F_\alpha(n_1, n_2)}\right\} = \int_{F_\alpha(n_1, n_2)}^{+\infty} f_F(y)\mathrm{d}y = \alpha$$

即

$$P\left\{\frac{1}{F} > \frac{1}{F_\alpha(n_1, n_2)}\right\} = 1 - \alpha$$

由 F 分布的性质：$\qquad\frac{1}{F} \sim F(n_2, n_1)$

易知 $\dfrac{1}{F_\alpha(n_1,n_2)}$ 就是 $F(n_2,n_1)$ 分布的上 $1-\alpha$ 分位点,

即
$$F_{1-\alpha}(n_1,n_2) = \frac{1}{F_\alpha(n_2,n_1)}.$$

6.3 正态总体的样本均值与样本方差的分布

设总体 X 的均值 μ 和方差 σ^2 均存在,$X_1,X_2,\cdots,X_n$ 是 X 的样本,则样本均值与样本方差有以下性质:

$$E(\overline{X}) = E\Big(\frac{1}{n}\sum_{i=1}^{n}X_i\Big) = \frac{1}{n}\sum_{i=1}^{n}E(X_i) = \frac{n\mu}{n} = \mu, \tag{6.16}$$

$$D(\overline{X}) = D\Big(\frac{1}{n}\sum_{i=1}^{n}X_i\Big) = \frac{1}{n^2}\sum_{i=1}^{n}D(X_i) = \frac{n\sigma^2}{n^2} = \frac{\sigma^2}{n}, \tag{6.17}$$

$$E(S^2) = E\Big(\frac{1}{n-1}\sum_{i=1}^{n}(X_i-\overline{X})^2\Big) = E\Big[\frac{1}{n-1}\sum_{i=1}^{n}(X_i^2 - n\overline{X}^2)\Big]$$

$$= \frac{1}{n-1}\Big[\sum_{i=1}^{n}E(X_i^2) - nE(\overline{X}^2)\Big]$$

$$= \frac{1}{n-1}\Big[\sum_{i=1}^{n}(\sigma^2+\mu^2) - n\Big(\frac{\sigma^2}{n}+\mu^2\Big)\Big] = \sigma^2,$$

即
$$E(S^2) = \sigma^2. \tag{6.18}$$

也即样本均值与样本方差总是以总体的均值和方差为期望值,因此在各种统计推断问题中,它们是两个最常用的基本统计量,故它们的分布问题是数理统计的基础研究内容. 下面,我们就对正态总体的样本均值与样本方差的抽样分布问题进行讨论.

定理 1:设 $X_1,X_2,\cdots,X_n$ 是来自正态总体 $N(\mu,\sigma^2)$ 的样本,$\overline{X}$ 和 S^2 分别是样本均值与样本方差,则有

(1) $\overline{X} \sim N\Big(\mu,\dfrac{\sigma^2}{n}\Big)$;

(2) $\dfrac{(n-1)S^2}{\sigma^2} \sim \chi^2(n-1)$;

(3) $\overline{X}$ 和 S^2 相互独立.

本定理的三个结论非常重要,结合 χ^2、t 和 F 分布的定义,原则上可解决一切有关正态总体均值(服从正态分布)和方差(有卡方分布描述)的统计推断问题,下面的两个定理可充分证明这一点.

例 1:设在总体 $N(\mu,\sigma^2)$ 中抽取一个容量为 16 的样本,这里 μ,σ^2 均未知.

(1) 求 $P\Big\{\dfrac{S^2}{\sigma^2} \leqslant 2.041\Big\}$,其中 S^2 为样本方差;

(2) 求 $D(S^2)$.

解:(1) 样本容量 $n=16$,由定理一知 $\dfrac{(n-1)S^2}{\sigma^2} = \dfrac{15S^2}{\sigma^2} \sim \chi^2(15)$,故

$$P\left\{\frac{S^2}{\sigma^2} \leqslant 2.041\right\} = P\left\{\frac{15S^2}{\sigma^2} \leqslant 15 \times 2.041\right\} = P\{\chi^2(15) \leqslant 30.615\}$$
$$= 1 - P\{\chi^2(15) > 30.615\} \approx 1 - 0.01 = 0.99.$$

这是一个推断样本方差与总体方差比值的问题,显然随着样本容量的增加,上述概率应该增大,如 $n = 20$ 时,计算结果为 0.995.

(2) $D\left\{\frac{15S^2}{\sigma^2}\right\} = \left\{\frac{15}{\sigma^2}\right\}^2 D(S^2) = 2 \times 15$,故 $D(S^2) = 2 \times 15 \times \left\{\frac{\sigma^2}{15}\right\}^2 = \frac{2\sigma^4}{15}$.

定理 2:设 $X_1, X_2, \cdots, X_n$ 是来自正态总体 $N(\mu, \sigma^2)$ 的样本,$\overline{X}$ 和 S^2 分别是样本均值与样本方差,则有

$$\frac{\overline{X} - \mu}{S/\sqrt{n}} \sim t(n-1).$$

证:由定理 1

$$\frac{\overline{X} - \mu}{\sigma/\sqrt{n}} \sim N(0,1), \ \frac{(n-1)S^2}{\sigma^2} \sim \chi^2(n-1),$$

且两者相互独立,由 t 分布的定义易得

$$\frac{\overline{X} - \mu}{\sigma/\sqrt{n}} \Big/ \sqrt{\frac{(n-1)S^2}{\sigma^2(n-1)}} = \frac{\overline{X} - \mu}{S/\sqrt{n}} \sim t(n-1).$$

本定理常用于小样本的正态总体均值的统计推断问题,对两个正态总体的统计问题常用以下定理.

定理 3:设 $X_1, X_2, \cdots, X_{n_1}$ 与 $Y_1, Y_2, \cdots, Y_{n_2}$ 分别是来自两个相互独立的正态总体 $N(\mu_1, \sigma_1^2)$ 和 $N(\mu_2, \sigma_2^2)$ 的样本. $\overline{X}$ 和 $\overline{Y}$ 分别是这两个样本的样本均值;S_1^2 和 S_2^2 分别是这两个样本的样本方差,则有

(1) $\frac{S_1^2/S_2^2}{\sigma_1^2/\sigma_2^2} \sim F(n_1-1, n_2-1)$;

(2) 当 $\sigma_1^2 = \sigma_2^2 = \sigma^2$ 时,

$$\frac{(\overline{X} - \overline{Y}) - (\mu_1 - \mu_2)}{S_w \sqrt{\frac{1}{n_1} + \frac{1}{n_2}}} \sim t(n_1 + n_2 - 2),$$

其中 $S_w^2 = \frac{(n_1-1)S_1^2 + (n_2-1)S_2^2}{n_1+n_2-2}, S_w = \sqrt{S_w^2}$.

证:(1) 由定理 2 知

$$\frac{(n_1-1)S_1^2}{\sigma_1^2} \sim \chi^2(n_1-1), \ \frac{(n_2-1)S_2^2}{\sigma_2^2} \sim \chi^2(n_2-1),$$

且两个样本相互独立,即 S_1^2 和 S_2^2 相互独立,则由 F 分布的定义,有

$$\frac{(n_1-1)S_1^2}{(n_1-1)\sigma_1^2} \Big/ \frac{(n_2-1)S_2^2}{(n_2-1)\sigma_2^2} \sim F(n_1-1, n_2-1),$$

即 $\frac{S_1^2/S_2^2}{\sigma_1^2/\sigma_2^2} \sim F(n_1-1, n_2-1)$.

(2) 由正态分布的可加性易知

$$\overline{X} - \overline{Y} \sim N\left(\mu_1 - \mu_2, \frac{\sigma^2}{n_1} + \frac{\sigma^2}{n_2}\right)$$

即
$$U = \frac{(\overline{X} - \overline{Y}) - (\mu_1 - \mu_2)}{\sigma\sqrt{\dfrac{1}{n_1} + \dfrac{1}{n_2}}} \sim N(0,1);$$

由 χ^2 分布的可加性知

$$V = \frac{(n_1 - 1)S_1^2}{\sigma^2} + \frac{(n_2 - 1)S_2^2}{\sigma^2} \sim \chi^2(n_1 + n_2 - 2).$$

由所给条件和定理 1(3)，易知 U 与 V 相互独立，则根据 t 分布的定义，有

$$\frac{U}{\sqrt{V/(n_1 + n_2 - 1)}} = \frac{(\overline{X} - \overline{Y}) - (\mu_1 - \mu_2)}{S_W\sqrt{\dfrac{1}{n_1} + \dfrac{1}{n_2}}} \sim t(n_1 + n_2 - 2).$$

以上所介绍的抽样分布都是针对正态总体情况得出的，对非正态总体，基本上无法用一个精确的解析式表达其统计量的分布. 但是，根据中心极限定理，只要方差有限，样本 k 阶原点矩 $\sum_{i=1}^{n} X_i^k$ 依分布收敛于正态分布，因此大样本的统计与推断还是可以进行的，不过小样本的统计推断就不能利用上述结果了.

习　题　6

1. 下面各量中哪些是随机变量？

(1) 总体均值

(2) 总体容量

(3) 样本容量

(4) 样本均值

(5) 样本方差

(6) 样本中的最大样本值

(7) 总体方差

2. 分别用切比雪夫不等式和中心极限定理计算需抛掷一枚硬币多少次才能使样本均值落在 0.4 到 0.6 之间的概率至少为 0.9？

3. 从正态总体 $N(12,4)$ 中随机抽取一容量为 5 的样本，试求：

(1) 样本均值与总体均值之差小于 1 的概率，

(2) 样本的极小值小于 10 的概率，

(3) 样本的极大值大于 15 的概率，

(4) 若要求样本均值与总体均值之差小于 1 的概率提高一个数量级，样本容量应为多少？

4. 设 $X_1, X_2, \cdots, X_{10}$ 为 $N(0, 0.09)$ 的一个样本，求概率 $P\left\{\sum_{i=1}^{10} X_i^2 > 1.44\right\}$ 的值.

5. 设总体 $X \sim b(1, p)$，$X_1, X_2, \cdots, X_n$ 是来自 X 的样本，求

(1) $(X_1, X_2, \cdots, X_n)$ 的分布律，

(2) $\sum\limits_{i=1}^{n} X_i$ 的分布律,

(3) $E(\overline{X})$、$D(\overline{X})$ 和 $E(S^2)$ 之值.

6. 设总体 $X \sim N(\mu, \sigma^2)$,$X_1, X_2, \cdots, X_{10}$ 是来自 X 的样本.

(1) 写出样本的分布密度函数,

(2) 写出样本均值的概率密度.

7. 试证明:

(1) 若 $T \sim t(n)$,则 $T^2 \sim F(1, n)$,

(2) $F_{1-\alpha}(n, m) = \dfrac{1}{F_\alpha(m, n)}$.

8. 设 (X_1, X_2) 是正态总体 $N(\mu, \sigma^2)$ 的一个样本,试证:$X_1 + X_2$ 与 $X_1 - X_2$ 是相互独立的.

9. 设总体 $X \sim N(0, 1)$,$X_1, X_2, \cdots, X_6$ 是它的样本.

(1) 设 $Y = (X_1 + X_2 + X_3)^2 + (X_4 + X_5 + X_6)^2$,试确定常数 C 使 CY 服从 χ^2 分布.

(2) 设 $Y = \dfrac{C(X_1 + X_2 + X_3)}{(X_4^2 + X_5^2 + X_6^2)^{\frac{1}{2}}}$,试确定常数 C 使 Y 服从 t 分布.

10. 试探讨:

(1) 如何利用 χ^2 分布计算概率 $P\left(a < \dfrac{S^2}{\sigma^2} < b\right)$,其中 S^2 是来自正态总体的样本方差,σ^2 是总体方差.

(2) 如何利用 F 分布计算概率 $P\left(\dfrac{S_1^2}{S_2^2} > c\right)$,其中 S_1^2 和 S_2^2 分别是来自两个独立正态总体的样本方差.

第7章 参数估计

在工程实际中遇到的随机变量(总体)一般都是根据经验大致知道其分布类型,但总体的参数(如总体的分布函数或概率密度函数中的参数)是未知的.因此需要通过样本来估计总体的参数,通常把这类问题称为参数估计,常用的两种估计方法是点估计法和区间估计法.点估计法是估计未知参数的大概值,并选取样本的一个函数值作为总体中未知参数的估计值;区间估计法是估计未知参数大概所在的区间范围,并选取样本的两个函数值作为总体中未知参数的估计区间限.

7.1 点 估 计

如果总体 X 的分布函数形式是已知的,但它的一个或多个参数是未知的,借助于总体 X 的一个样本来估计总体中未知参数的值的问题就称为参数的点估计问题.

具体说就是:如果总体 X 的分布函数 $F(x;\theta)$ 的形式已知,$\theta=(\theta_1,\theta_2,\cdots,\theta_k)$ 为待估参数,$(X_1,X_2,\cdots,X_n)$ 是来自总体 X 的一个样本,$(x_1,x_2,\cdots,x_n)$ 是相应的一个样本值,点估计问题就是要构造一个适当的统计量 $\hat{\theta}(X_1,X_2,\cdots,X_n)$ 来估计未知参数 θ. 称 $\hat{\theta}(X_1,X_2,\cdots,X_n)$ 为 θ 的**估计量**,其观察值 $\hat{\theta}(x_1,x_2,\cdots,x_n)$ 称为 θ 的**估计值**,在不至于混淆的情况下统称估计量和估计值为**估计**,都简单记为 $\hat{\theta}$. 由于估计值表示为数轴上的一个点,故称为点**估计**. 由于估计量是样本的函数,因此对于不同的样本,θ 的估计值一般是不相同的.

最常用的构造估计量的方法有矩估计法和最大似然估计法,下面分别来介绍这两种方法.

1. 矩估计法

矩估计法的基本思想是以样本矩来估计相应的总体矩,以样本矩的函数来估计相应的总体矩的函数.

设 X 为连续型随机变量,其概率密度为 $f(x;\theta_1,\theta_2,\cdots,\theta_k)$,或者 X 为离散型随机变量,其分布律为 $P\{X=x\}=p(x;\theta_1,\theta_2,\cdots,\theta_k)$,其中 $\theta_1,\theta_2,\cdots,\theta_k$ 为待估参数,$X_1,X_2,\cdots,X_n$ 是来自 X 的样本.一般来说,如果总体 X 的 k 阶原点矩 $\mu_l=E(X^l)(l=1,2,\cdots,k)$ 存在,它们是 $\theta_1,\theta_2,\cdots,\theta_k$ 的函数,则有:

$$\mu_l=E(X^l)=\int_{-\infty}^{\infty}x^lf(x;\theta_1,\theta_2,\cdots,\theta_k)\mathrm{d}x(X\ 为连续型)$$

或 $\mu_l=E(X^l)=\sum_{x\in R_X}x^lp(x;\theta_1,\theta_2,\cdots,\theta_k),p=1,2,\cdots,k(X\ 为离散型);l=1,2,\cdots,k$

由于样本分布函数收敛于总体分布函数,样本矩依概率收敛于总体矩,样本矩的连续函数依概率收敛于相应的总体矩的连续函数,因此,我们用样本矩

$$A_l = \frac{1}{n}\sum_{i=1}^{n} X_i^l$$

作为相应的总体矩 $\mu_l(l=1,2,\cdots,k)$ 的估计量,以样本矩的连续函数作为相应的总体矩的连续函数的估计量.这种估计方法就称为**矩估计法**.用矩估计法构造未知参数估计量的基本步骤如下:

(1) 计算出 $E(X),E(X^2),\cdots,E(X^k)$,可记

$$E(X^l) = \mu_l(\theta_1,\theta_2,\cdots,\theta_k), l=1,2,\cdots,k.$$

(2) 近似替换,列出方程组:

$$\begin{cases} \mu_1(\theta_1,\theta_2,\cdots,\theta_k) = \dfrac{1}{n}\sum_{i=1}^{n} X_i \\ \mu_2(\theta_1,\theta_2,\cdots,\theta_k) = \dfrac{1}{n}\sum_{i=1}^{n} X_i^2 \\ \qquad\vdots \qquad\qquad\qquad \vdots \\ \mu_k(\theta_1,\theta_2,\cdots,\theta_k) = \dfrac{1}{n}\sum_{i=1}^{n} X_i^k \end{cases} \tag{7.1}$$

(3) 解此方程组,若

$$\theta_l = h_l(X_1,X_2,\cdots,X_n), l=1,2,\cdots,k$$

是方程组的解,则以 $h_l(X_1,X_2,\cdots,X_n)$ 作为 θ_l 的估计量 $\hat{\theta}$, $l=1,2,\cdots,k$,并称

$$\hat{\theta}_l = h_l(X_1,X_2,\cdots,X_n), l=1,2,\cdots,k$$

为 $\theta_l(l=1,2,\cdots,k)$ 的**矩估计量**,其观察值称为**矩估计值**.

例1:设总体 X 的均值 μ 和方差 σ^2 都存在,$X_1,X_2,\cdots,X_n$ 是来自 X 的样本.试求 μ 和 σ^2 的矩估计量,并依据样本观察值:$-1.20\ 0.82\ 0.12\ 0.45\ -0.85\ -0.30$,计算 μ 和 σ^2 的矩估计值.

解:由于

$$\begin{cases} \mu_1 = E(X) = \mu \\ \mu_2 = E(X^2) = D(X) + [E(X)]^2 = \sigma^2 + \mu^2 \end{cases}$$

令

$$\begin{cases} \mu = A_1 = \dfrac{1}{n}\sum_{i=1}^{n} X_i \\ \sigma^2 + \mu^2 = A_2 = \dfrac{1}{n}\sum_{i=1}^{n} X_i^2 \end{cases}$$

从中解出 μ 和 σ^2 作为其估计量,得到

$$\hat{\mu} = \overline{X}, \tag{7.2}$$

$$\hat{\sigma}^2 = \frac{1}{n}\sum_{i=1}^{n} X_i^2 - \overline{X}^2 = \frac{1}{n}\sum_{i=1}^{n} (X_i - \overline{X})^2 = B_2. \tag{7.3}$$

即样本均值 $\overline{X}$ 是总体均值 μ 的矩估计,样本的二阶中心矩 $B_2 = S^2(n-1)/n$ 是总体方差 σ^2

的矩估计.但更多的是以 S^2 估计 σ^2,其原因将在估计量的评选标准中进行介绍.

代入样本值 $(-1.20\ 0.82\ 0.12\ 0.45-0.85-0.30)$,得到其矩估计值

$$\hat{\mu}=-0.16, \hat{\sigma}^2=0.50$$

例 2:设总体 X 在 $[a,b]$ 上服从均匀分布,a、b 未知.$X_1,X_2,\cdots,X_n$ 是来自 X 的样本,试求 a、b 的矩估计量.

解:由于

$$\begin{cases}\mu_1=E(X)=(a+b)/2\\ \mu_2=E(X^2)=D(X)+[E(X)]^2=(b-a)^2/12+(a+b)^2/4\end{cases}$$

解得

$$a=\mu_1-\sqrt{3(\mu_2-\mu_1^2)},b=\mu_1+\sqrt{3(\mu_2-\mu_1^2)}$$

分别以 A_1,A_2 代替 μ_1,μ_2,得到的 a,b 矩估计量分别为:

$$\hat{a}=A_1-\sqrt{3(A_2-A_1^2)}=\overline{X}-\sqrt{3\left(\frac{1}{n}\sum_{i=1}^n X_i^2-\overline{X}^2\right)}=\overline{X}-\sqrt{\frac{3}{n}\sum_{i=1}^n(X_i-\overline{X})^2},$$

$$\hat{b}=A_1+\sqrt{3(A_2-A_1^2)}=\overline{X}+\sqrt{3\left(\frac{1}{n}\sum_{i=1}^n X_i^2-\overline{X}^2\right)}=\overline{X}+\sqrt{\frac{3}{n}\sum_{i=1}^n(X_i-\overline{X})^2}.$$

例 3:设总体服从泊松分布,即

$$p(x;\theta)=p\{X=x\}=\frac{1}{x!}\theta^x e^{-\theta},0<\theta<+\infty,x=0,1,2,\cdots$$

试求 θ 的矩估计量.

解:由于 $E(X)=\theta$,得 θ 的矩估计量 $\hat{\theta}=\overline{X}$;又由于 $D(X)=\theta$,故得 θ 的另一个矩估计量 $\hat{\theta}=B_2$.由此可见一个参数的矩估计量不是唯一的.

2. 最大似然估计法

如果有两个射击手,甲的命中率为 0.9,乙的命中率为 0.1,现在他们中的一个向目标射击一次,结果命中了,估计是谁射击的?对于这样一个实际问题,要做出合理的解释,我们可以借助一种新的方法.

最大似然估计就是要选取这样的统计量 $\hat{\theta}$,当它作为 θ 的估计值时,使观察结果(即样本)出现的可能性最大.例如上一个例子中,甲的命中率为 0.9,乙的命中率为 0.1,由此来推算是谁射中,甲射中目标的概率为 $0.9/(0.9+0.1)=90\%$ 是最能被接受的.

因此,设 X 为离散型随机变量,分布函数 $P(X=x)=p(x;\theta)$,θ 为待估参数,Θ 为 θ 的可能取值范围 $(\theta\in\Theta)$,x 为 X 的可能值.对于来自总体 X 的样本 $(X_1,X_2,\cdots,X_n)$ 及其观察值 $(x_1,x_2,\cdots,x_n)$,显然有:

$$P(X=x_i)=p(x_i;\theta),i=1,2,\cdots,n.$$

由于 $X_1,X_2,\cdots,X_n$ 相互独立且与总体 X 同分布,故观察值 $(x_1,x_2,\cdots,x_n)$ 的概率,亦即事件 $\{X_1=x_1,X_2=x_2,\cdots,X_n=x_n\}$ 发生的概率为

$$L(\theta)=L(x_1,x_2,\cdots,x_n;\theta)=\prod_{i=1}^n p(x_i;\theta). \tag{7.4}$$

这个概率 $L(\theta)$ 是 θ 的函数,称为样本$(x_1,x_2,\cdots,x_n)$的**似然函数**(这里 $x_1,x_2,\cdots,x_n$ 是已知的样本值,它们都是常数).

由费希尔(R. A. Fisher)引进的最大似然估计法,就是固定样本观察值 $x_1,x_2,\cdots,x_n$,在 θ 取值的可能范围内,挑选使似然函数 $L(\theta)$ 达到最大的参数值 $\hat{\theta}$,作为参数 θ 的估计值.即取 $\hat{\theta}$ 使

$$L(x_1,x_2,\cdots,x_n;\hat{\theta}) = \max_{\theta \in \Theta} L(x_1,x_2,\cdots,x_n;\theta).$$

如此得到的 $\hat{\theta}$ 显然与样本$(x_1,x_2,\cdots,x_n)$有关,记为 $\hat{\theta}(x_1,x_2,\cdots,x_n)$,并称为参数 θ 的**最大似然估计值**,而相应的统计量 $\hat{\theta}(X_1,X_2,\cdots,X_n)$ 称为参数 θ 的**最大似然估计量**.

若 X 为连续型随机变量,其概率密度函数为 $f(x;\theta)$,θ 为待估参数,由于样本与总体同分布且不同样本间相互独立,故样本$(X_1,X_2,\cdots,X_n)$的联合概率密度是

$$L(\theta) = L(x_1,x_2,\cdots,x_n;\theta) = \prod_{i=1}^{n} f(x_i;\theta). \tag{7.5}$$

取定样本值$(x_1,x_2,\cdots,x_n)$,$L(\theta)$ 是参数 θ 的函数,称为样本$(x_1,x_2,\cdots,x_n)$的似然函数.如果 $L(\theta)$ 在 $\hat{\theta}$ 处达到极大值,则称 $\hat{\theta}$ 是 θ 的**最大似然估计**.

求最大似然估计的问题可归结为微分学中求最大值的问题,在一般情形下,$p(x;\theta)$ 和 $f(x;\theta)$ 关于 θ 可微.由于 $\ln L(\theta)$ 与 $L(\theta)$ 在相同的位置达到极大值,为计算方便,常常只需求 $\ln L(\theta)$ 的极大值点即可.我们称

$$\begin{cases} \dfrac{\partial \ln L(\theta)}{\partial \theta_1} = 0 \\ \quad\vdots \\ \dfrac{\partial \ln L(\theta)}{\partial \theta_K} = 0 \end{cases} \tag{7.6}$$

为**似然方程组**.显然,$\theta = (\theta_1,\theta_2,\cdots,\theta_K)$ 的最大似然估计 $\hat{\theta} = (\hat{\theta}_1,\hat{\theta}_2,\cdots,\hat{\theta}_K)$ 是似然方程组的解.

例 4:设总体 X 服从参数 λ 的泊松分布,$\lambda > 0$,为未知参数,$(X_1,X_2,\cdots,X_n)$ 是 X 的样本,$x_1,x_2,\cdots,x_n$ 是样本观察值,求 λ 的最大似然估计量.

解:X 的分布律为 $p(x;\lambda) = P\{X=x\} = \dfrac{\lambda^x}{x!}e^{-\lambda}$,$x=1,2,3,\cdots$.似然函数为:

$$L(\lambda) = \prod_{i=1}^{n} p(x_i;\lambda) = \prod_{i=1}^{n} \frac{\lambda^{x_i}}{x_i!}e^{-\lambda} = \frac{1}{\prod\limits_{i=1}^{n} x_i!}\lambda^{\sum\limits_{i=1}^{n} x_i} e^{-n\lambda}$$

取对数,有

$$\ln L(\lambda) = \sum_{i=1}^{n} x_i \ln\lambda - n\lambda - \ln\prod_{i=1}^{n} x_i!$$

令

$$\frac{d\ln L(\lambda)}{d\lambda} = \frac{1}{\lambda}\sum_{i=1}^{n} x_i - n = 0$$

解得 λ 的最大似然估计值 $\hat{\lambda} = \dfrac{1}{n} \sum_{i=1}^{n} x_i = \overline{x}$,所以,$\lambda$ 的最大似然估计量为 $\hat{\lambda} = \overline{X}$.

例 5:设连续型随机变量 X 服从指数分布,即 X 的密度函数为:

$$f(x;\theta) = \begin{cases} \dfrac{1}{\theta} \mathrm{e}^{-\frac{x}{\theta}}, x > 0 \\ 0, x \leqslant 0 \end{cases}$$

其中 $\theta > 0$ 为参数,$(x_1, x_2, \cdots, x_n)$ 为 X 的一组样本观察值,求 θ 的最大似然估计.

解:似然函数为

$$L(x_1, x_2, \cdots, x_n; \theta) = \prod_{i=1}^{n} \frac{1}{\theta} \mathrm{e}^{-\frac{x_i}{\theta}} = \frac{1}{\theta^n} \mathrm{e}^{-\frac{1}{\theta} \sum\limits_{i=1}^{n} x_i},$$

所以

$$\ln L = -n \ln\theta - \frac{1}{\theta} \sum_{i=1}^{n} x_i,$$

$$\frac{\mathrm{d}\ln L}{\mathrm{d}\theta} = -\frac{n}{\theta} + \frac{1}{\theta^2} \sum_{i=1}^{n} x_i$$

令

$$-\frac{n}{\theta} + \frac{1}{\theta^2} \sum_{i=1}^{n} x_i = 0$$

解得

$$\hat{\theta} = \frac{1}{n} \sum_{i=1}^{n} x_i = \overline{x}$$

即 $\overline{x}$ 为 θ 的最大似然估计.

例 6:某电子管的使用寿命(单位:h)服从指数分布,概率密度见例 5,今抽取一组样本,其具体数据如下:

$$1067 \ 919 \ 1196 \ 785 \ 1126 \ 936 \ 918 \ 1156 \ 920 \ 948$$

试估计其平均寿命.

解:根据例 5 的结果,平均寿命即参数 θ 用样本均值来估计,于是

$$\hat{\theta} = \frac{1}{n} \sum_{i=1}^{n} x_i = 997.1 \ (\mathrm{h})$$

为平均寿命 θ 的最大似然估计值.

7.2　估计量的评选标准

当用矩估计法和最大似然估计法对同一问题的同一个参数估计时,有时候得到的结果可能不同,这就无法确定用哪种方法估计好,当然希望估计量能代表真实参数. 根据不同的要求,评价估计量的好坏的标准也不同,因此就涉及用什么样的标准来评价估计量了. 所以下面介绍三种最常用的标准.

1. 无偏性

根据样本推得的估计值可能不同,然而,如果有一系列抽样构成各个估计,很合理地会

要求这些估计的期望值与未知参数的真值相等.它的直观意义是样本估计量的数值在参数的真值周围摆动,而无系统误差,即 $E(\hat{\theta})-\theta=0$.因此如果 $E(\hat{\theta})=\theta$ 成立,则称估计量 $\hat{\theta}$ 为参数 θ 的**无偏估计量**,所以无偏估计的实际意义就是无系统误差.

例 1:设 $E(X)=\mu$ 和 $D(X)=\sigma^2$ 存在,$(X_1,X_2,\cdots,X_n)$ 是来自总体 X 的样本,试证样本均值 $\overline{X}$ 及样本方差 S^2 分别是 μ 及 σ^2 的无偏估计.

证:$E(\overline{X})=E\left(\dfrac{1}{n}\sum\limits_{i=1}^{n}X_i\right)=\dfrac{1}{n}\sum\limits_{i=1}^{n}E(X_i)=\dfrac{1}{n}n\mu=\mu$,即样本均值 $\overline{X}$ 是总体均值 μ 的无偏估计.

$$D(\overline{X})=D\left(\frac{1}{n}\sum_{i=1}^{n}X_i\right)=\frac{1}{n^2}\sum_{i=1}^{n}D(X_i)=\frac{1}{n}\sigma^2,$$

$$E(S^2)=E\left[\frac{1}{n-1}\sum_{i=1}^{n}(X_i-\overline{X})^2\right]=\frac{1}{n-1}E\sum_{i=1}^{n}[X_i-\mu-(\overline{X}-\mu)]^2$$

$$=\frac{1}{n-1}E\left[\sum_{i=1}^{n}(X_i-\mu)^2-n(\overline{X}-\mu)^2\right]$$

$$=\frac{1}{n-1}\sum_{i=1}^{n}E(X_i-\mu)^2-\frac{n}{n-1}E(\overline{X}-\mu)^2$$

$$=\frac{1}{n-1}n\sigma^2-\frac{n}{n-1}\frac{\sigma^2}{n}=\sigma^2$$

即样本方差 S^2 是总体方差 σ^2 的无偏估计.这就是我们为什么不将样本方差 S^2 定义为:$S^2=\dfrac{1}{n}\sum\limits_{i=1}^{n}(X_i-\overline{X})^2$,而是 $S^2=\dfrac{1}{n-1}\sum\limits_{i=1}^{n}(X_i-\overline{X})^2$ 的原因.

例 2:设总体 X 服从指数分布,其概率密度为

$$f(x;\theta)=\begin{cases}\dfrac{1}{\theta}e^{-x/\theta},x>0,\\0,其他.\end{cases}$$

其中参数 $\theta>0$ 为未知,又设 $X_1,X_2,\cdots,X_n$ 是来自 X 的样本.

试证 $\overline{X}$ 和 $nZ=n[\min(X_1,X_2,\cdots,X_n)]$ 都是无偏估计量.

证:因为 $E(\overline{X})=E(X)=\theta$,所以 $\overline{X}$ 是 θ 的无偏估计量.而 $Z=\min(X_1,X_2,\cdots,X_n)$ 具有概率密度

$$f_{\min}(x;\theta)=\begin{cases}\dfrac{n}{\theta}e^{-nx/\theta},x>0,\\0,其他.\end{cases}$$

故知 $$E(Z)=\frac{\theta}{n},\ E(nZ)=\theta.$$

即 nZ 也是参数 θ 的无偏估计量.由此可见,一个未知参数可以有不同的无偏估计量.

2. 有效性

根据前面的介绍,我们知道总体的某一参数的无偏估计量往往不止一个,而且无偏性仅

仅表明 $\hat{\theta}$ 所有可能取的值按概率平均等于 θ，有可能它取的值大部分与 θ 相差很大. 为保证 $\hat{\theta}$ 的取值能集中于 θ 附近，自然要求 $\hat{\theta}$ 的方差越小越好.

因此，设 $(X_1,X_2,\cdots,X_n)$ 为样本，$\hat{\theta}_1$ 和 $\hat{\theta}_2$ 是 θ 的两个无偏估计量，若 $D(\hat{\theta}_1)<D(\hat{\theta}_2)$，则称 $\hat{\theta}_1$ 是比 $\hat{\theta}_2$ 有效的估计量. 如果在 θ 的一切无偏估计量中，$\hat{\theta}$ 的方差最小，则称 $\hat{\theta}$ 为 θ 的**有效估计**. 实际上，样本均值 $\overline{X}$ 是总体均值 μ 的有效估计.

所以一个无偏有效估计量的取值是在可能范围内最密集于 θ 附近的. 也就是说，它以最大的概率保证该估计量的观察值在未知参数的真值 θ 附近摆动.

例 3：比较下面总体期望 μ 的两个无偏估计的有效性（设方差为 σ^2）.

(1) $\overline{X}=\dfrac{1}{n}\sum\limits_{i=1}^{n}X_i$；

(2) $\overline{X}'=\sum\limits_{i=1}^{n}k_iX_i\Big/\sum\limits_{i=1}^{n}k_i\quad\left(\sum\limits_{i=1}^{n}k_i\neq0\right)$.

解：$E(\overline{X})=E(\overline{X}')=\mu,D(\overline{X})=\dfrac{1}{n}\sigma^2,\ D(\overline{X}')=\dfrac{\sum\limits_{i=1}^{n}k_i^2}{\left(\sum\limits_{i=1}^{n}k_i\right)^2}\sigma^2$

利用初等不等式 $\left(\sum\limits_{i=1}^{n}k_i\right)^2\leqslant n\sum\limits_{i=1}^{n}k_i^2$，得

$$D(\overline{X}')\geqslant\frac{\sum\limits_{i=1}^{n}k_i^2}{n\sum\limits_{i=1}^{n}k_i^2}\sigma^2=\frac{1}{n}\sigma^2=D(\overline{X})$$

故 $\overline{X}$ 比 $\overline{X}'$ 有效.

3. 相合性

无偏性和有效性都是在样本容量 n 固定的前提下提出的. 有时往往希望当 $n\to\infty$ 时，估计值 $\hat{\theta}\xrightarrow{P}\theta$，这就是说，当样本容量 n 无限增大时，估计值 $\hat{\theta}$ 非常接近参数真值的概率趋近于 1.

因此，如果当 $n\to\infty$ 时，$\hat{\theta}$ 依概率收敛于 θ，即对任意 $\varepsilon>0$，有

$$\lim_{n\to\infty}P\{|\hat{\theta}-\theta|<\varepsilon\}=1,$$

则 $\hat{\theta}$ 称为参数 θ 的**相合估计量**，有时也叫**一致估计量**.

相合性是对于极限性质而言的，它只在样本容量较大时才起作用.

7.3　区 间 估 计

在点估计中，只给出了未知参数 θ 的估计值，而未能给出这种估计的可靠程度以及这种

估计可能产生的误差大小. 对于一个未知参数,除了求出它的点估计外,人们往往还希望给出一个估计区间,并希望知道这个区间包含 θ 的可靠程度. 通常把这种形式的估计称为区间估计,这样的区间称为置信区间.

设总体 X 的分布函数 $F(x;\theta)$ 含有一个未知参数 $\theta,\theta\in\Theta$(Θ 是 θ 可能取值的范围),对于给定值 $\alpha(0<\alpha<1)$,若由来自 X 的样本 $(X_1,X_2,\cdots,X_n)$ 确定的两个统计量 $\hat{\theta}_1=\hat{\theta}_1(X_1,X_2,\cdots,X_n)$ 和 $\hat{\theta}_2=\hat{\theta}_2(X_1,X_2,\cdots,X_n)(\hat{\theta}_1<\hat{\theta}_2)$,对于任意 $\theta\in\Theta$ 满足

$$P\{\hat{\theta}_1<\theta<\hat{\theta}_2\}\geqslant 1-\alpha \tag{7.7}$$

则称随机区间 $(\hat{\theta}_1,\hat{\theta}_2)$ 为 θ 的**置信区间**,$\hat{\theta}_1$ 和 $\hat{\theta}_2$ 分别称为**置信下限**和**置信上限**,$1-\alpha$ 称为**置信水平**,也称为**置信概率**或**置信度**. 通常,将"θ 的置信水平为 $1-\alpha$ 的置信区间"简称为"**θ 的 $1-\alpha$ 置信区间**".

式(7.7) 表示的是随机区间 $(\hat{\theta}_1,\hat{\theta}_2)$ 包含常数 θ 的概率为 $1-\alpha$. 因此,$(\hat{\theta}_1,\hat{\theta}_2)$ 的实际意义可理解为:固定样本容量 n,独立抽取 100 个容量为 n 的样本,用同样方法做 100 个置信区间,按贝努里大数定理,平均有 $(1-\alpha)\times 100$ 个区间包含真参数 θ.

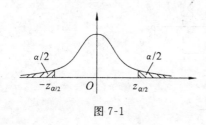

图 7-1

当 α 很小,例如 $\alpha\leqslant 0.05$ 时,用同样方法做的 100 个置信区间中,平均至少有 95 个区间包含真参数 θ. 因此,即使我们实际上只做了一次区间估计,也有理由认为它包含了真参数 θ. 这种判断当然也可能犯错误,但犯错误的概率很小,仅仅为 α.

图 7-1 给出 θ 的置信区间的图形.

置信区间的长度不仅与其构造方法有关,而且与样本容量 n 有关. 人们总是希望:

(1) 置信区间的平均长度 $E(\hat{\theta}_2-\hat{\theta}_1)$ 较小;

(2) 置信概率 $1-\alpha$ 较大.

这就要求有较大的样本量 n. 如果在实际问题中,由于客观条件的限制不可能使 n 很大,也可以适当降低可靠程度,即把 α 取得稍大一些,以提高区间估计的精度. 当然,如何选取 n 和 α 要视具体情况而定. 我们将在后面章节结合具体情况介绍区间估计的方法.

7.4   正态总体均值与方差的区间估计

本节中只对正态总体中的均值或方差进行区间估计.

1. 单个正态总体均值与方差的置信区间

设总体 X 服从正态分布 $N(\mu,\sigma^2)$,$(X_1,X_2,\cdots,X_n)$ 是来自 X 的样本.

1) σ^2 已知,均值 μ 的置信区间

由上一章内容可知:

$$u=\frac{\overline{X}-\mu}{\sigma/\sqrt{n}}\sim N(0,1) \tag{7.8}$$

对于给定的 α,查附表可确定 $z_{\alpha/2}$,使 $P(|u| < z_{\alpha/2}) = 1 - \alpha$,即

$$P\left\{\overline{X} - \frac{\sigma}{\sqrt{n}}z_{\alpha/2} < \mu < \overline{X} + \frac{\sigma}{\sqrt{n}}z_{\alpha/2}\right\} = 1 - \alpha$$

因此 μ 的 $1 - \alpha$ 置信区间是

$$(\overline{X} - z_{\alpha/2}\sigma/\sqrt{n}, \ \overline{X} + z_{\alpha/2}\sigma/\sqrt{n}) \tag{7.9}$$

例 1:设随机抽测某规格激光管电流数据(单位:mA) 如下:

$$170 \ \ 180 \ \ 270 \ \ 280 \ \ 250 \ \ 270 \ \ 290 \ \ 270 \ \ 230 \ \ 170$$

由以往资料,该规格激光管电流服从正态分布,方差为 25,求该规格激光管电流的总体期望 μ 的 95% 置信区间.

解:由于 $\alpha = 0.05$,查表得 $z_{\alpha/2} = 1.96$,而 $n = 10$,$\sigma = 5$,计算出 $\overline{x} = 238$. 根据式(7.9) 得到 μ 的 95% 置信区间

$$\left(238 - \frac{5}{\sqrt{10}} \times 1.96, 238 + \frac{5}{\sqrt{10}} \times 1.96\right) = (234.9, 241.1).$$

2) σ^2 未知,均值 μ 的置信区间

由于 σ^2 未知,不能使用式(7.9)给出的区间,因为其中含有未知参数 σ. 考虑到 S^2 是 σ^2 的无偏估计,由上一章内容可知:

$$t = \frac{\overline{X} - \mu}{S/\sqrt{n}} \sim t(n-1) \tag{7.10}$$

并且式(7.10) 右边的分布 $t(n-1)$ 不依赖于任何未知参数. 可得

$$P\left\{-t_{\alpha/2}(n-1) < \frac{\overline{X} - \mu}{S/\sqrt{n}} < t_{\alpha/2}(n-1)\right\} = 1 - \alpha$$

化简得:

$$P\left\{\overline{X} - \frac{S}{\sqrt{n}}t_{\alpha/2}(n-1) < \mu < \overline{X} + \frac{S}{\sqrt{n}}t_{\alpha/2}(n-1)\right\} = 1 - \alpha$$

所以 μ 的一个置信水平为 $1 - \alpha$ 的置信区间为

$$\left(\overline{X} \pm \frac{S}{\sqrt{n}}t_{\alpha/2}(n-1)\right). \tag{7.11}$$

例 2:为估计某电子产品的产量,以某厂三个月生产的元件作为总体的一个个体,并从中任意抽得 24 个个体,分别测得产品的产量(单位:个 / 月) 如下:

$$50 \ \ 42 \ \ 32 \ \ 46 \ \ 35 \ \ 44 \ \ 45 \ \ 38 \ \ 35 \ \ 54 \ \ 42 \ \ 36$$
$$41 \ \ 34 \ \ 39 \ \ 50 \ \ 43 \ \ 36 \ \ 34 \ \ 49 \ \ 35 \ \ 46 \ \ 38 \ \ 43$$

试估计该产品的平均产量的范围(假定产品产量服从正态分布),置信度为 $1 - \alpha = 0.95$.

解:经计算得 $\overline{x} = 41.125$,$s = 6.038$,$n - 1 = 23$,查表得 $t_{\alpha/2}(23) = 2.0687$. 所以

$$\frac{s}{\sqrt{n}}t_{\alpha/2}(23) = \frac{6.038 \times 2.0687}{\sqrt{24}} = 2.55.$$

由式(7.11)得到某厂三个月生产的元件平均产量的 0.95 置信区间为

$$(41.125 - 2.55, 41.125 + 2.55) = (38.575, 43.675).$$

3) μ 已知,方差 σ^2 的置信区间

由于总体均值已知,注意到样本与总体同分布,且不同的样本之间相互独立,因此就有

$$\frac{1}{\sigma^2} \sum_{i=1}^{n} (X_i - \mu)^2 = \sum_{i=1}^{n} \left(\frac{X_i - \mu}{\sigma} \right)^2 \sim \chi^2(n) \qquad (7.12)$$

故由

$$P\left\{ \chi^2_{1-\alpha/2}(n) < \frac{1}{\sigma^2} \sum_{i=1}^{n} (X_i - \mu)^2 < \chi^2_{\alpha/2}(n) \right\} = 1 - \alpha$$

可得 σ^2 的 $1 - \alpha$ 置信区间为

$$\left(\frac{\sum_{i=1}^{n} (X_i - \mu)^2}{\chi^2_{\alpha/2}(n)}, \frac{\sum_{i=1}^{n} (X_i - \mu)^2}{\chi^2_{1-\alpha/2}(n)} \right). \qquad (7.13)$$

4）μ 未知，方差 σ^2 的置信区间

由于 σ^2 的无偏估计为 S^2，由上一章可知

$$\frac{(n-1)S^2}{\sigma^2} \sim \chi^2(n-1),$$

并且上式右端的分布不依赖于任何未知参数，故有

$$P\left\{ \chi^2_{1-\alpha/2}(n-1) < \frac{(n-1)S^2}{\sigma^2} < \chi^2_{\alpha/2}(n-1) \right\} = 1 - \alpha$$

即

$$P\left\{ \frac{(n-1)S^2}{\chi^2_{\alpha/2}(n-1)} < \sigma^2 < \frac{(n-1)S^2}{\chi^2_{1-\alpha/2}(n-1)} \right\} = 1 - \alpha$$

因而可得方差 σ^2 的置信度为 $1 - \alpha$ 的置信区间为

$$\left(\frac{(n-1)S^2}{\chi^2_{\alpha/2}(n-1)}, \frac{(n-1)S^2}{\chi^2_{1-\alpha/2}(n-1)} \right). \qquad (7.14)$$

由此可得标准差 σ 的置信度为 $1 - \alpha$ 的置信区间为

$$\left(\frac{\sqrt{(n-1)}S}{\sqrt{\chi^2_{\alpha/2}(n-1)}}, \frac{\sqrt{(n-1)}S}{\sqrt{\chi^2_{1-\alpha/2}(n-1)}} \right). \qquad (7.15)$$

例 3：在上例中，估计该厂三个月生产的元件产量的方差范围（$\alpha = 0.05$）.

解：经计算得 $(n-1)s^2 = 838.625$，查表得：

$$\chi^2_{1-0.05/2}(23) = 11.689, \chi^2_{0.05/2}(23) = 38.076$$

由式（7.14）得 σ^2 的 0.95 置信区间为（22.025，71.745）.

2. 两个正态总体均值差与方差比的置信区间

对于两个正态总体，往往只关心它们的均值差 $\mu_1 - \mu_2$ 和方差比 $\frac{\sigma_1^2}{\sigma_2^2}$，因此下面介绍两个

正态总体均值差 $\mu_1 - \mu_2$ 和方差比 $\frac{\sigma_1^2}{\sigma_2^2}$ 的区间估计问题.

设正态总体 X 服从正态分布 $N(\mu_1, \sigma_1^2)$，正态总体 Y 服从正态分布 $N(\mu_2, \sigma_2^2)$，且总体 X 与总体 Y 相互独立，$(X_1, X_2, \cdots, X_{n_1})$ 和 $(Y_1, Y_2, \cdots, Y_{n_2})$ 分别是来自总体 X 和 Y 的样本，则有

$$\overline{X} - \overline{Y} \sim N\left(\mu_1 - \mu_2, \frac{\sigma_1^2}{n_1} + \frac{\sigma_2^2}{n_2}\right),$$

$$\frac{\overline{X} - \overline{Y} - (\mu_1 - \mu_2)}{\sqrt{\frac{\sigma_1^2}{n_1} + \frac{\sigma_2^2}{n_2}}} \sim N(0,1). \tag{7.16}$$

1）σ_1^2, σ_2^2 均已知时 $\mu_1 - \mu_2$ 的置信区间

由式（7.16）可知 $\mu_1 - \mu_2$ 的一个置信水平为 $1 - \alpha$ 置信区间为

$$\left(\overline{X} - \overline{Y} - z_{\alpha/2}\sqrt{\frac{\sigma_1^2}{n_1} + \frac{\sigma_2^2}{n_2}}, \overline{X} - \overline{Y} + z_{\alpha/2}\sqrt{\frac{\sigma_1^2}{n_1} + \frac{\sigma_2^2}{n_2}}\right). \tag{7.17}$$

2）σ_1^2, σ_2^2 均未知，但在大样本条件下 $\mu_1 - \mu_2$ 的置信区间

在 n_1, n_2 都很大（一般要求 $n_1, n_2 \geqslant 50$）时，我们可以用 σ_1^2, σ_2^2 的无偏估计量 S_1^2, S_2^2 来代替式（7.17）中的 σ_1^2, σ_2^2 进行计算，即可得到大样本时 $\mu_1 - \mu_2$ 的 $1 - \alpha$ 置信区间为

$$\left(\overline{X} - \overline{Y} - z_{\alpha/2}\sqrt{\frac{S_1^2}{n_1} + \frac{S_2^2}{n_2}}, \overline{X} - \overline{Y} + z_{\alpha/2}\sqrt{\frac{S_1^2}{n_1} + \frac{S_2^2}{n_2}}\right). \tag{7.18}$$

3）σ_1^2, σ_2^2 均未知，但 $\sigma_1^2 = \sigma_2^2 = \sigma^2$ 时 $\mu_1 - \mu_2$ 的置信区间

由上一章内容可知

$$(n_1 - 1)S_1^2/\sigma^2 \sim \chi^2(n_1 - 1), (n_2 - 1)S_2^2/\sigma^2 \sim \chi^2(n_2 - 1), \tag{7.19}$$

故

$$(n_1 - 1)S_1^2/\sigma^2 + (n_2 - 1)S_2^2/\sigma^2 = [(n_1 - 1)S_1^2 + (n_2 - 1)S_2^2]/\sigma^2 \sim \chi^2(n_1 + n_2 - 2)$$

因为两总体相互独立，又 $\overline{X}$ 与 S_1^2，$\overline{Y}$ 与 S_2^2 均相互独立，故有

$$t = \frac{\dfrac{\overline{X} - \overline{Y} - (\mu_1 - \mu_2)}{\sqrt{\frac{\sigma_1^2}{n_1} + \frac{\sigma_2^2}{n_2}}}}{\sqrt{\dfrac{(n_1 - 1)S_1^2 + (n_2 - 1)S_2^2}{(n_1 + n_2 - 2)^2}}} = \frac{\overline{X} - \overline{Y} - (\mu_1 - \mu_2)}{\sqrt{\dfrac{(n_1 - 1)S_1^2 + (n_2 - 1)S_2^2}{(n_1 + n_2 - 2)^2}\left(\frac{1}{n_1} + \frac{1}{n_2}\right)}} \sim t(n_1 + n_2 - 2)$$

由

$$P\{|t| < t_{\alpha/2}\} = 1 - \alpha$$

可得 $\mu_1 - \mu_2$ 的 $1-\alpha$ 置信区间为

$$\left(\overline{X} - \overline{Y} \pm t_{\alpha/2}(n_1 + n_2 - 2)\sqrt{\frac{(n_1 - 1)S_1^2 + (n_2 - 1)S_2^2}{(n_1 + n_2 - 2)}\left(\frac{1}{n_1} + \frac{1}{n_2}\right)}\right) \tag{7.20}$$

例 4：拟通过 A_2, A_1 两种光照强度的对比实验，为在某公司推广这两种光照强度提供依据. 取该公司有代表性的激光管 120 只随机分为数量相同的两组，分别测得其暗电流大小（单位：mA），并算得

$$\overline{X} = 47.44, S_1^2 = 18.2, \overline{Y} = 40.25, S_2^2 = 15.12.$$

试估计光照强度 A_2, A_1 所引起的暗电流大小差 $\mu_1 - \mu_2$ 所在的范围（$\alpha = 0.05$）.

解：该问题属于未知 σ_1^2, σ_2^2 的大样本估计，可用式（7.16）得 $\mu_1 - \mu_2$ 的 0.95 置信区间为

$$\left(47.44-40.25-1.96\sqrt{\frac{18.2}{60}+\frac{15.12}{60}},47.44-40.25+1.96\sqrt{\frac{18.2}{60}+\frac{15.12}{60}}\right),$$

即光照强度 A_2,A_1 所引起的暗电流大小差 $\mu_1-\mu_2$ 的所在范围为 $(5.73,8.65)$mA.

4）μ_1,μ_2 均已知时，方差比 $\frac{\sigma_1^2}{\sigma_2^2}$ 的 $1-\alpha$ 置信区间

由式（7.12）可知

$$\sum_{i=1}^{n_1}(X_i-\mu_1)^2/\sigma_1^2\sim\chi^2(n_1),\sum_{i=1}^{n_2}(Y_i-\mu_2)^2/\sigma_2^2\sim\chi^2(n_2).$$

由 F 分布的定义知

$$F=\frac{\dfrac{1}{n_1}\sum\limits_{i=1}^{n_1}(X_i-\mu_1)^2}{\dfrac{1}{n_2}\sum\limits_{i=1}^{n_2}(Y_i-\mu_2)^2}\bigg/\frac{\sigma_1^2}{\sigma_2^2}\sim F(n_1,n_2). \tag{7.21}$$

故由

$$P\{F_{1-\alpha/2}(n_1,n_2)<F<F_{\alpha/2}(n_1,n_2)\}=1-\alpha, \tag{7.22}$$

可知方差比 $\frac{\sigma_1^2}{\sigma_2^2}$ 的 $1-\alpha$ 置信区间为

$$\left[\frac{\dfrac{1}{n_1}\sum\limits_{i=1}^{n_1}(X_i-\mu_1)^2}{\dfrac{1}{n_2}\sum\limits_{i=1}^{n_2}(Y_i-\mu_2)^2}\frac{1}{F_{\frac{\alpha}{2}}(n_1,n_2)},\frac{\dfrac{1}{n_1}\sum\limits_{i=1}^{n_1}(X_i-\mu_1)^2}{\dfrac{1}{n_2}\sum\limits_{i=1}^{n_2}(Y_i-\mu_2)^2}\frac{1}{F_{1-\frac{\alpha}{2}}(n_1,n_2)}\right] \tag{7.23}$$

5）μ_1,μ_2 均未知时，方差比 $\frac{\sigma_1^2}{\sigma_2^2}$ 的 $1-\alpha$ 置信区间

由式（7.19）及 F 分布的定义可知：

$$F=\frac{S_1^2}{S_2^2}\bigg/\frac{\sigma_1^2}{\sigma_2^2}\sim F(n_1-1,n_2-1). \tag{7.24}$$

类似于可得方差比 $\frac{\sigma_1^2}{\sigma_2^2}$ 的 $1-\alpha$ 置信区间为

$$\left(\frac{S_1^2}{S_2^2}\frac{1}{F_{\frac{\alpha}{2}}(n_1-1,n_2-1)},\frac{S_1^2}{S_2^2}\frac{1}{F_{1-\frac{\alpha}{2}}(n_1-1,n_2-1)}\right). \tag{7.25}$$

例 5：有两位化验员 A、B，他们独立地对某种聚合物的含氯量用相同的方法各做了 10 次测定，其测定值的方差分别是

$$S_A^2=0.5419,S_B^2=0.6065.$$

设 σ_A^2 与 σ_B^2 分别是 A、B 所测量的数据总体（设为正态分布）的方差，求方差比 σ_A^2/σ_B^2 的 0.95 置信区间.

解：已知 $n_A=10,n_B=10,S_A^2=0.5419,S_B^2=0.6065,\alpha=0.05$. 查表得

$$F_{1-\frac{\alpha}{2}}(9,9)=F_{0.975}(9,9)=\frac{1}{F_{0.025}(9,9)}=0.248,F_{\frac{\alpha}{2}}(9,9)=F_{0.025}(9,9)=4.03$$

由式（7.25）得 σ_A^2/σ_B^2 的 0.95 置信区间为 $(0.222,3.601)$.

7.5　非正态总体参数的区间估计

1. 非正态总体均值的大样本估计

设 X 为非正态总体，$(X_1, X_2, \cdots, X_n)$ 是来自 X 的大样本(一般要求 $n \geqslant 50$)，则由中心极限定理，我们可近似地认为

$$u = \frac{\overline{X} - \mu}{\sigma/\sqrt{n}} \sim N(0,1). \tag{7.26}$$

1) 当 σ^2 已知时

μ 的 $1-\alpha$ 置信区间为

$$\left(\overline{X} - u_{\frac{\alpha}{2}} \frac{\sigma}{\sqrt{n}}, \overline{X} + u_{\frac{\alpha}{2}} \frac{\sigma}{\sqrt{n}}\right) \triangleq \left(\overline{X} \pm u_{\frac{\alpha}{2}} \frac{\sigma}{\sqrt{n}}\right). \tag{7.27}$$

2) 当 σ^2 未知时

用 S 取代 σ，可以证明 $\dfrac{\overline{X} - \mu}{S/\sqrt{n}}$ 的分布函数当 $n \to \infty$ 时收敛到标准正态分布函数 $\Phi(x)$，因此当 n 充分大时，可用

$$\left(\overline{X} - u_{\frac{\alpha}{2}} \frac{S}{\sqrt{n}}, \overline{X} + u_{\frac{\alpha}{2}} \frac{S}{\sqrt{n}}\right) \tag{7.28}$$

作为 μ 的 $1-\alpha$ 置信区间.

例1：设采取等概重复的抽样方式，由某块林地上的全部林木所组成的总体中抽取了 60 株林木组成样本. 由样本中各林木的树高资料，可算得 $\overline{x} = 22.145$ m，$s = 2.495$ m，试求该林地上全部林木的平均高度的 0.95 置信区间.

解：由式(7.28)，全部林木的平均高度的 0.95 置信区间为

$$\left(22.145 \pm 1.96 \times \frac{2.495}{\sqrt{60}}\right) = (21.5137, 22.7763).$$

2. 两个非未知总体均值差的大样本估计

设 X 与 Y 是两个独立的未知总体，$(X_1, X_2, \cdots, X_{n_1})$ 和 $(Y_1, Y_2, \cdots, Y_{n_2})$ 分别是来自总体 X 和 Y 的大样本，则由式(7.26)，我们可以近似认为

$$\frac{(\overline{X} - \overline{Y}) - (\mu_1 - \mu_2)}{\sqrt{\frac{\sigma_1^2}{n_1} + \frac{\sigma_2^2}{n_2}}} \sim N(0,1). \tag{7.29}$$

1) σ_1^2, σ_2^2 均已知时

由式(7.29)易推出 $\mu_1 - \mu_2$ 的 $1-\alpha$ 置信区间为

$$\left((\overline{X} - \overline{Y}) \pm u_{\frac{\alpha}{2}} \sqrt{\frac{\sigma_1^2}{n_1} + \frac{\sigma_2^2}{n_2}}\right). \tag{7.30}$$

2) σ_1^2, σ_2^2 均未知时

由于是大样本,故可用 S_1^2, S_2^2 分别代替 σ_1^2, σ_2^2 进行计算,故可得 $\mu_1 - \mu_2$ 的 $1-\alpha$ 置信区间为

$$\left((\overline{X} - \overline{Y}) \pm u_{\frac{\alpha}{2}} \sqrt{\frac{S_1^2}{n_1} + \frac{S_2^2}{n_2}} \right). \tag{7.31}$$

7.6　总体频率的区间估计

总体频率又称总体百分率或总体成数,它是指总体中具有某种特点的个体在总体的个体数中所占的比率,比如产品的次品率、种子的发芽率、造林成活率,等等.

假如令具有某种特点的个体取值为 1,不具有该种特点的个体取值为 0,则该总体 X 就是服从(0-1)分布的随机变量,分布律为

X	0	1
P	$1-p$	p

故总体频率 p 的区间估计一般都称为(0-1)分布参数的区间估计.

由于 $E(X) = p, D(X) = p(1-p)$,故由矩估计法确定 p 的点估计为 $\overline{X}$,即 $\hat{p} = \overline{X}$.

对于抽自(0-1)分布总体的样本 $(X_1, X_2, \cdots, X_n)$,当 n 较大时,由中心极限定理可近似认为

$$\overline{X} \sim N\left(p, \frac{p(1-p)}{n} \right), \tag{7.32}$$

即近似认为

$$u = \frac{\overline{X} - p}{\sqrt{\frac{p(1-p)}{n}}} \sim N(0,1). \tag{7.33}$$

类似于前面的方法,对给定的 α,可由

$$P\left\{ \frac{|\overline{X} - p|}{\sqrt{\frac{p(1-p)}{n}}} < u_{\frac{\alpha}{2}} \right\} \approx 1 - \alpha \tag{7.34}$$

确定 p 的置信区间不等式 $\dfrac{|\overline{X} - p|}{\sqrt{\frac{p(1-p)}{n}}} < u_{\frac{\alpha}{2}}$,

等价于

$$(n + u_{\frac{\alpha}{2}}^2) p^2 - (2n\overline{X} + u_{\frac{\alpha}{2}}^2) p + n\overline{X}^2 < 0.$$

若记

$$\begin{cases} \hat{p}_1 = \dfrac{1}{2a}(-b-\sqrt{b^2-4ac}) \\ \hat{p}_2 = \dfrac{1}{2a}(-b+\sqrt{b^2-4ac}) \end{cases} \tag{7.35}$$

其中

$$a = n + u_{\frac{\alpha}{2}}^2, b = -(2n\overline{X}+u_{\frac{\alpha}{2}}^2), c = n\overline{X}^2, \tag{7.36}$$

则所求置信区间为$(\hat{p}_1,\hat{p}_2)$.

另外,当 n 较大时,若将式(7.34)中的 $\sqrt{\dfrac{p(1-p)}{n}}$ 用 $\sqrt{\dfrac{\overline{X}(1-\overline{X})}{n}}$ 来代替,则可得到 p 的另一种形式的近似的置信区间

$$\left(\overline{X}-u_{\frac{\alpha}{2}}\sqrt{\dfrac{\overline{X}(1-\overline{X})}{n}},\overline{X}+u_{\frac{\alpha}{2}}\sqrt{\dfrac{\overline{X}(1-\overline{X})}{n}}\right). \tag{7.37}$$

由式(7.37)计算所产生的误差较式(7.36)的稍大些,但式(7.37)计算方便,且 n 越大,两式的结果越接近.

例 1:为检查一批电子产品的合格率,用重复抽样方式,由该批电子产品中抽取 400 只进行观察,结果在所观察的 400 只中有 376 只是正常的,试以 0.95 的置信概率,估计该批电子产品的合格率的置信区间.

解:(1)用式(7.36)估计:$n=400,\overline{x}=\dfrac{376}{400}=0.94,u_{\frac{\alpha}{2}}=u_{0.025}=1.96,a=n+u_{\frac{\alpha}{2}}^2=403.8416,b=-(2n\overline{x}+u_{\frac{\alpha}{2}}^2)=-755.8416,c=n\overline{x}^2=353.44$,
代入式(7.35)算得

$$\hat{p}_1=\dfrac{1}{2a}(-b-\sqrt{b^2-4ac})=0.9123, \hat{p}_2=\dfrac{1}{2a}(-b+\sqrt{b^2-4ac})=0.9594.$$

故该批电子产品的合格率的 0.95 置信区间为(0.9123,0.9594).

(2)用式(7.37)估计:

$$u_{\frac{\alpha}{2}}\sqrt{\dfrac{\overline{X}(1-\overline{X})}{n}}=1.96\times\sqrt{\dfrac{0.94(1-0.94)}{400}}=0.0233,$$

故 p 的 0.95 置信区间为 $(0.94-0.0233,0.94+0.0233)=(0.9167,0.9633)$.

以上两种方法所得的结果非常接近.

习 题 7

1. 设 $X_1,X_2,\cdots,X_n$ 是来自总体 X 的一个样本,求下述各总体的概率密度或分布律中的未知参数的矩估计量.

(1) $f(x)=\begin{cases}(\theta+1)x^\theta, & 0<x<1 \\ 0, & 其他\end{cases}$,其中 $\theta>-1$ 是未知参数;

(2) $P(X=k)=p(1-p)^{k-1},k=1,2,\cdots$,其中 $0<p<1$ 是未知参数;

(3) $f(x,\theta)=\begin{cases}2e^{-2(x-\theta)}, & x\geqslant\theta \\ 0, & x<\theta\end{cases}$,其中 $\theta>0$ 为未知参数;

(4) $p(x;a) = \begin{cases} \dfrac{2}{a^2}(a-x), & 0 < x < a \\ 0, & \text{其他} \end{cases}$，其中 a 为未知参数.

2. 求上题中各未知参数的最大似然估计量.

3. 设总体 X 是用无线电测距仪测量距离的误差，它服从 (α,β) 上的均匀分布，在 200 次测量中，误差为 x_i 的次数有 n_i 次：

x_i	3	5	7	9	11	13	15	17	19	21
n_i	21	16	15	26	22	14	21	22	18	25

求 α,β 的矩法估计值.（注：这里测量误差为 x_i 是指测量误差在 $(x_i-1,x_i+1]$ 间的代表值.）

4. 设总体 X 服从参数为 λ 的泊松分布，从中抽取样本 $X_1,X_2,\cdots,X_n$，求 λ 的最大似然估计.

5. 设 X_1,X_2 是取自 $N(\mu,1)$ 的一个容量为 2 的样本，试证下列三个估计量均为无偏估计：
$$\hat{\mu}_1 = \frac{2}{3}X_1 + \frac{1}{3}X_2;\ \hat{\mu}_2 = \frac{1}{4}X_1 + \frac{3}{4}X_2;\ \hat{\mu}_3 = \frac{1}{2}(X_1+X_2)$$
并指出哪一个估计量最有效.

6. 从一台机床加工的轴承中，随机抽取 200 件，测量其椭圆度，得样本均值 $\bar{x} = 0.081$ mm，并由累积资料知道椭圆度服从 $N(\mu,0.025^2)$，试求 μ 的置信度为 0.95 的置信区间.

7. 用一仪表测量一物理量 9 次，得 $\bar{x} = 30.1,s = 6$，试求该物理量真值的置信水平为 0.95 的置信区间（假定测量结果服从正态分布）.

8. 已知某种木材的横纹抗压力服从 $N(\mu,\sigma^2)$，现对九个试件做横纹抗压力试验，得数据如下：(kg/cm²)
$$482,493,457,510,446,435,418,394,469$$
(1) 求 μ 的置信水平为 0.95 的置信区间；
(2) 求 σ 的置信水平为 0.95 的置信区间.

9. 设某公司所属的两个分店的月营业额分别服从 $N(\mu_i,\sigma^2),i=1,2$. 现从第一分店抽取了容量为 40 的样本，求得平均月营业额为 $\bar{x}_1 = 22653$ 万元，样本标准差为 $s_1 = 64.8$ 万元；第二分店抽取了容量为 30 的样本，求得平均月营业额为 $\bar{x}_2 = 12291$ 万元，样本标准差为 $s_2 = 62.2$ 万元. 试求 $\mu_1 - \mu_2$ 的置信水平为 0.95 的区间估计.

10. 设有两个化验员 A 与 B 独立对某种聚合物中的含氯量用同一方法各做 10 次测定，其测定值的方差分别为 $s_A^2 = 0.5419,s_B^2 = 0.6065$. 假定各自的测定值分别服从正态分布，方差分别为 σ_A^2 与 σ_B^2，求 σ_A^2/σ_B^2 的置信水平为 0.90 的置信区间.

11. 设某种钢材的强度服从 $N(\mu,\sigma^2)$，现从中获得容量为 10 的样本，求得样本均值 $\bar{x} = 41.3$，样本标准差 $s = 1.05$.
(1) 求 μ 的置信水平为 0.95 的置信下限；
(2) 求 σ 的置信水平为 0.90 的置信上限.

第8章 假设检验

与点估计一样,假设检验也是一种重要的统计推断方法.在点估计中,是利用样本信息给出待估参数的一个估计值;而假设检验则是先对总体的未知参数提出某种假设,然后再利用样本信息对所提出的假设做出是接受,还是拒绝的判断,即验证假设是否成立.假设检验是做出这一判断的过程.

例如:食盐工厂要求食盐包装是 500 克一包,在一批产品生产出来之后,先要通过抽样检验看是否 500 克一包,只有确认了是 500 克一包之后才能出厂,否则只好收回重包.

这个问题也就是利用样本信息检验假设 $H_0: \mu = 500$ 是否成立(若用 X 表示食盐重量,假设 $X \sim N(\mu, \sigma^2)$).

8.1 假设检验的基本思想与概念

1. 假设检验的基本思想及推理方法

假设检验就是先对总体 X 的未知参数,如概率分布或分布参数作某种假设,然后根据抽样得到的样本观测值,运用数理统计的分析方法,检验这种假设是否正确,从而决定接受或拒绝假设.

例 1:某工厂在正常情况下生产电灯泡的使用寿命服从正态分布 $N(1\,600, 80^2)$(寿命单位:小时).某天从该厂生产的一批灯泡中随机抽取 10 个,测得它们的寿命均值 $\bar{x} = 1548$ 小时.如果灯泡寿命的标准差不变,能否认为该天生产的灯泡寿命均值 $\mu = 1600$ 小时?

解:已知该天生产的灯泡的寿命 $X \sim N(\mu, \sigma_0^2)$,由于标准差不变,所以 $\sigma_0 = 80$.这里 μ 未知,问题是根据样本值来判断 $\mu = 1600$,还是 $\mu < 1600$.为此,我们提出两个相互对立的假设:

$$H_0: \mu = \mu_0 = 1600$$

和

$$H_1: \mu < \mu_0.$$

称假设 H_0 为**原假设**(或**零假设**),称假设 H_1 为**备择假设**(意指在原假设被拒绝后可供选择的假设).假设检验的目的就是要在原假设 H_0 与备择假设 H_1 之间选择其一:若拒绝原假设 H_0,则接受备择假设 H_1;否则就接受 H_0.

为此,我们必须先从样本出发,构造一个合适的**检验统计量** z 与**拒绝域** C,然后根据样本观测值 $(x_1, x_2, \cdots, x_n)$ 作判断:当 $(x_1, x_2, \cdots, x_n) \in C$ 时拒绝原假设 H_0,接受备择假设 H_1;否则(暂时)接受原假设 H_0.

我们知道,样本均值 $\overline{X}$ 是总体均值 μ 的无偏估计,故首先选取 $\overline{X}$ 这一统计量作为检验统

计量. 如果假设 H_0 为真,则观察值 $\bar{x}$ 与 μ_0 的偏差 $|\bar{x}-\mu_0|$ 一般不应太大. 若 $|\bar{x}-\mu_0|$ 过分大,我们就怀疑假设 H_0 的正确性而拒绝 H_0,并考虑到当 H_0 为真时 $\dfrac{\bar{x}-\mu_0}{\sigma/\sqrt{n}} \sim N(0,1)$. 而衡量 $|\bar{x}-\mu_0|$ 的大小可归结为衡量 $\dfrac{\bar{x}-\mu_0}{\sigma/\sqrt{n}}$ 的大小. 所以,我们可以适当选定一个正数 k,使当观察值满足 $\dfrac{|\bar{x}-\mu_0|}{\sigma/\sqrt{n}} \geqslant k$ 时就拒绝假设 H_0,反之,若 $\dfrac{|\bar{x}-\mu_0|}{\sigma/\sqrt{n}} < k$,就接受假设 H_0.

由此,拒绝域应该形如 $C = \left\{ \dfrac{|\bar{x}-\mu_0|}{\sigma/\sqrt{n}} \geqslant k \right\}$,其中 k 为该拒绝域的边界点,称为**临界点**. 由下式确定:

$$P_{\mu_0}\left\{ \frac{|\bar{x}-\mu_0|}{\sigma/\sqrt{n}} \geqslant k \right\} = \alpha,$$

这里 α 为给定值,称为**显著性水平**.

由于当 H_0 为真时,$Z = \dfrac{|\bar{x}-\mu_0|}{\sigma/\sqrt{n}} \sim N(0,1)$,由标准正态分布分位点的定义得:

$$k = z_{\alpha/2}$$

因而,若 Z 的观察值满足

$$|z| = \frac{|\bar{x}-\mu_0|}{\sigma/\sqrt{n}} \geqslant k = z_{\alpha/2},$$

则拒绝 H_0,而若

$$|z| = \frac{|\bar{x}-\mu_0|}{\sigma/\sqrt{n}} < k = z_{\alpha/2},$$

则接受 H_0.

例如,在本例中,如果取显著性水平 $\alpha = 0.05$,则拒绝域为

$$C = \left\{ \frac{|\bar{x}-\mu_0|}{\sigma/\sqrt{n}} \geqslant k \right\} = \left\{ |z| = \frac{|\bar{x}-\mu_0|}{\sigma/\sqrt{n}} \geqslant z_{1-\frac{\alpha}{2}} = 1.96 \right\}$$

现在抽样检查的结果是

$$|z| = \frac{|1548-1600|}{80/\sqrt{10}} \approx 2.06 \geqslant 1.96,$$

即样本观测值落入拒绝域,因此,应当拒绝原假设 H_0,接受备择假设 H_1,即认为该天生产的灯泡的寿命均值 $\mu \neq 1600$ 小时.

注:(1) 假设检验是根据小概率事件的实际不可能性原理来进行推断的. 在原假设 H_0 成立时,$(x_1, x_2, \cdots, x_n) \in C$ 是小概率事件. 若小概率事件竟然发生,我们就有理由怀疑前提假设 H_0 的正确性,从而作出拒绝原假设 H_0 的判断.

(2) 假设检验的结论与选取的显著性水平 α 有关. 上例中,若改取显著性水平 $\alpha = 0.01$,则拒绝域变为

$$C = \left\{ \frac{|\bar{x}-\mu_0|}{\sigma/\sqrt{n}} \geqslant k \right\} = \left\{ |z| = \frac{|\bar{x}-\mu_0|}{\sigma/\sqrt{n}} \geqslant z_{1-\frac{\alpha}{2}} = 2.58 \right\},$$

此时没有充分理由拒绝原假设 H_0,即可认为该天生产的灯泡寿命均值 $\mu = 1600$ 小时.

2. 假设检验的两类错误

1) 第一类错误 —— 弃真

原假设 H_0 事实上是真的,但由于检验统计量的观察值落入拒绝域中,从而导致拒绝 H_0.这时犯了"弃真"的错误,即将正确的假设摒弃了,这一类错误我们称为**第一类错误**.记犯第一类错误的概率为 α,则有

$$P\{拒绝\ H_0 \mid H_0\ 为真\} = \alpha, \tag{8.1}$$

上式也可记为

$$P_{H_0}\{拒绝\ H_0\} = \alpha.$$

在本例中,上式可写成

$$P_{H_0}\left\{\frac{|\overline{x} - \mu_0|}{\sigma/\sqrt{n}} \geqslant k\right\} = \alpha. \tag{8.2}$$

2) 第二类错误 —— 取伪

原假设 H_0 事实上是伪的,但由于检验统计量的观察值没有落在拒绝域中,从而导致接受 H_0.这时犯了"取伪"的错误,即接受了错误的假设,这一类错误我们称为**第二类错误**.记犯第二类错误的概率为 β,则有

$$P\{接受\ H_0 \mid H_0\ 为假\} = \beta, \tag{8.3}$$

上式也可记为

$$P_{H_1}\{接受\ H_0\} = \beta.$$

在本例中,上式可写成

$$P_{H_1}\left\{\frac{|\overline{x} - \mu_0|}{\sigma/\sqrt{n}} < k\right\} = \beta. \tag{8.4}$$

犯两类错误的概率当然是越小越好,但当样本容量固定时,不可能同时把 α,β 都减到很小.因此,假设检验所遵循的原则是:在控制犯第一类错误的概率 α 的条件下,寻找检验法则(或拒绝域 C),使得犯第二类错误的概率 β 达到最小.因为如果只控制犯第一类错误的概率 α,而不考虑犯第二类错误的概率 β,那么寻找拒绝域 C 只涉及原假设 H_0,而与备择假设 H_1 无关,这种统计假设检验问题称为**显著性检验问题**,此时 α 又称为检验的**显著性水平**.

3. 单边检验

诸如例 1 的检验问题通常叙述成:在显著性水平 α 下,检验假设

$$H_0: \mu = \mu_0 \leftrightarrow H_1: \mu \neq \mu_0. \tag{8.5}$$

形如式(8.5)中的备择假设 H_1,表示 μ 可能大于 μ_0,也可能小于 μ_0,称为**双边备择假设**,而称形如式(8.5)的假设检验为**双边假设检验**.

有时候,我们只关心总体均值是否增大,例如,试验新技术以提高产品的硬度等.这时,所考虑的总体的均值应该越大越好.如果我们能判断在新技术下总体均值较以往正常生产的大,则可考虑用新技术.此时,我们需要检验假设

$$H_0: \mu \leqslant \mu_0 \leftrightarrow H_1: \mu > \mu_0. \tag{8.6}$$

形如式(8.6)的假设检验,称为**右边检验**.类似地,有时我们需要检验假设

$$H_0: \mu \geqslant \mu_0 \leftrightarrow H_1: \mu < \mu_0. \tag{8.7}$$

形如式(8.7)的假设检验,称为**左边检验**.右边检验和左边检验统称为**单边检验**.

单边检验也有拒绝域,下面来讨论单边检验的问题.

设总体 $X \sim N(\mu, \sigma^2)$, σ 为已知,$(X_1, X_2, \cdots, X_n)$ 是来自 X 的样本.给定显著性水平 α.求检验问题

$$H_0: \mu \leqslant \mu_0 \leftrightarrow H_1: \mu > \mu_0.$$

的拒绝域.

因为 H_0 中的全部 μ 都比 H_1 中的小,当 H_1 为真时,观察值 $\overline{x}$ 往往偏大,因此,拒绝域的形式为

$$\overline{x} \geqslant k \ (k \text{ 是某一正常数})$$

下面来讨论常数 k 的确定.

$$P\{\text{当 } H_0 \text{ 为真时拒绝 } H_0\} = P_{\mu \in H_0}\{\overline{X} \geqslant k\}$$

$$= P_{\mu \leqslant \mu_0}\left\{\frac{\overline{X} - \mu_0}{\sigma/\sqrt{n}} \geqslant \frac{k - \mu_0}{\sigma/\sqrt{n}}\right\}$$

$$\leqslant P_{\mu \leqslant \mu_0}\left\{\frac{\overline{X} - \mu}{\sigma/\sqrt{n}} \geqslant \frac{k - \mu_0}{\sigma/\sqrt{n}}\right\}$$

上式不等号成立是因为 $\mu \leqslant \mu_0$, $\dfrac{\overline{X} - \mu}{\sigma/\sqrt{n}} \geqslant \dfrac{\overline{X} - \mu_0}{\sigma/\sqrt{n}}$, 事件 $\left\{\dfrac{\overline{X} - \mu_0}{\sigma/\sqrt{n}} \geqslant \dfrac{k - \mu_0}{\sigma/\sqrt{n}}\right\} \subset \left\{\dfrac{\overline{X} - \mu}{\sigma/\sqrt{n}} \geqslant \dfrac{k - \mu_0}{\sigma/\sqrt{n}}\right\}$.

要使 $P\{\text{当 } H_0 \text{ 为真时拒绝 } H_0\} \leqslant \alpha$,只需令

$$P_{\mu \leqslant \mu_0}\left\{\frac{\overline{X} - \mu}{\sigma/\sqrt{n}} \geqslant \frac{k - \mu_0}{\sigma/\sqrt{n}}\right\} = \alpha. \tag{8.8}$$

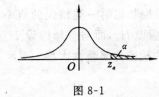

图 8-1

由于 $\dfrac{\overline{X} - \mu}{\sigma/\sqrt{n}} \sim N(0,1)$,由式(8.8)可得到 $\dfrac{k - \mu_0}{\sigma/\sqrt{n}} = z_\alpha$,如图 8-1 所示,可得 $k = \mu_0 + \dfrac{\sigma}{\sqrt{n}} z_\alpha$,所以检验问题式(8.6)的拒绝域为

$$\overline{x} \geqslant \mu_0 + \frac{\sigma}{\sqrt{n}} z_\alpha,$$

即

$$z = \frac{\overline{x} - \mu_0}{\sigma/\sqrt{n}} \geqslant z_\alpha. \tag{8.9}$$

类似,可由式(8.7)得到左边检验问题

$$H_0: \mu \geqslant \mu_0 \leftrightarrow H_1: \mu < \mu_0.$$

的拒绝域为

$$z = \frac{\overline{x} - \mu_0}{\sigma/\sqrt{n}} \leqslant -z_\alpha. \tag{8.10}$$

4. 显著性假设检验的一般步骤

(1) 建立原假设 H_0;

(2) 根据检验对象,构造合适的统计量;

(3) 求出在假设 H_0 成立的条件下,该统计量服从的概率分布;

(4) 选择显著性水平 α,确定临界值;

(5) 根据样本值计算统计量的观察值,由此做出接受或拒绝 H_0 的结论.

例 2:某厂在正常情况下生产的合金强度服从正态分布 $N(\theta, 16)$,其中 θ 不低于 110(Pa).某天随机抽取 25 块合金,测得它们的强度均值 $\overline{x} = 108$(Pa).试问当日生产是否正常?(显著性水平 $\alpha = 0.05$)

解:已知总体 $X \sim N(\theta, 16)$,要检验假设

$$H_0 : \theta \geqslant 110 \leftrightarrow H_1 : \theta < 110.$$

可选取检验统计量

$$z = \frac{\overline{X} - 110}{4/\sqrt{n}}$$

在显著性水平 $\alpha = 0.05$ 下的拒绝域为

$$C = \{z < z_\alpha = -1.645\}.$$

现在抽样检查的结果是

$$z = \frac{108 - 110}{4/\sqrt{25}} = -2.5 < -1.645,$$

即样本观测值落入拒绝域,因此,应当拒绝原假设 H_0,接受备择假设 H_1,即:在显著性水平 $\alpha = 0.05$ 时可认为当日生产不正常.

8.2 单个正态总体的假设检验

设总体 $X \sim N(\mu, \sigma^2)$,$(X_1, X_2, \cdots, X_n)$ 是来自 X 的样本,样本均值及方差分别为 $\overline{X} = \frac{1}{n} \sum_{i=1}^{n} X_i$,$S^2 = \frac{1}{n-1} \sum_{i=1}^{n} (X_i - \overline{X})^2$.现在讨论如何对总体均值和总体方差进行假设检验.

1. 均值 μ 的检验

1) σ^2 已知,关于 μ 的检验(Z 检验法)

在上一节中已经讨论过这一类问题,我们都是利用标准正态分布的统计量

$$Z = \frac{\overline{X} - \mu_0}{\sigma/\sqrt{n}}$$

来确定拒绝域的.这种检验法常称为 Z 检验法.

2) σ^2 未知,关于 μ 的检验(t 检验法)

设总体 $X \sim N(\mu, \sigma^2)$,其中 μ, σ^2 未知,要求检验问题

$$H_0 : \mu = \mu_0 \leftrightarrow H_1 : \mu \neq \mu_0 \tag{8.11}$$

的拒绝域(显著性水平为 α).

设$(X_1,X_2,\cdots,X_n)$是来自总体 X 的样本.此时,由于 σ 未知,则不能用 $\dfrac{\overline{X}-\mu_0}{\sigma/\sqrt{n}}$ 来确定拒绝域了.而由于 S^2 是 σ^2 的无偏估计,我们可以利用 S 来代替 σ,用

$$T=\frac{\overline{X}-\mu_0}{S/\sqrt{n}}$$

作为检验统计量.当观察值 $|t|=\left|\dfrac{\overline{x}-\mu_0}{s/\sqrt{n}}\right|$ 过分大时就拒绝 H_0,拒绝域的形式为

$$|t|=\left|\frac{\overline{x}-\mu_0}{s/\sqrt{n}}\right|\geqslant k$$

由第 6 章内容可知,当 H_0 为真时,$\dfrac{\overline{X}-\mu_0}{S/\sqrt{n}}\sim t(n-1)$,故由

$$P\{当\ H_0\ 为真时拒绝\ H_0\}=P_{\mu_0}\left\{\left|\frac{\overline{X}-\mu_0}{S/\sqrt{n}}\right|\geqslant k\right\}=\alpha$$

得 $k=t_{\alpha/2}(n-1)$,即得拒绝域为

$$|t|=\left|\frac{\overline{x}-\mu_0}{s/\sqrt{n}}\right|\geqslant t_{\alpha/2}(n-1).\tag{8.12}$$

对于单个正态总体,当 σ^2 未知时,关于 μ 的单边检验的拒绝域如表 8-1.

上述利用 t 统计量得出的检验法称为 t **检验法**.

表 8-1 给出了单个正态总体均值 μ 的检验.

表 8-1　　　　　　　单个正态总体均值 μ 的检验

检验法	条件	原假设 H_0	备择假设 H_1	检验统计量	拒绝域 C
Z 检验法	$\sigma=\sigma_0$	$\mu=\mu_0$	$\mu\neq\mu_0$	$Z=\dfrac{\overline{X}-\mu_0}{\sigma/\sqrt{n}}\sim N(0,1)$	$|Z|\geqslant z_{\alpha/2}$
		$\mu\leqslant\mu_0$	$\mu>\mu_0$		$Z\geqslant z_\alpha$
		$\mu\geqslant\mu_0$	$\mu<\mu_0$		$Z\leqslant-z_\alpha$
t 检验法	σ 未知	$\mu=\mu_0$	$\mu\neq\mu_0$	$T=\dfrac{\overline{X}-\mu_0}{S/\sqrt{n}}\sim t(n-1)$	$|T|\geqslant t_{\alpha/2}(n-1)$
		$\mu\leqslant\mu_0$	$\mu>\mu_0$		$T\geqslant t_\alpha(n-1)$
		$\mu\geqslant\mu_0$	$\mu<\mu_0$		$T\leqslant-t_\alpha(n-1)$

例1:已知某种电子元件的平均寿命为 3 000 小时.采用新技术后抽查 20 个,测得电子元件寿命的样本均值 $\overline{x}=3100$ 小时,样本标准差 $s=170$ 小时.设电子元件的寿命服从正态分布,试问采用新技术后电子元件的平均寿命是否有显著提高?(取显著性水平 $\alpha=0.01$).

解:设采用新技术后电子元件的寿命 $X\sim N(\mu,\sigma^2)$,依题意,要检验的假设是

$$H_0:\mu\leqslant\mu_0=3000\leftrightarrow H_1:\mu>\mu_0$$

因为 σ 未知,所以应选取检验统计量

$$T = \frac{\overline{X} - \mu_0}{S/\sqrt{n}} \sim t(n-1);$$

在显著性水平 $\alpha = 0.01$ 下的拒绝域为

$$C = \{T \geqslant t_\alpha(n-1) = t_{0.01}(19) = 2.54\}.$$

计算检验统计量 T 的观测值得:

$$T = \frac{\overline{x} - \mu_0}{s/\sqrt{n}} = \frac{3100 - 3000}{\dfrac{170}{\sqrt{20}}} \approx 2.63.$$

因为 $T \geqslant t_\alpha(n-1)$,在拒绝域内,所以在显著性水平 $\alpha = 0.01$ 下,拒绝原假设 H_0,接受备择假设 H_1,即可认为采用新技术后电子元件的平均寿命有显著提高.

2. 方差 σ^2 的检验

设总体 $X \sim N(\mu, \sigma^2)$,其中 μ, σ^2 都未知,要求检验假设(显著性水平为 α):

$$H_0 : \sigma^2 = \sigma_0^2 \leftrightarrow H_1 : \sigma^2 \neq \sigma_0^2, \tag{8.13}$$

σ_0^2 为已知常数.

由于样本方差 S^2 是总体方差 σ^2 的无偏估计,因此,当 H_0 为真时,观察值 s^2 应该在 σ_0^2 附近,也就是说比值 $\dfrac{s^2}{\sigma_0^2}$ 一般来说应该在 1 附近摆动,不应过分大于 1 也不应过分小于 1,当太大或太小时都应该拒绝 H_0. 而当 H_0 为真时

$$\chi^2 = \frac{(n-1)s^2}{\sigma_0^2} \sim \chi^2(n-1),$$

因此,我们可以取检验统计量为 $\chi^2 = \dfrac{(n-1)s^2}{\sigma_0^2}$,则由上面的分析可知,拒绝域的形式取为 $\{\chi^2 \leqslant k_1$ 或 $\chi^2 \geqslant k_2\}$. 对于给定的显著性水平 α,应有

$$P_{H_0}\{\chi^2 \leqslant k_1, \text{或} \chi^2 \geqslant k_2\} = \alpha.$$

为计算方便,取

$$P_{H_0}\{\chi^2 \leqslant k_1\} = P_{H_0}\{\chi^2 \geqslant k_2\} = \frac{\alpha}{2}.$$

解得 $k_1 = \chi_{1-\frac{\alpha}{2}}^2(n-1), k_2 = \chi_{\frac{\alpha}{2}}^2(n-1)$,于是得拒绝域为

$$C = \left\{\chi^2 \leqslant \chi_{1-\frac{\alpha}{2}}^2(n-1)\right\} \bigcup \left\{\chi^2 \geqslant \chi_{\frac{\alpha}{2}}^2(n-1)\right\}. \tag{8.14}$$

当处理实际工程中单边检验问题时,可以这样进行. 对于右边检验的情形:

$$H_0 : \sigma^2 \leqslant \sigma_0^2 \leftrightarrow H_1 : \sigma^2 > \sigma_0^2,$$

由于 H_1 为真时,χ^2 的值往往偏大,因此拒绝域的形式可取为 $\{\chi^2/s^2 \geqslant k\}$. 而对于左边检验的情形

$$H_0 : \sigma^2 \geqslant \sigma_0^2 \leftrightarrow H_1 : \sigma^2 < \sigma_0^2,$$

拒绝域的形式可取为 $\{\chi^2 \leqslant k\}$. 然后,对于给定的显著性水平,利用分位点的概念即可得到相应的拒绝域.

表 8-2 给出了单个正态总体方差 σ^2 的检验.

表 8-2　　　　　　　　　　单个正态总体方差 σ^2 的检验

检验法	条件	原假设 H_0	备择假设 H_1	检验统计量	拒绝域 C
χ^2 检验	μ,σ^2 未知	$\sigma^2=\sigma_0^2$	$\sigma^2\neq\sigma_0^2$	$\chi^2=\dfrac{(n-1)s^2}{\sigma_0^2}$ $\sim\chi^2(n-1)$	$\chi^2\leqslant\chi^2_{1-\frac{\alpha}{2}}(n-1)$ 或 $\chi^2\geqslant\chi^2_{\frac{\alpha}{2}}(n-1)$
		$\sigma^2\leqslant\sigma_0^2$	$\sigma^2>\sigma_0^2$		$\chi^2\geqslant\chi^2_{\alpha}(n-1)$
		$\sigma^2\geqslant\sigma_0^2$	$\sigma^2<\sigma_0^2$		$\chi^2\leqslant\chi^2_{1-\alpha}(n-1)$

例 2：自动车床加工的某种零件的直径(单位:mm)服从正态分布 $X\sim N(\mu,\sigma^2)$，原来的加工精度 $\sigma^2\leqslant 0.09$. 经过一段时间使用后，需要检验是否保持原有加工精度，为此，从该车床加工的零件中抽取 30 个，测得数据如下：

零件直径	9.2	9.4	9.6	9.8	10.0	10.2	10.4	10.6	10.8
频数	1	1	3	6	7	5	4	2	1

问加工精度是否变差(显著性水平 $\alpha=0.05$)？

解：要检验的假设是

$$H_0:\sigma^2\leqslant\sigma_0^2=0.09\leftrightarrow H_1:\sigma^2>\sigma_0^2,$$

应选用检验统计量 $\chi^2=\dfrac{(n-1)s^2}{\sigma_0^2}\sim\chi^2(n-1)$.

在显著性水平 $\alpha=0.05$ 下的拒绝域为

$$C=\{\chi^2\geqslant\chi^2_{\alpha}(n-1)=\chi^2_{0.05}(29)=42.557\}.$$

样本观测值计算得 $s^2=0.1345$，则检验统计量的观测值为：$\chi^2=\dfrac{29\times0.1345}{0.09}\approx43.3$.

因为 $\chi^2>42.557$，所以在显著性水平 $\alpha=0.05$ 下，应拒绝原假设 H_0，接受备择假设 H_1，即可认为该自动车床的加工精度变差了.

8.3　两个正态总体的假设检验

设 $(X_1,X_2,\cdots,X_{n_1})$ 是来自正态总体 $X\sim N(\mu_1,\sigma_1^2)$ 的样本，$(Y_1,Y_2,\cdots,Y_{n_2})$ 是来自正态总体 $Y\sim N(\mu_2,\sigma_2^2)$ 的样本. 这两个样本相互独立，它们的样本均值分别为 $\overline{X}=\dfrac{1}{n_1}\sum\limits_{i=1}^{n_1}X_i$，$\overline{Y}=\dfrac{1}{n_2}\sum\limits_{i=1}^{n_2}Y_i$，样本方差分别为 $S_1^2=\dfrac{1}{n_1-1}\sum\limits_{i=1}^{n_1}(X_i-\overline{X})^2$，$S_2^2=\dfrac{1}{n_2-1}\sum\limits_{i=1}^{n_2}(Y_i-\overline{Y})^2$.

1. 两个正态总体均值差 $\mu_1 - \mu_2$ 的检验（t 检验法）

1）$\sigma_1^2 = \sigma_2^2$ 均未知，关于 $\mu_1 - \mu_2$ 的检验

设 $\mu_1, \mu_2, \sigma_1^2 = \sigma_2^2$ 均为未知. 求检验问题：

$$H_0 : \mu_1 = \mu_2 \leftrightarrow H_1 : \mu_1 \neq \mu_2 \tag{8.15}$$

的拒绝域. 取显著性水平为 α.

引用统计量 t 作为检验统计量：

$$t = \frac{\overline{X} - \overline{Y}}{S_w \sqrt{\dfrac{1}{n_1} + \dfrac{1}{n_2}}}$$

其中 $S_w^2 = \dfrac{(n_1 - 1)S_1^2 + (n_2 - 1)S_2^2}{(n_1 + n_2 - 2)}, S_w = \sqrt{S_w^2}$.

当 H_0 为真时，由第 6 章的介绍知，$t \sim t(n_1 + n_2 - 2)$. 与单个总体的 t 检验法相似，其拒绝域的形式应为 $|t| \geq k$，对于显著性水平 α，应有

$$P_{H_0}\{|t| \geq k\} = \alpha.$$

可得 $k = t_{\frac{\alpha}{2}}(n_1 + n_2 - 2)$，得拒绝域为

$$C = \{|t| \geq t_{\frac{\alpha}{2}}(n_1 + n_2 - 2)\}. \tag{8.16}$$

对于单边检测的检验问题在表 8-3 中给出.

2）σ_1^2, σ_2^2 均已知，关于 $\mu_1 - \mu_2$ 的检验

当两个正态总体的方差均为已知，可用 Z 检验法来检验两个正态总体均值差的假设检验问题，检验统计量为：

$$Z = \frac{\overline{X} - \overline{Y}}{\sqrt{\dfrac{\sigma_1^2}{n_1} + \dfrac{\sigma_2^2}{n_2}}}.$$

关于上述情况的拒绝域见表 8-3.

表 8-3　　　　　　　　　　　　两个正态总体均值差的检验

检验法	条件	原假设 H_0	备择假设 H_1	检验统计量	拒绝域 C
t 检验	$\sigma_1^2 = \sigma_2^2$	$\mu_1 = \mu_2$	$\mu_1 \neq \mu_2$	$t = \dfrac{\overline{X} - \overline{Y}}{S_w \sqrt{\dfrac{1}{n_1} + \dfrac{1}{n_2}}}$	$\|t\| \geq t_{\frac{\alpha}{2}}(n_1 + n_2 - 2)$
		$\mu_1 \leq \mu_2$	$\mu_1 > \mu_2$		$t \geq t_\alpha(n_1 + n_2 - 2)$
		$\mu_1 \geq \mu_2$	$\mu_1 < \mu_2$		$t \leq -t_\alpha(n_1 + n_2 - 2)$
Z 检验	σ_1^2, σ_2^2 均已知	$\mu_1 = \mu_2$	$\mu_1 \neq \mu_2$	$Z = \dfrac{\overline{X} - \overline{Y}}{\sqrt{\dfrac{\sigma_1^2}{n_1} + \dfrac{\sigma_2^2}{n_2}}}$	$\|z\| \geq z_{\frac{\alpha}{2}}$
		$\mu_1 \leq \mu_2$	$\mu_1 > \mu_2$		$z \geq z_\alpha$
		$\mu_1 \geq \mu_2$	$\mu_1 < \mu_2$		$z \leq -z_\alpha$

例 1：在两种工艺条件下生产细纱产品，各抽取 100 件试样，试验得到其强力数据，经计算得：

甲工艺：$n_1 = 100, \overline{x}_1 = 280, \sigma_1 = 28$；

乙工艺：$n_2 = 200, \overline{x}_2 = 286, \sigma_2 = 28.5$.

设两种工艺条件下生产细纱分别服从正态分布 $N(\mu_1, \sigma_1^2), N(\mu_2, \sigma_2^2)$，试问两种工艺生产的细纱强力有无显著差异($\alpha = 0.05$)?

解：要检验假设

$$H_0 : \mu_1 = \mu_2 \leftrightarrow H_1 : \mu_1 \neq \mu_2,$$

选择统计量 $Z = \dfrac{\overline{x}_1 - \overline{x}_2}{\sqrt{\dfrac{\sigma_1^2}{n_1} + \dfrac{\sigma_2^2}{n_2}}}$；当 H_0 成立时，$Z \sim N(0,1)$，计算

$$|Z| = \frac{|\overline{x}_1 - \overline{x}_2|}{\sqrt{\dfrac{\sigma_1^2}{n_1} + \dfrac{\sigma_2^2}{n_2}}} = \frac{|\overline{x}_1 - \overline{x}_2|}{\sqrt{\dfrac{28^2}{100} + \dfrac{28.5^2}{200}}} = 1.7392,$$

而 $z_{\alpha/2} = z_{0.025} = 1.96$，所以 $|Z| < z_{\alpha/2}$，故接受原假设 H_0. 即认为使用两种工艺细纱强力无显著差异.

2. 两个正态总体方差的检验(F 检验)

设 $\mu_1, \mu_2, \sigma_1^2, \sigma_2^2$ 均为未知. 现需要检验假设(显著性水平为 α)

$$H_0 : \sigma_1^2 \leqslant \sigma_2^2 \leftrightarrow H_1 : \sigma_1^2 > \sigma_2^2. \tag{8.17}$$

当 H_0 为真时，$E(S_1^2) = \sigma_1^2 \leqslant \sigma_2^2 = E(S_2^2)$，当 H_1 为真时，$E(S_1^2) = \sigma_1^2 > \sigma_2^2 = E(S_2^2)$. 当 H_1 为真时，观察值 $\dfrac{S_1^2}{S_2^2}$ 有偏大的趋势，故拒绝域具有形式 $\dfrac{S_1^2}{S_2^2} \geqslant k$，常数 k 确定如下：

$$P\{ 当\ H_0\ 为真时拒绝\ H_0 \} = P_{\sigma_1^2 \leqslant \sigma_2^2} \left\{ \frac{S_1^2}{S_2^2} \geqslant k \right\}$$

$$\leqslant P_{\sigma_1^2 \leqslant \sigma_2^2} \left\{ \frac{S_1^2/S_2^2}{\sigma_1^2/\sigma_2^2} \geqslant k \right\} (因为\ \sigma_1^2/\sigma_2^2 \leqslant 1).$$

要使 $P\{ 当\ H_0\ 为真时拒绝\ H_0 \} \leqslant \alpha$，只需令

$$P_{\sigma_1^2 \leqslant \sigma_2^2} \left\{ \frac{S_1^2/S_2^2}{\sigma_1^2/\sigma_2^2} \geqslant k \right\} = \alpha.$$

又由于 $\dfrac{S_1^2/S_2^2}{\sigma_1^2/\sigma_2^2} \sim F(n_1 - 1, n_2 - 1)$，所以 $k = F_\alpha(n_1 - 1, n_2 - 1)$. 即以上检验问题的拒绝域为

$$C = \{ F \geqslant F_\alpha(n_1 - 1, n_2 - 1) \}. \tag{8.18}$$

上述检验法称为 **F 检验法**. 关于 σ_1^2, σ_2^2 的另外两个检验的拒绝域在表 8-4 中给出.

表 8-4 两个正态总体方差的检验

检验法	条件	原假设 H_0	备择假设 H_1	检验统计量	拒绝域 C
F 检验	μ_1, μ_2 未知	$\sigma_1^2 = \sigma_2^2$	$\sigma_1^2 \neq \sigma_2^2$	$F = \dfrac{S_1^2}{S_2^2}$	$F \geqslant F_{\alpha/2}(n_1 - 1, n_2 - 1)$ 或 $F \leqslant F_{1-\alpha/2}(n_1 - 1, n_2 - 1)$
		$\sigma_1^2 \leqslant \sigma_2^2$	$\sigma_1^2 > \sigma_2^2$		$F \geqslant F_\alpha(n_1 - 1, n_2 - 1)$
		$\sigma_1^2 \geqslant \sigma_2^2$	$\sigma_1^2 < \sigma_2^2$		$F \leqslant F_{1-\alpha}(n_1 - 1, n_2 - 1)$

例 2：两台机床加工同一种零件,分别取 6 个和 9 个零件测量其长度,计算得 $S_1^2 = 0.345, S_2^2 = 0.357$,假设零件长度服从正态分布 $N(\mu_1, \sigma_1^2), N(\mu_2, \sigma_2^2)$,问:是否认为两台机床加工的零件长度的方差无显著差异 $(\alpha = 0.05)$?

解：检验假设

$$H_0 : \sigma_1^2 = \sigma_2^2 \leftrightarrow H_1 : \sigma_1^2 \neq \sigma_2^2.$$

故选择统计量 $F = \dfrac{S_1^2}{S_2^2} \sim F(n_1-1, n_2-1)$,因为 $F_0 = \dfrac{0.345}{0.357} = 0.966\,4$,而 $F_{0.975}(5, 8) = 1/F_{0.025}(8, 5) = 0.147\,9$, $F_{0.05}(5, 8) = 4.82$,所以有

$$F_{0.975}(5, 8) < F_0 < F_{0.05}(5, 8),$$

故接受 H_0,即认为两台机床加工的零件长度的方差无显著差异.

例 3：某锌矿的南北两支矿脉中,各抽取样本容量分别为 10 与 9 的样本分析后,算得其样本含锌(%)平均值及方差如下:

南支: $\overline{x}_1 = 0.252, S_1^2 = 0.140, n_1 = 10$;

北支: $\overline{x}_2 = 0.281, S_2^2 = 0.182, n_2 = 9$.

若南北两支锌含量分别服从正态分布 $N(\mu_1, \sigma_1^2), N(\mu_2, \sigma_2^2)$,在 $\alpha = 0.05$ 的条件下,问南北两支矿脉含锌量的平均值是否可看做一样?

解：先检验两总体方差是否相等,再检验两总体均值是否相等,

(1) 两总体方差是否相等的检验

要检验假设:

$$H_0 : \sigma_1^2 = \sigma_2^2 \leftrightarrow H_1 : \sigma_1^2 \neq \sigma_2^2,$$

选择统计量 $F = \dfrac{S_1^2}{S_2^2}$,当 H_0 成立时, $F \sim F(n_1-1, n_2-1)$,计算

$$S_1^2 = \frac{n_1}{n_1-1} S_1^2 = \frac{10}{9} \times 0.140 = 0.1556,$$

$$S_2^2 = \frac{n_2}{n_2-1} S_2^2 = \frac{9}{8} \times 0.182 = 0.2047,$$

$$F = \frac{S_1^2}{S_2^2} = \frac{0.1556}{0.2047} = 0.7601.$$

而 $\lambda_1 = F_{1-\alpha/2}(n_1-1, n_2-1) = F_{1-0.025}(9, 8) = 1/F_{0.025}(8, 9) = 1/4.10 = 0.2439$, $\lambda_2 = F_{\alpha/2}(n_1-1, n_2-1) = F_{0.025}(9, 8) = 4.3572$.

由于 $\lambda_1 = 0.2439 < F = 0.7601 < \lambda_2 = 4.3572$,故接受原假设 H_0,认为两总体方差相等.

(2) 两总体均值是否相等的检验

要检验假设:

$$H_0 : \mu_1 = \mu_2 \leftrightarrow H_1 : \mu_1 \neq \mu_2.$$

选择统计量 $t = \dfrac{\overline{X}_1 - \overline{X}_2}{S_w \sqrt{\dfrac{1}{n_1} + \dfrac{1}{n_2}}}$,当 H_0 成立时, $t \sim t(n_1+n_2-2)$.

计算

$$|t| = \frac{|\overline{X}_1 - \overline{X}_2|}{S_w\sqrt{\dfrac{1}{n_1} + \dfrac{1}{n_2}}} = \frac{|\overline{X}_1 - \overline{X}_2|}{\sqrt{n_1 S_1^2 + n_2 S_2^2}}\sqrt{\frac{n_1 n_2(n_1 + n_2 - 2)}{n_1 + n_2}}$$

$$= \frac{|0.252 - 0.281|}{\sqrt{10 \times 0.141 + 9 \times 0.281}}\sqrt{\frac{90 \times (10 + 9 - 2)}{10 + 9}} = 0.1493.$$

而 $t_{\alpha/2}(n_1 + n_2 - 2) = t_{0.025}(17) = 2.1099$，由 $|t| = 0.1493 < t_{0.025}(17) = 2.1099$，故接受原假设 H_0，认为两总体均值相等，即南北两支矿脉含锌量的平均值可看做一样.

8.4 置信区间与假设检验之间的关系

无论是假设检验还是区间估计都与显著性水平有关，那么置信区间与假设检验之间是怎么样的对应关系呢？

首先我们来考察置信区间与双边假设检验之间的对应关系.

设 $X_1, X_2, \cdots, X_n$ 是来自总体的样本，$x_1, x_2, \cdots, x_n$ 是相应的样本值，Θ 是参数 θ 的可能取值范围. 设 $(\hat{\theta}_1(X_1, X_2, \cdots, X_n), \hat{\theta}_2(X_1, X_2, \cdots, X_n))$ 是参数 θ 的一个置信水平为 $1 - \alpha$ 的置信区间，则对于任意 $\theta \in \Theta$，有

$$P_\theta\{\hat{\theta}_1(X_1, X_2, \cdots, X_n) < \theta_0 < \hat{\theta}_2(X_1, X_2, \cdots, X_n)\} \geqslant 1 - \alpha,$$

对于显著性水平为 α 的双边假设检验

$$H_0: \theta = \theta_0 \leftrightarrow H_1: \theta \neq \theta_0. \tag{8.19}$$

由 $P_{\theta_0}\{\hat{\theta}_1(X_1, X_2, \cdots, X_n) < \theta < \hat{\theta}_2(X_1, X_2, \cdots, X_n)\} \geqslant 1 - \alpha$，即有：

$$P_{\theta_0}\{(\theta_0 \leqslant \hat{\theta}_1(X_1, X_2, \cdots, X_n)) \cup (\theta_0 \geqslant \hat{\theta}_2(X_1, X_2, \cdots, X_n))\} \leqslant \alpha.$$

按显著性水平为 α 的假设检验的拒绝域的定义，式(8.19)检验的拒绝域即为

$$\theta_0 \leqslant \hat{\theta}_1(X_1, X_2, \cdots, X_n) \text{ 或 } \theta_0 \geqslant \hat{\theta}_2(X_1, X_2, \cdots, X_n);$$

则它的接受域为

$$\hat{\theta}_1(X_1, X_2, \cdots, X_n) < \theta_0 < \hat{\theta}_2(X_1, X_2, \cdots, X_n).$$

由此可得，当要检验假设式(8.19)时，需要先求出 θ 的置信水平为 $1 - \alpha$ 的置信区间 $(\hat{\theta}_1, \hat{\theta}_2)$，然后考查区间 $(\hat{\theta}_1, \hat{\theta}_2)$ 是否包含 θ_0，若 $\theta_0 \in (\hat{\theta}_1, \hat{\theta}_2)$ 则接受 H_0，若 $\theta_0 \notin (\hat{\theta}_1, \hat{\theta}_2)$ 则拒绝 H_0.

反过来看，对于任意 $\theta_0 \in \Theta$，考虑显著性水平为 α 的假设检验

$$H_0: \theta = \theta_0 \leftrightarrow H_1: \theta \neq \theta_0,$$

如果它的接受域为

$$\hat{\theta}_1(X_1, X_2, \cdots, X_n) < \theta_0 < \hat{\theta}_2(X_1, X_2, \cdots, X_n),$$

即

$$P_{\theta_0}\{\hat{\theta}_1(X_1, X_2, \cdots, X_n) < \theta_0 < \hat{\theta}_2(X_1, X_2, \cdots, X_n)\} \geqslant 1 - \alpha.$$

由于 θ_0 是 Θ 中的任意一个数，则对于任意 $\theta \in \Theta$ 都有

$$P_\theta\{\hat{\theta}_1(X_1, X_2, \cdots, X_n) < \theta < \hat{\theta}_2(X_1, X_2, \cdots, X_n)\} \geqslant 1 - \alpha.$$

因此,可以说$(\hat{\theta}_1(X_1,X_2,\cdots,X_n),\hat{\theta}_2(X_1,X_2,\cdots,X_n))$是参数$\theta$的一个置信水平为$1-\alpha$的置信区间.

从以上分析可知,要求出参数θ的置信水平为$1-\alpha$的置信区间,首先求出显著性水平为α的假设检验问题:$H_0:\theta=\theta_0\leftrightarrow H_1:\theta\neq\theta_0$的接受域:

$$\hat{\theta}_1(X_1,X_2,\cdots,X_n)<\theta_0<\hat{\theta}_2(X_1,X_2,\cdots,X_n),$$

那么,$(\hat{\theta}_1(X_1,X_2,\cdots,X_n),\hat{\theta}_2(X_1,X_2,\cdots,X_n))$就是$\theta$的置信水平为$1-\alpha$的置信区间.

同理可以验证,置信水平为$1-\alpha$的单侧置信区间$(-\infty,\hat{\theta}_2(X_1,X_2,\cdots,X_n))$与显著性水平为$\alpha$的左边检验问题:$H_0:\theta\geqslant\theta_0\leftrightarrow H_1:\theta<\theta_0$有类似的对应关系. 也就是说,如果已经求得单侧置信区间$(-\infty,\hat{\theta}_2(X_1,X_2,\cdots,X_n))$,则当$\theta_0\in(-\infty,\hat{\theta}_2(x_1,x_2,\cdots,x_n))$时接受$H_0$,当$\theta_0\notin(-\infty,\hat{\theta}_2(x_1,x_2,\cdots,x_n))$时拒绝$H_0$.反之,如果已经求得检验问题$H_0:\theta\geqslant\theta_0\leftrightarrow H_1:\theta<\theta_0$的接受域为$-\infty<\theta_0\leqslant\hat{\theta}_2(x_1,x_2,\cdots,x_n)$,则可得$\theta$的一个单侧置信区间:$(-\infty,\hat{\theta}_2(X_1,X_2,\cdots,X_n))$.

同样,置信水平为$1-\alpha$的单侧置信区间$(\hat{\theta}_1(X_1,X_2,\cdots,X_n),\infty)$与显著水平为$\alpha$的右边检验问题:$H_0:\theta\leqslant\theta_0\leftrightarrow H_1:\theta>\theta_0$也有类似的对应关系. 也就是说,如果已经求得单侧置信区间$(\hat{\theta}_1(X_1,X_2,\cdots,X_n),\infty)$,则当$\theta_0\in(\hat{\theta}_1(x_1,x_2,\cdots,x_n),\infty)$时接受$H_0$,当$\theta_0\notin(\hat{\theta}_1(x_1,x_2,\cdots,x_n),\infty)$时拒绝$H_0$.反之,如果已经求得检验问题$H_0:\theta\leqslant\theta_0\leftrightarrow H_1:\theta>\theta_0$的接受域为$\hat{\theta}_1(x_1,x_2,\cdots,x_n)\leqslant\theta_0<\infty$,则可得$\theta$的一个单侧置信区间:$(\hat{\theta}_1(X_1,X_2,\cdots,X_n),\infty)$.

例 1:设$X\sim N(\mu,1)$,其中μ未知,已知$\alpha=0.05,n=25$,样本$\bar{x}=6.50$,得到参数μ的一个置信水平为0.95的置信区间

$$\left(\bar{x}-\frac{1}{\sqrt{25}}z_{0.025},\bar{x}+\frac{1}{\sqrt{25}}z_{0.025}\right)=(6.50-0.392,6.50+0.392)$$

$$=(6.108,6.892)$$

现在考虑检验问题:$H_0:\mu=6.7\leftrightarrow H_1:\mu\neq6.7$.由于$6.7\in(6.108,6.892)$,故接受$H_0$.

习 题 8

1. 一自动机床加工零件的长度服从正态分布$N(\mu,\sigma^2)$,车床正常时,加工零件长度的均值为10.5,经过一段时间生产后,要检验这车床是否工作正常,为此抽取该车床加工的31个零件,测得数据如下:

零件长度	10.1	10.3	10.6	11.2	11.5	11.8	12.0
频数	1	3	7	10	6	3	1

若加工零件长度的方差不变,问此车床工作是否正常$(\alpha=0.05)$?

2. 某厂生产的一种电池,其寿命长期以来服从方差$(\sigma^2=5000\text{ 小时}^2)$的正态分布. 现

有一批这种电池,从生产的情况来看,寿命的波动性有所改变.现随机抽取 26 只电池,测得寿命的样本方差($s^2 = 9200$ 小时^2),问根据这一数据能否推断这批电池寿命的波动性较以往有显著性变化(取 $\alpha = 0.02$)?

3. 某纤维的强力服从 $N(\mu, 1.19^2)$,原设计的平均强力为 6 克,现改进工艺后,某天测得 100 个强力数据,其均值为 6.35,标准差假定不变,试问均值的提高是否为工艺改进的结果?(取 $\alpha = 0.05$)

4. 一个矩形的宽与长比为 0.618 将给人们一个良好的感觉.某工艺品厂生产的矩形工艺品框架的宽与长之比服从正态分布,现随机抽取 20 个测得其比值为:

$$0.699 \ 0.749 \ 0.645 \ 0.670 \ 0.612 \ 0.672 \ 0.615 \ 0.606 \ 0.690 \ 0.628$$
$$0.668 \ 0.611 \ 0.606 \ 0.609 \ 0.601 \ 0.553 \ 0.570 \ 0.844 \ 0.576 \ 0.933$$

能否认为其均值为 0.618?(取 $\alpha = 0.05$)

5. 某医院用一种中药治疗高血压,记录了 50 例治疗后病人舒张压数据之差,得到其均值为 16.28,样本标准差为 10.58.假定舒张压之差服从正态分布,试问在 $\alpha = 0.05$ 水平上该中药对治疗高血压是否有效?

6. 某厂生产的汽车蓄电池使用寿命服从正态分布,其说明书上写明其标准差不超过 0.9 年.现随机抽取 10 只,得样本标准差为 1.2 年,试在 $\alpha = 0.05$ 水平上检验厂方说明书上写的标准差是否可信.

7. 新设计的某种化学天平,其测量误差服从正态分布,现要求 99.7% 的测量误差不超过 0.1 mg,即要求 $3\sigma \leqslant 0.1$.现拿它与标准天平相比,得 10 个误差数据,求得样本方差 $s^2 = 0.0009$.试问在 $\alpha = 0.05$ 水平上能否认为满足设计要求?

8. 某砖厂制成两批机制红砖,抽样检查测量砖的抗折强度(公斤),得到结果如下:

$$第一批:n_1 = 10, \overline{x} = 27.3, s_1 = 6.4;$$
$$第二批:n_2 = 8, \overline{y} = 30.5, s_2 = 3.8.$$

已知砖的抗折强度服从正态分布,试检验:

(1) 两批红砖的抗折强度的方差是否有显著差异(取 $\alpha = 0.05$);

(2) 两批红砖的抗折强度的数学期望是否有显著差异(取 $\alpha = 0.05$).

9. 为研究矽肺患者肺功能的变化情况,某医院对 Ⅰ、Ⅱ 期矽肺患者各 33 名测其肺活量,得到 Ⅰ 期患者的平均数 2 710 毫升,标准差为 147 毫升;Ⅱ 期患者的平均数为 2 830 毫升,标准差为 118 毫升.假定 Ⅰ、Ⅱ 期患者的肺活量服从正态分布 $N(\mu_1, \sigma_1^2), N(\mu_2, \sigma_2^2)$.试问在显著性水平 $\alpha = 0.05$ 下,第 Ⅰ、Ⅱ 期矽肺患者的肺活量有无显著差异?

10. 新设计的一种测量仪用来测定某物体的膨胀系数 11 次,又用进口仪器重复测同一物体 11 次,两样本的方差分别为 $s_1^2 = 1.263, s_2^2 = 3.789$.假定测量值分别服从正态分布,试问在 $\alpha = 0.05$ 水平上,设计的仪器的精度(方差的倒数)是否比进口仪器的精度显著为好?

11. 某厂铸造车间为提高缸体的耐磨性而试制了一种镍合金铸件以取代一种铜合金铸件,现从两种铸件中各抽一个样本进行硬度测试(表示耐磨性的一种考核指标),其结果如下:

合镍铸件(X)72.0 69.5 74.0 70.5 71.8

合铜铸件(Y)69.8 70.0 72.0 68.5 73.0 70.0

根据以往硬件知硬度 $X \sim N(\mu_1, \sigma_1^2)$，$Y \sim N(\mu_2, \sigma_2^2)$，且 $\sigma_1 = \sigma_2 = 2$，试在 $\alpha = 0.05$ 水平上比较镍合金铸件硬度有无显著提高.

12. 某物质在化学处理前后的含脂率如下：

处理前：0.19 0.18 0.21 0.30 0.66 0.42 0.08 0.12 0.30 0.27

处理后：0.15 0.13 0.00 0.07 0.24 0.24 0.19 0.04 0.08 0.20 0.12

假定处理前后含脂率分别服从正态分布. 问处理后是否降低了含脂率？（取 $\alpha = 0.05$）

第9章 误差分析及其应用

人类在研究客观事物规律的过程中,不外乎研究客观事物的关系和量的关系,在研究这种质和量的过程中,都离不开测量.由于实验方法和测量设备的不完善,以及周围环境的影响,人们认识能力的限制等因素,测量和实验所得数据与被测量的真值之间,不可避免地存在着差异,这在数值上即表现为误差.因此,如何评定和消除测量误差的影响,在实际工作中具有非常重要的意义.随着科学技术的日益发展和人们认识水平的不断提高,虽可将误差控制得愈来愈小,但终究不能完全消除它.误差存在的必然性和普遍性,已为大量实践所证明.为了充分认识并进而减小或消除误差,必须对测量过程和科学实验中始终存在着的误差进行分析,学会用统计学的观点来分析测量误差,科学地评价测量结果.

9.1 误差的定义和分类

1. 误差的定义

在测量某一未知的物理量时,由于测量仪器、测量方法、环境条件以及测量程序等方面的原因,无法测得未知量的真实值,表现为测量结果与真实值之间存在着一定的差值,通常称其为误差,用公式表示即为:

$$测量误差 = 测得的数值 - 真实值$$

因此,任何测量所得的结果,都是真实值在一定程度上的估计.真实值一般是不知道的,但又是客观存在着的;而在某些特定的条件下,真实值又是可知的,例如:三角形三个内角之和为 $180°$,一个整圆周角为 $360°$ 等等.

由上面得到的误差值为绝对误差.绝对误差与被测量的真实值的比值称为相对误差,因测得值与真实值相接近,故也可近似地把绝对误差与测得值之比作为相对误差.即:

$$相对误差 = \frac{绝对误差}{真实值} \approx \frac{绝对误差}{测得值}$$

相对误差是一个无量纲的量,通常以百分数表示.

对于相同的测量,绝对误差可以评定其测量精度的高低,但对于不同的测量,绝对误差就难以评定测量精度的高低,而采用相对误差来评定其测量精度就较为确切.

2. 测量误差的分类

按照误差的特点与性质不同,误差可分为随机误差、系统误差和过失误差(粗大误差)三类.

1）随机误差

在同一条件下,对某一未知量做多次测量,出现的绝对值和符号以不可预见的方式变化着的误差称为随机误差.就个体而言,这种误差是不可避免的,也是不可控制的;但从总体上讲,它是服从统计规律的.因此随机误差是一种随机变量,可以用数理统计的方法来研究它对测量结果的影响.很明显,未知量的测定结果在一定程度上被随机误差歪曲,因此随机误差决定了测量的精密度.若随机误差愈小,则测量的精密度也愈高.

2）系统误差

在同一条件下,对某一未知量做多次测量时,绝对值和符号保持不变,或在条件改变时,按一定规律变化的测量误差称为系统误差.例如,由于标准量值的不准确、仪器刻度的不准确而引起的测量误差,就具有这种性质.系统误差决定了测量结果偏离真实值的程度.因此,它决定测量的正确度,系统误差愈小,则测量结果愈正确.

3）过失误差

明显歪曲测量结果的测量误差称为过失误差,也称粗大误差.例如,在测量时读错了数据,记错了数据,不正确地操作仪器,都会带来过失误差.过失误差决定了测量的可取性,凡确实含有过失误差的实验测量值,应该舍去不用.

3. 测量的准确度、精密度、精确度

反映测量结果与真值接近程度的量,称为精度,它与误差的大小相对应,因此可用误差大小来表示精度的高低,误差小则精度高,误差大则精度低.

精度可分为准确度、精密度、精确度.准确度反映测量结果中系统误差的影响程度;精密度反映测量结果中随机误差的影响程度;精确度反映测量结果中系统误差和随机误差综合的影响程度,其定量特征可用测量的不确定度(或极限误差)来表示.

精度在数量上有时可用相对误差来表示,如相对误差为 0.01%,可笼统说其精度为 10^{-4},若纯属随机误差引起,则说其精密度为 10^{-4},若是由系统误差与随机误差共同引起,则说其精确度为 10^{-4}.对于具体的测量,精密度高的而准确度不一定高,准确度高的而精密度也不一定高,但精确度高,则精密度与准确度都高.

总之,在实际工作中,常按系统误差对测量结果影响程度的不同而作不同的处理:当系统误差远大于随机误差的影响,随机误差可以忽略不计时,基本上可按纯系统误差来处理,但这样的情况只有在极个别的情况下才会发生;当系统误差较小,或者已经改正,此时基本上按纯随机误差来处理,一般精度的测量均属此类情况;最常见的情况是系统误差和随机误差的影响相差不多,二者均不可忽略,此时,测量误差的综合可根据具体情况按不同方法进行处理.

对于不同性质的测量误差应采取不同的综合方法,即使相同类型的测量误差,由于其分布律不同,综合的方法也不同.因此,我们在研究测量误差的综合问题时,除了要区别测量误差的类型之外,还要确定各单项误差的分布律.通常对随机误差的计算,都是基于正态分布的假设进行的.随着对测量误差的认识的深化,发现随机误差属于非正态分布的情况还是存在的,这样各单项随机误差综合时,要考虑它们的不同分布对测量误差综合的影响.但是,到目前为止,对于非正态分布测量误差的研究还是很不充分的,特别是系统误差的概率分布,

更有待作进一步研究.至于随机性系统误差,则更难以确切掌握它们的概率分布,而且往往都是非正态的,如何处理才更为妥当,是一个棘手的问题.

所谓测量的精确度,就是能综合反映测量中存在的系统误差和随机误差时测量结果的综合结果,由于系统误差影响测量的正确度,随机误差影响测量的精密度.因此,测量的精确度可以用测量的综合误差来表征,综合误差是由不同性质的测量误差综合而成.为了要表达测量的精确度,应首先研究相同测量误差的合成问题,然后再研究不同性质测量误差的综合问题,以寻求一个确切的测量误差表达式,来科学地反映测量的精确度.当然最基本的还是先搞清楚随机误差、系统误差和过失误差的分析问题.

9.2 随 机 误 差

1. 随机误差产生的原因

在相同的测量条件下,对同一量值进行多次重复测量,得到一系列不同的测量值(常称为测量列).在测量列的每一个测量值中都含有误差,且每一误差的出现不具有规律性,即前一个误差出现后,不能预定下一个误差的大小和方向,但就测量列的总体而言,却具有统计规律性,这就是随机误差的基本性质.随机误差存在于一切测量中,引起随机误差的原因是多方面的,例如:测量时温度的微量变化引起测量仪器各部分的变化;空气的扰动引起的某些部件的位移;测量人员的感觉器官如眼、耳等临时的生理性变化引起对信号的敏感程度的变化;测量仪器本身的偶然性变化;电磁场的微量变化;测量时最后一位数估计得不确切等等.这些原因引起的干扰,有时大,有时小,有时正,有时负,其发生带有偶然性,个别地考虑这些干扰的影响是不可能的,只能从其总体上来研究它们对测量结果的影响.因此,我们只能用概率论和数理统计的方法对随机误差作分析与研究.因为,对于每一个单独的随机误差,无法做出判断,只有对重复测量所得的测量列进行研究,才能对这一测量列的随机误差的总体情况做出结论并据此计算这些误差对测量结果的影响.随机误差的出现是一个随机事件,用概率论的观点来观察它,可以发现:

① 某一测量出现随机误差是唯一可能的事件,因为在一次测量中,不可避免地要出现随机误差.

② 是互不相容的事件,因为在一次测量中,只存在一个随机误差,一次测量发生两个随机误差是不可能的.

③ 是独立的简单事件.因为某一次测量中出现的随机误差的数值不会影响另一次测量出现随机误差的数值.

2. 随机误差的正态分布

若测量列中不包含系统误差和粗大误差,则该测量列中的随机误差一般具有以下几个特征:

① 绝对值相等的正误差与负误差出现的次数相等,这称为误差的对称性.

② 绝对值小的误差比绝对值大的误差出现的次数多,这称为误差的单峰性.

③ 在一定的测量条件下,随机误差的绝对值不会超过一定界限,这称为误差的有界性.

④ 随着测量次数的增加,随机误差的算术平均值趋向于零,这称为误差的抵偿性.

最后一个特征可由第一特征推导出来,因为绝对值相等的正误差与负误差之和可以互相抵消.对于有限次测量,随机误差的算术平均值是一个有限小的量,而当测量次数无限增大时,它趋向于零.

服从正态分布的随机误差均具有以上四个特征.由于多数随机误差都服从正态分布,因而正态分布在误差分析中占有十分重要的地位.

设被测量的真值为 X_0,一系列测得值为 X_i,则测量列中的随机误差 δ_i 为

$$\delta_i = X_i - X_0$$

式中 $i = 1,2,\cdots,n$

正态分布的概率密度 $f(\delta)$ 与分布函数 $F(\delta)$ 为

$$f(\delta) = \frac{1}{\sigma\sqrt{2\pi}} e^{-\delta^2/(2\sigma^2)}$$

$$F(\delta) = \frac{1}{\sigma\sqrt{2\pi}} \int_{-\infty}^{\delta} e^{-\delta^2/(2\sigma^2)} \, d\delta$$

其中 σ 为标准差.

数学期望 $$E = \int_{-\infty}^{\infty} \delta f(\delta) \, d\delta = 0$$

方差 $$\sigma^2 = \int_{-\infty}^{\infty} \delta^2 f(\delta) \, d\delta$$

平均误差 $$\theta = \int_{-\infty}^{\infty} |\delta| f(\delta) \, d\delta = 0.7979\sigma \approx \frac{4}{5}\sigma.$$

3. 算术平均值

对某一量进行一系列等精度测量,由于存在随机误差,其测得值皆不相同,应以全部测得值的算术平均值作为最后测量结果.

在系列测量中,被测量的 n 个测得值的代数和除以 n 而得的值称为算术平均值.

设 $x_1,x_2,\cdots,x_n$ 为 n 次测量所得的值,则算术平均值 $\bar{x}$ 为

$$\bar{x} = \frac{x_1 + x_2 + \cdots + x_n}{n} = \frac{\sum\limits_{i=1}^{n} x_i}{n}$$

算术平均值与被测量的真值最为接近,由大数定律可知,若测量次数无限增加,则算术平均值 $\bar{x}$ 必然趋近于真值 x_0.

由随机误差 δ_i 求和得 $\sum\limits_{i=1}^{n} \delta_i = \sum\limits_{i=1}^{n} x_i - nx_0$ 则 $x_0 = \dfrac{\sum\limits_{i=1}^{n} x_i}{n} - \dfrac{\sum\limits_{i=1}^{n} \delta_i}{n}$

当 $n \to \infty$ 时,由正态分布随机误差的性质得 $\dfrac{\sum\limits_{i=1}^{n} \delta_i}{n} \to 0$,因此有 $\bar{x} = \dfrac{\sum\limits_{i=1}^{n} x_i}{n} \to x_0$

由此可见,如果能够对某一量进行无限多次测量,就可得到不受随机误差影响的测量

值,或其影响甚微,可予忽略.这就是当测量次数无限增大时,算术平均值被认为是最接近于真值的理论依据.由于实际上都是有限次测量,我们只能把算术平均值近似地作为被测量的真值.

一般情况下,被测量的真值为未知,不可能求得随机误差,这时可用算术平均值代替被测量的真值进行计算,则有 $v_i = x_i - \overline{x}$,

式中 x_i 是第 i 个测得值,v_i 是 $i = 1, 2, \cdots, n$ 的 x_i 的残余误差(简称残差).

由于残余误差的代数和为 $\sum_{i=1}^{n} v_i = \sum_{i=1}^{n} x_i - n\overline{x} = \sum_{i=1}^{n} x_i - n\dfrac{\sum_{i=1}^{n} x_i}{n} = 0.$

则算术平均值及其残余误差的计算是否正确,可用求得的残余误差代数和为零的性质来校核.

例 1:用游标卡尺对某一尺寸测量 10 次,假定已消除系统误差和过失误差,得到的数据如下(单位 mm):

75.01,75.04,75.07,75.00,75.03,75.09,75.06,75.02,75.05,75.08 求算术平均值并验算残余误差.

计算结果列表如表 9-1 所示。

表 9-1

序号	x_i(mm)	v_i(mm)	v_i^2(mm²)
1	75.01	−0.035	0.001 225
2	75.04	−0.005	0.000 025
3	75.07	0.025	0.000 625
4	75.00	−0.045	0.002 025
5	75.03	−0.015	0.000 225
6	78.09	0.045	0.002 025
7	75.06	0.015	0.000 225
8	75.02	−0.025	0.000 625
9	75.05	0.005	0.000 025
10	75.08	0.035	0.001 225
	$\overline{x} = 75.045$(mm)	$\sum_{i=1}^{10} v_i = 0$	$\sum_{i=1}^{10} v_i^2 = 0.008\ 25$ mm²

4. 标准差

测量的标准偏差简称为标准差,也可称为均方根误差.

1) 单次测量的标准差

由于随机误差的存在,等精度测量列中各个测得值一般皆不相同,它们围绕着该测量列的算术平均值有一定的分散,此分散度说明了测量列中单次测得值的不可靠性,必须用一个数值作为其不可靠性的评定标准.

符合正态分布的随机误差分布密度如前所述 $\left(f(\delta) = \dfrac{1}{\sigma\sqrt{2\pi}}e^{-\delta^2/(2\sigma^2)}\right)$. 由此可知:$\sigma$ 值愈小,$f(\delta)$ 衰减得愈快,即曲线变陡;同时对应于误差为零($\delta = 0$)的 $f(\delta)$ 极大值愈大.反之,σ 愈大,$f(\delta)$ 衰减愈慢,曲线平坦,同时对应于误差为零的 $f(\delta)$ 极大值也变小.图 9-1 中三个测量列所得的分布曲线不同,其标准差 σ 也不相同,且 $\sigma_1 < \sigma_2 < \sigma_3$.

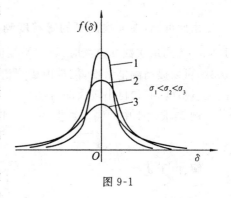

图 9-1

标准差 σ 的数值越小,该测量列的小误差测量所占权重就越高,任一单次测得值对算术平均值的分散度也越小,测量的可靠性和测量精度就越高(如图中的第一条曲线);反之,测量精度就低(如图中的第三条曲线).因此单次测量的标准差 σ 是表征同一被测量的 n 次测量值分散性的参数,可作为测量列中单次测量不可靠性的评定标准.

应该指出,标准差 σ 不是测量列中任何一个具体测得值的随机误差,σ 的大小只说明在一定条件下等精度测量列随机误差的概率分布情况.在该条件下,任一单次测得值的随机误差 δ,一般都不等于 σ,但却认为这一系列测量中所有测得值都属同样一个标准差 σ 的概率分布.在不同条件下,对同一被测量进行两个系列的等精度测量,其标准差 σ 也不相同.

在等精度测量列中,单次测量的标准差按下式计算:

$$\sigma = \sqrt{\frac{\delta_1^2 + \delta_2^2 + \cdots + \delta_n^2}{n}} = \sqrt{\frac{\sum\limits_{i=1}^{n}\delta_i^2}{n}}$$

式中,n—— 测量次数(应充分大);

δ_i—— 测得值与被测量的真值之差.

当被测量的真值为未知时,并不能求得标准差.实际上,在有限次测量情况下,可用残余误差 v_i 代替真误差,而得到标准差的估计值.由 $\delta_i = x_i - x_0$ 经过推导得 $\sigma = \sqrt{\dfrac{\sum\limits_{i=1}^{n}v_i^2}{n-1}}$.

2)测量列算术平均值的标准差

在多次测量的测量列中,是以算术平均值作为测量结果,因此必须研究算术平均值不可靠性的评定标准.如果在相同条件下对同一量值做多组重复的系列测量,每一系列测量都有一个算术平均值,由于随机误差的存在,各个测量列的算术平均值也不相同,它们围绕着被测量的真值有一定的分散,此分散说明了算术平均值的不可靠性,而算术平均值的标准差 $\sigma_{\bar{x}}$ 则是表征同一被测量的各个独立测量列算术平均值分散性的参数,可作为算术平均值不可靠性的评定标准.

由于 $\bar{x} = \dfrac{x_1 + x_2 + \cdots + x_n}{n}$

则其方差 $D(\bar{x}) = \dfrac{1}{n^2}(D(x_1) + D(x_2) + \cdots + D(x_n)) = \dfrac{1}{n^2}nD(x) = \dfrac{1}{n}D(x)$

即 $\sigma_{\bar{x}}{}^2 = \dfrac{\sigma^2}{n}$，所以 $\sigma_{\bar{x}} = \dfrac{\sigma}{\sqrt{n}}$

由此可知，在 n 次测量的等精度测量列中，算术平均值的标准差为单次测量标准差的 $1/\sqrt{n}$，当测量次数 n 愈大时，算术平均值愈接近被测量的真值，测量精度也愈高．增加测量次数，可以提高测量精度，但是由于测量精度与测量次数的平方根成反比，因此要显著地提高测量精度，必须付出较大的劳动．

例 2：求例 1 中的测量数据的算术平均值的标准差．

解：由于 $\sigma = \sqrt{\dfrac{\sum\limits_{i=1}^{n} v_i^2}{n-1}} = \sqrt{\dfrac{0.00825}{10-1}} = 0.0303(\text{mm})$

$$\sigma_{\bar{x}} = \frac{\sigma}{\sqrt{n}} = \frac{0.0303}{\sqrt{10}} = 0.0096(\text{mm}).$$

5. 测量的极限误差

测量的极限误差是极端误差，测量结果（单次测量或测量列的算术平均值）的误差不超过该极端误差的概率为 P，并使差值 $(1-P)$ 可以忽略．

1）单次测量的极限误差

测量列的测量次数足够多或单次测量误差为正态分布时，根据概率知识可求得单次测量的极限误差．由标准正态分布函数定义可知，随机误差正态分布曲线下的全部面积相当于全部误差出现的概率，即：

$$\frac{1}{\sigma\sqrt{2\pi}}\int_{-\infty}^{\infty} e^{-\delta^2/(2\sigma^2)}\,\mathrm{d}\delta = 1$$

而随机误差在 $-\delta$ 和 $+\delta$ 范围内的概率为：

$$P(\pm\delta) = \frac{1}{\sigma\sqrt{2\pi}}\int_{-\delta}^{\delta} e^{-\delta^2/(2\sigma^2)}\,\mathrm{d}\delta = \frac{2}{\sigma\sqrt{2\pi}}\int_{0}^{\delta} e^{-\delta^2/(2\sigma^2)}\,\mathrm{d}\delta$$

令 $\delta = t\sigma$ 则有标准正态分布函数

$$\Phi(t) = \frac{1}{\sqrt{2\pi}}\int_{0}^{t} e^{-t^2/2}\,\mathrm{d}t \quad 即 \quad P(\pm\delta) = 2\Phi(t)$$

所以不同 t 的 $\Phi(t)$ 值可以由表查出，则某随机误差在 $\pm t\sigma$ 范围内出现的概率为 $P(\pm\delta) = 2\Phi(t)$ 因此在实际测量中，可以取 t 值来表示单次测量的极限误差 $\delta_{\lim}x = \pm t\sigma$．但取不同的 t 值对应的概率是不一样的．如取 $t=2.58,P=99\%$；$t=2,P=95.44\%$；$t=1.96,P=95\%$ 等等．

2）算术平均值的极限误差

测量列的算术平均值与被测量的真值之差称为算术平均值误差 $\delta_{\bar{x}}$，即

$$\delta_{\bar{x}} = \bar{x} - x_0$$

当多个测量列的算术平均值误差 $\delta_{\bar{x}}(i=1,2,\cdots,n)$ 为正态分布时，根据概率论知识，同样可得测量列算术平均值的极限误差表达式为 $\delta_{\lim}\bar{x} = \pm t\sigma_{\bar{x}}$．

式中的 t 为置信系数，$\sigma_{\bar{x}}$ 则为算术平均值的标准差．通常取 $t=3$，则 $\delta_{\lim}\bar{x} = \pm 3\sigma_{\bar{x}}$．

实际测量中,有时也可取其他 t 值来表示算术平均值的极限误差.但当测量列的测量次数较少时,应按"学生氏"分布("Student"distribution)或称 t 分布来计算测量列算术平均值的极限误差,即 $\delta_{\lim}\bar{x} = \pm t_a \sigma_{\bar{x}}$ 式中的 t_a 为置信系数,它由给定的置信概率 $P = 1 - \alpha$ 和自由度 $\nu = n - 1$ 来确定,具体数值可以查表.

要注意的是对于同一个测量列,按正态分布和 t 分布分别计算时,即使置信概率的取值相同,但由于置信系数不相同,因而求得的算术平均值极限误差也不相同.

9.3　系　统　误　差

在测量过程中,如果产生的测量误差的值是恒定不变的,或者是遵循着一定规律变化的,那么就称这种误差为系统误差(或称确定性误差).不变的误差称为定值误差;变化着的系统误差则称为变值系统误差.随机误差的基本处理方法是概率统计方法,采用这种方法的前提是,认为出现的误差纯粹是随机误差,即完全排除了系统误差的影响.而系统误差则与随机误差不同,它不能用概率统计的办法来计算.对待系统误差,不可能像随机误差那样得到一个普遍的通用处理方法,只能针对每一个具体情况采取不同的处理措施.因此,处理是否恰当,在很大程度上取决于观测者的经验、学识和技巧.所以说,系统误差虽然是有规律的,但在实际处理中则往往比无规律的随机误差困难得多.

由于系统误差不可能通过使用对测量数据的概率统计法加以消除,甚至未必能通过数据处理来发现它的存在,这就会严重地影响着测量的正确度.在一个测量中,测量的正确度是由系统误差来表征的.如果系统误差很小,那么测量结果就会很正确.

但是,系统误差和随机误差之间并不存在不可逾越的鸿沟,因为有不少系统误差,其出现也往往带有随机性.例如对测量仪器调谐不准而产生的误差完全是可以掌握的,但实际调谐时,即使个人重复操作几次,也往往因调得不准,而使误差表现出随机性.又如在做汽车道路试验时,道路坡度是一种系统误差,但因为在重复试验时,测试路面不可能完全重复,使坡度误差带来一定的随机性.因此,随着人们对误差来源及其变化规律的认识加深,往往有可能把以往认识不到而归入随机误差的某项误差予以澄清而明确为系统误差.反之,当认识不足时,也常把一些系统误差看做是随机误差.

重要的是:系统误差的出现一般是有规律的,其产生的原因是可以掌握的.在实际测量中,人们可以采用一些有效的方法,消除或减弱系统误差对测量结果的影响.但是,存在着的系统误差要完全被消除是不可能的,因此,要设法估计出未能消除而残留下来的系统误差对最终测量结果的影响,即要设法估计出残余的系统误差的数值范围,即测量的不确定度.

1. 系统误差的分类和产生的原因

1) 系统误差的分类

由系统误差的特征可知,在多次重复测量同一个量时,系统误差不具有抵偿性,它是固定或服从一定函数规律的误差.图 9-2 是各种系统误差 Δ 随测量过程 t 变化而表现出的不同特征.曲线 a 为不变的系统误差,曲线 b 为线性变化的系统误差,曲线 c 为非线性变化的系统误差,曲线 d 为周期性变化的系统误差,曲线 e 为按复杂规律变化的系统误差.

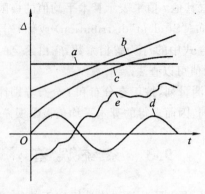

图 9-2

(1) 不变的系统误差:在整个测量过程中,误差的符号和大小固定不变的系统误差,称为不变的系统误差.如量块的公称尺寸为 10 mm,实际尺寸为 10.001 mm,则误差为 − 0.001 mm.若按公称尺寸来测量某零件,则测量结果始终会存在每 10 mm 长度上有 − 0.001 mm 的误差.

(2) 线性变化的系统误差:在整个测量过程中,随着测量值或时间的变化,误差值成比例地增大或减小的系统误差称为线性变化的系统误差.如一根刻度值为 1 mm 的直尺,存在着刻度误差 Δl,则每一刻度的间距实际上是 $(1 + \Delta l)$mm.若用它来度量另一长度,得到的度量比值为 K,则被测长度实际值应为:

$$L = K(1 + \Delta l)\text{mm}$$

若我们认为实际长度为 K,则产生 $-K\Delta l$ 的系统误差.它随着测量长度的增加而线性地增加,这就产生了随测量值的大小而变化的线性系统误差.

(3) 周期性变化系统误差:在整个测量过程中,若随着测量值的大小和测量时间的变化,产生按周期性规律变化的误差,称为周期性变化的系统误差.例如仪表指针的回转中心与度盘中心有偏心值 e,则指针在任一转角 ϕ 都将产生读数误差:

$$\Delta L = e\sin\phi$$

(4) 复杂规律变化的系统误差:在整个测量过程中,若误差是按确定的且复杂的规律变化的,称为复杂规律变化的系统误差.

2) 系统误差产生的原因

系统误差产生的原因是多方面的,归纳起来主要有

工具误差:工具误差也称为仪器误差,这是由于测量所用的工具(仪器、量具等)本身结构不完善而产生的误差.

装置误差:这是由于测量设备或测量装置的安装、布置、调整不当而引起的误差.

人身误差:这是由于测量人员的感觉器官和运动器官不完善而产生的误差,这类误差往往因人而异,并与个人当时的生理和心理状态密切相关.

环境误差:这是由于外界环境(如温度、温度、电磁场等)的改变而引起的误差.

方法误差:又称为理论误差,这是由于测量方法本身所引起的误差.或者是由于测量所依据的理论本身不完善等原因而导致的误差.

2．系统误差的发现与检验

因为系统误差的数值往往比较大,必须消除系统误差的影响,才能有效地提高测量精度.为了消除或减小系统误差,首先碰到的问题是如何发现系统误差.在测量过程中形成系统误差的因素是复杂的,通常人们还难以查明所有的系统误差,也不可能全部消除系统误差的影响.发现系统误差必须根据具体测量过程和测量仪器进行全面的仔细的分析,这是一件困难而又复杂的工作,目前发现某些系统误差常用的几种方法有：

1）实验对比法

实验对比法是改变产生系统误差的条件,通过不同条件下的测量结果对比,发现系统误差,这种方法适用于不变的系统误差.例如量块按公称尺寸使用时,在测量结果中就存在由于量块的尺寸偏差而产生的不变的系统误差,多次重复测量也不能发现这一误差,只有用另一块高一级精度的量块进行对比时才能发现它.

2）残余误差观察法

残余误差观察法是根据测量列的各个残余误差大小和符号的变化规律,直接由误差数据或误差曲线图形来判断有无系统误差,这种方法主要适用于发现有规律变化的系统误差.

3）t 检验法

当两组测得值服从正态分布时,可用 t 检验法判断两组间是否存在系统误差.

若独立测得的两组数据为

$$x_i,\ i=1,2,\cdots,n_x;y_j,\ j=1,2,\cdots,n_y$$

令变量 $t=(\overline{x}-\overline{y})\sqrt{\dfrac{n_x n_y(n_x+n_y-2)}{(n_x+n_y)(n_x\sigma_x^2+n_y\sigma_y^2)}}$ 则该变量是服从自由度为 n_x+n_y-2 的 t 分布变量.其中

$$\overline{x}=\frac{1}{n_x}\sum_{i=1}^{n_x}x_i \qquad\qquad \overline{y}=\frac{1}{n_y}\sum_{j=1}^{n_j}y_j$$

$$\sigma_x^2=\frac{1}{n_x}\sum_{i=1}^{n_x}(x_i-\overline{x})^2 \quad \sigma_y^2=\frac{1}{n_y}\sum_{j=1}^{n_j}(y_j-\overline{y})^2$$

取显著度 α,由 t 分布表查 $P(|t|>t_\alpha)=\alpha$ 中的 t_α,若实测数列中算出之 $|t|<t_\alpha$,则无根据怀疑两组测量值间有系统误差.

3．系统误差的减小和消除

在测量过程中,发现有系统误差存在,必须进一步分析比较,找出可能产生系统误差的因素以及减小和消除系统误差的方法,但是这些方法和具体的测量对象、测量方法、测量人员的经验有关,因此要找出普遍有效的方法比较困难,下面介绍其中最基本的方法以及适应各种系统误差的特殊方法.

1）从产生误差根源上消除系统误差

从产生误差根源上消除误差是最根本的方法,它要求测量人员对测量过程中可能产生的系统误差的环节作仔细分析,并在测量前就将误差从产生根源上加以消除.如为了防止调整误差,要正确调整仪器,选择合理的被测件的定位面或支承点;又如:为了防止测量过程中仪器零位的变动,测量开始和结束时都需检查零位;再如:为了防止在长期使用时,仪器精度降低,要严格进行周期的检定与修理.如果误差是由外界条件引起的,应在外界条件比较稳定时进行测量,当外界条件急剧变化时应停止测量.

2）用修正方法消除系统误差

这种方法是预先将测量器具的系统误差检定出来或计算出来,做出误差表或误差曲线,然后取与误差数值大小相同而符号相反的值作为修正值,将实际测得值加上相应的修正值,即可得到不包含该系统误差的测量结果.如量块的实际尺寸不等于公称尺寸,若按公称尺寸使用,就要产生系统误差.因此应按经过检定的实际尺寸(即将量块的公称尺寸加上修正量)使用,就可避免此项系统误差的产生.由于修正值本身也包含有一定误差,因此用修正值消除系统误差的方法,不可能将全部系统误差修正掉,总要残留少量系统误差,对这种残留的系统误差则应按随机误差进行处理.

3）不变系统误差消除法

对测得值中存在固定不变的系统误差,常用以下几种消除法:

代替法:代替法的实质是在测量装置上对被测量测量后不改变测量条件,立即用一个标准量代替被测量,放到测量装置上再次进行测量,从而求出被测量与标准量的差值,即

$$被测量 = 标准量 + 差值$$

抵消法:要求进行两次测量,以便使两次读数时出现的系统误差大小相等,符号相反,取两次测得值的平均值,作为测量结果,即可消除系统误差.

交换法:根据误差产生原因,将某些条件交换,以消除系统误差.

4）线性系统误差消除法 —— 对称法

对称法是消除线性系统误差的有效方法,如图9-3所示.随着时间的变化,被测量作线性增加,若选定某时刻为中点,则对称此点的系统误差算术平均值皆相等.即

图 9-3

$$\frac{\Delta l_1 + \Delta l_5}{2} = \frac{\Delta l_2 + \Delta l_4}{2} = \Delta l_3$$

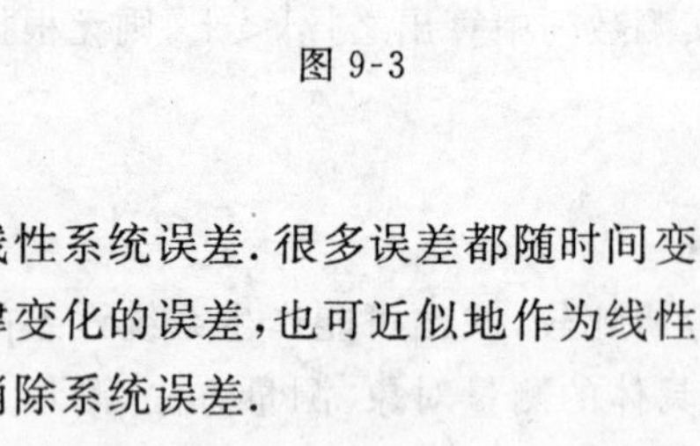

利用这一特点,可将测量对称安排,取各对称点两次读数的算术平均值作为测得值,即可消除线性系统误差.对称法可以有效地消除随时间变化而产生的线性系统误差.很多误差都随时间变化,而在短时间内均可认为是线性规律.有时,按复杂规律变化的误差,也可近似地作为线性误差处理,因此,在一切有条件的场合,均宜采用对称法消除系统误差.

9.4　过失误差

过失误差的数值比较大,它会对测量结果产生明显的歪曲,一旦发现含有过失误差的测量值,应将其从测量结果中剔除.

1. 过失误差的产生原因

产生过失误差的原因是多方面的,大致可归纳为

① 测试人员读错了测量仪表显示的读数.例如将"5.48"误读为"54.8".

② 在测试过程中,测量仪器突然发生故障,因而歪曲了测量结果.

③ 将测量结果记录错了.例如,仪器显示的读数为"5.48",操作者也读为"5.48",但记录者误记为"54.8".

④ 不正确地操作仪器.

⑤ 测试中不正确地变动了仪器的状态,由此而使仪表显示出不正确的数据,在试验中没有发现而将读数记录了下来.

⑥ 在对测试仪器的结构原理、性能等尚不够了解的情况下进行测量,使读数产生误差.

⑦ 在测试中,因为环境的一些偶然因素而改变了被测试对象的工况,在测量中显示了错误的数据而又没有被发现,以致将错误的数据记录了下来.

因此,在测量列中含有过失误差是可能的,因为出现过失误差这一事件本身也是一个随机事件,如果测量系统中,测量仪器的精密度好,工作可靠,试验设计正确,测试人员技术熟练且不疲劳时,出现过失误差的概率就要小些;反之,出现的可能性就增大.在一个测量列中,如果在测定某一量值时,包含过失误差,则测定值便会遭到歪曲,出现过大或过小的测定值.这种包含有过失误差的测定值通常称为异常数据.如果在测定值中出现异常数据,将使测量结果不正确,因而必须从测得值中剔除出去.

对于过失误差,在测量值中表现显异常的数据,除了设法从测量结果中发现和剔除以外,更重要的是要加强测量人员的工作责任心和以严格的科学态度对待测量工作;同时,还要保持测量条件的稳定,或者避免在外界条件发生激烈变化的情况下进行测量.如果能达到以上要求,一般情况下是可以防止过失误差产生的.

2. 判别过失误差的准则

判别过失误差的准则又称异常数据取舍的准则,在判断某个测量值是否含有过失误差时,要特别慎重.如果有充分的根据可以判定是异常数据,则应将它在测量列中舍去.对于原因不明确的数据,只能用统计学的准则决定取舍,仅仅根据某个测定值与其他测量值之间有较大的差别而予以取舍,是没有道理的.通常判断测量列中的某测定值中是否包含有过失误差的准则有 3σ 准则、罗曼诺夫斯基准则、格罗布斯准则、狄克松准则.下面只介绍 3σ 准则的统计原理.

3σ 准则是最常用的也是最简单的判断过失误差的准则,但它是一个近似的准则.对于某一测量列,若各测量值只含有随机误差,则根据随机误差正态分布规律,随机误差服从 $N(0,\sigma^2)$ 分布,其中零表示随机误差的均值,σ^2 为测量列的方差.如果此测量列为有限次测量,则标准误差可用其残余误差进行估计,即

$$\sigma = \sqrt{\frac{\sum_{i=1}^{n} v_i^2}{n-1}}$$

由概率分布表可知,由于残余误差 v_i 服从正态分布,则残余误差 v_i 落在 $\pm 3\sigma$(近似于 3σ)以外的概率仅为 0.002 7,即在 370 次测量中只有一次出现 $|v_i| > 3\sigma$ 的情况.因此,残余误差大于 3σ 的测定值可以认为其中含有过失误差,应把它从测量列中剔除.

例 1:对一未知量作 15 次等精度测量,测量值如表 9-2 所示(单位:mm),设此测量列已消除了系统误差,试判断测量列中是否有过失误差.

表 9-2

序号	x_i	v_i	v_i^2		v'_i	v'^2_i
1	20.42	0.016	0.000 256		0.009	0.000 081
2	20.43	0.026	0.000 676		0.019	0.000 361
3	20.40	−0.004	0.000 016		−0.011	0.000 121
4	20.43	0.026	0.000 676		0.019	0.000 361
5	20.42	0.016	0.000 256		0.009	0.000 081
6	20.43	0.026	0.000 676	除	0.019	0.000 361
7	20.39	−0.014	0.000 196	掉	−0.021	0.000 441
8	20.30	−0.104	0.010 816	过失	—	—
9	20.40	−0.004	0.000 016	误差	−0.011	0.000 121
10	20.43	0.026	0.000 676	后的	0.019	0.000 361
11	20.42	0.016	0.000 256	计	0.009	0.000 081
12	20.41	0.006	0.000 036	算	−0.001	0.000 001
13	20.39	−0.014	0.000 196		−0.021	0.000 441
14	20.39	−0.014	0.000 196		−0.021	0.000 441
15	20.40	−0.004	0.000 016		−0.011	0.000 121
	$\bar{x} = \dfrac{\sum\limits_{i=1}^{15} x_i}{15}$ $= 20.404$	$\sum\limits_{i=1}^{15} v_i = 0$	$\sum\limits_{i=1}^{15} v_i^2 = 0.01496$		$\bar{x} = \dfrac{\sum\limits_{i=1}^{14} x_i}{14}$ $= 20.411$ $\sum\limits_{i=1}^{14} v'_i = 0$	$\sum\limits_{i=1}^{14} v'^2_i = 0.003374$

解:由表所列的测量列数据求算术平均值:

$$\bar{x} = \frac{\sum\limits_{i=1}^{n} x_i}{n} = \frac{\sum\limits_{i=1}^{15} x_i}{15} = 20.404 \text{(mm)}$$

残余误差 $v_i = x_i - \bar{x}$,计算数据列于表中.

测量列的标准误差为 $\sigma = \sqrt{\dfrac{\sum\limits_{i=1}^{n} v_i^2}{n-1}} = \sqrt{\dfrac{0.01496}{14}} = 0.033 \text{(mm)}$

则 $3\sigma = 0.099$.

根据 3σ 准则,发现第 8 次测定值的残余误差 $|v_8| = 0.104 > 3\sigma = 0.099(mm)$

此即表示第 8 次测定值中含有过失误差,应将它舍去. 然后再根据剩下的 14 个测定值

重新计算,得算术平均值为:$\overline{x}' = \dfrac{\sum\limits_{i=1}^{n} x_i}{n} = \dfrac{\sum\limits_{i=1}^{14} x_i}{14} = 20.411(mm)$

再求新的测量列标准误差:$\sigma' = \sqrt{\dfrac{\sum\limits_{i=1}^{n} v_i'^2}{n-1}} = \sqrt{\dfrac{0.00337496}{13}} = 0.016(mm)$

则 $3\sigma' = 0.048(mm)$.

由表可知,余下的 14 个测量值均满足 $|v_i| < 3\sigma$ 的要求,故认为这些测量值不再含有过失误差.

9.5　误差分析的应用实例

对某量进行等精度直接测量,为了得到合理的测量结果,应按前述误差理论对各种误差进行分析处理,现以例 3 来说明等精度直接测量的测量结果数据处理方法与步骤. 它对未知量作了 15 次等精度测量,并且消除了系统误差,现求测量结果.

求解步骤如下:

① 求算术平均值;

② 求残余误差;

③ 校核算术平均值及其残余误差;

④ 判断系统误差;

根据残余误差观察法,由例 3 表中可以看出误差符号大体上正负相同,且无显著变化规律,因此可判断该测量列无变化的系统误差存在.

⑤ 求测量列单次测量的标准差;

⑥ 判别过失误差;

若发现测量列存在过失误差,应将含有过失误差的测得值剔除,然后再按上述步骤重新计算,直至所有测得值皆不包含过失误差为止.

(以上这些步骤在例 3 中已经求解过了,在此就不再重复了)

⑦ 求算术平均值的标准差;

计算 $\sigma_{\overline{x}} = \dfrac{\sigma}{\sqrt{n}} = \dfrac{0.016}{\sqrt{14}} = 0.004276(mm)$

⑧ 求算术平均值的极限误差;

因为测量列的测量次数较少,算术平均值的极限误差按 t 分布计算.

已知 $v = n - 1 = 14 - 1 = 13$,取 $\alpha = 0.05$,查表得 $t_a = 2.16$.

根据 $\delta_{\lim}\overline{x} = \pm t_{\sigma_{\overline{x}}}$ 求得算术平均值的极限误差:

$$\delta_{\lim}\overline{x} = \pm t_{\sigma_{\overline{x}}} = \pm 2.16 \times 0.004276 = \pm 0.0092(mm).$$

⑨ 写出最后测量结果.

最后测量结果通常用算术平均值及其极限误差来表示,即

$$x = \bar{x} + \delta_{\lim}\bar{x} = (20.411 \pm 0.0092)\text{mm}.$$

习　题　9

1. 简述误差的定义及其分类有哪些?

2. 如何根据测量结果分析计算随机误差的算术平均值、标准差、极限误差?

3. 对多次等精度测量,如何判断测量列中是否有过失误差?

第10章　随机过程及其统计描述

本章首先从两种不同描述方法入手,引入随机过程概念,然后一般性地给出随机过程的统计描述方式,最后介绍几类重要的随机过程.

10.1　随机过程概念

在概率论部分,我们引入随机变量来描述随机现象,以随机变量的不同取值表达随机试验的每一个基本事件,通过研究随机变量的分布给出随机现象的统计规律性.例如抛掷一枚均匀硬币的试验中,可定义如下随机变量

$$X = \begin{cases} 0, \text{出现正面} \\ 1, \text{出现反面} \end{cases}$$

无论何时做这个实验,只要是在相同的条件下,其统计结果是完全相同的,即 X 的统计分布与时间无关.

但是也有很多随机现象的统计规律性是在不断变化之中的,也即研究这类随机现象统计分布的随机试验的样本空间在不同的时刻可能会出现不同的结果,这就需要用一个与时间有关的随机变量,来表达不同时刻的统计分布.例如,在无线电通讯技术中,接收机在接收信号时,机内的热噪声电压会对信号产生持续的干扰,而热噪声电压 $V(t)$ 就是一个与时间有关的随机变量.其特征在于对确定的 t,$V(t)$ 是一个随机变量,对不同的 t,可得到无限多个(一族)可能具有不同分布的随机变量.在实际工作中,可通过某种装置在一段时间内$(0,T)$ 对接收机的噪声进行持续的观察和记录,其结果是得到一个确定的电压 - 时间函数 $v(t,\omega_1)$,$(0 < t < T)$,但这个电压 - 时间函数在试验前是不可能预先确知的,热噪声的随机性就在于在相同条件下每次测量都将产生可能不同的电压 - 时间函数.这样,不断独立地重复上述测量就可以得到区间$(0,T)$ 上的一簇电压 - 时间曲线 $\{v(t,\omega_i),(0 < t < T, i = 1,2,\cdots,)\}$,如图 10-1 所示 $(v_i(t) = v(t,\omega_i))$.这簇曲线充分刻画了热噪声电压的统计规律性随时间变化的特征:

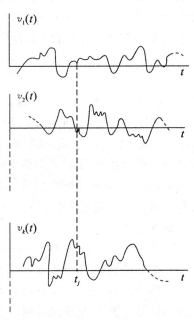

图 10-1　电压 - 时间曲线

(1) 对确定的 $t = t_1$,$V(t_1)$ 是随机变量,对不同的 t,可得到一簇随机变量;

（2）对一次确定的实验 ω_i，$V(t)$ 是一条普通的时间曲线，对每次实验，可得到一簇不同的电压 - 时间曲线 $\{v(t,\omega_i),(0<t<T,i=1,2,\cdots,)\}$.

定义 1：设 T 是一实数集，称依赖于参数 $t\in T$ 的一簇（无限多个）随机变量 $X(t,\omega_i)$，$(t\in T,i=1,2,\cdots)$ 为随机过程，记为 $\{X(t,\omega_i),t\in T,i=1,2,\cdots\}$.

这里 T 具有时间的意义，叫做**参数集**. 对每一个 $t\in T$，$X(t)$ 是一随机变量，称为随机过程在该时刻的状态；对每一个 ω_i，$X(t,\omega_i)$ 是普通的函数，称为随机过程的一个（对应于 ω_i）**样本函数**或**样本曲线**，所有样本函数的可能取值构成了随机过程的**状态空间**.

显然一个随机过程可用定义在一个时间参数集上的一簇随机变量或者定义在样本空间样本点上的一簇样本函数两种方式表示，它们在本质上是一致的. 在理论分析时往往以随机变量簇的描述方式作为出发点，而在实际应用和数据处理中往往采用样本函数簇的描述方式. 同随机变量一样，随机过程通常被简记为 $\{X(t),t\in T\}$.

例 1：抛掷一枚硬币的试验中，样本空间 $S=\{H,T\}$ 仅包含两个样本点，现对这两个样本点的出现与否赋予与时间有关的数值

$$X(t)=\begin{cases}\cos\pi t,&\text{当出现 }H,\\t,&\text{当出现 }T,\end{cases}\quad t\in(-\infty,+\infty),$$

其中 $P(H)=P(T)=1/2$.

对任意固定的 t，$X(t)$ 是一个定义在 S 上的随机变量；对每一次实验，两种可能的结果对应于两个不同的样本曲线. 显然 $\{X(t),t\in(-\infty,+\infty)\}$ 符合随机过程的定义特征，即它是随机过程. 需要注意的是，本随机过程只包含着两个样本函数，这是因为在对它的多次试验中，结果可能是完全相同的，即一簇样本函数中，允许其中一些是相同的.

例 2：医院不断登记新生儿性别，以 X_n 表示第 n 次登记的结果，定义

$$X_n=\begin{cases}1&\text{第 }n\text{ 次生女孩,}\\0&\text{第 }n\text{ 次生男孩,}\end{cases}\quad n=1,2,\cdots$$

显然，$X_1,X_2,\cdots,X_n$ 是一个随机变量序列. 对不同"时刻 n"（$n=1,2,\cdots$）的登记结果，X_n 是一个随机变量；对两个可能的结果（男孩或女孩），持续登记下去可得到两条不同的样本曲线（$X_n=1$ 或 $X_n=0$）. 因此，该随机变量序列符合随机过程的定义，可记为 $\{X_n,n=1,2,\cdots\}$. 在这个随机过程中，不同时刻得到的"一簇"随机变量 $X_1,X_2,\cdots,X_n$ 的统计分布可能是完全相同的. 实际上对一个随机变量序列，其统计分布是否具有稳定性，也即一个随机过程的统计分布是否具有稳定性正是随机过程的一个重要研究内容.

例 3：考虑

$$X(t)=a\cos(\omega t+\theta),\quad t\in(-\infty,+\infty),\tag{10.1}$$

式中 a 和 ω 是正常数，Θ 是在 $(0,2\pi)$ 上服从均匀分布的随机变量.

显然，对于每一个固定的时刻 $t=t_1$，$X(t_1)=a\cos(\omega t_1+\theta)$ 是一个随机变量；在 $(0,2\pi)$ 内随机地取一数 θ_i，相应地得到一个时间函数. 因而由（10.1）式确定的 $X(t)$ 是一个随机过程，通常称它为随机相位正弦波. 图 10-2 中画出了这个随机过程的两条样本曲线.

例 4：雷达在捕获运动目标的距离、方位等参数时存在随机误差，若以 $\varepsilon(t)$ 表示在时刻 t 的测量误差，则它是一个随机变量. 当目标随时间 t 按一定规律运动时，测量误差 $\varepsilon(t)$ 也随时间 t 而变化，换句话说，$\varepsilon(t)$ 是依赖于时间 t 的一簇随机变量，亦即 $\{\varepsilon(t),t\geqslant 0\}$ 是一随机过

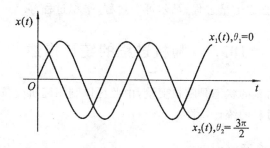

图 10-2　随机相位正弦波的两条样本曲线

程,且它们的状态空间是$(-\infty,+\infty)$.

例 5:无线电通讯过程中,大气信道受大气湍流、闪烁等随机因素的影响,存在着一定的误码率.一般对确定的时刻,该误码率在一定的范围内随机取值;而在不同时刻,由于大气环境等因素的影响在随机变化,误码率可能具有不同的统计分布.这里,在通信过程中,大气信道环境质量指标是一个随机过程,误码率也是一个随机过程,且二者之间是有关联的.

科学研究和科学技术应用中需要应对的随机现象几乎处处可见,例如,从大的方面来说,地球环境的变化、经济指标的波动、物种的生长和变异等;从具体的方面来说,生化实验室内的病菌培养、地震波幅、结构物承受的风荷载以及通讯、自控、检测和成像系统中的各种噪声和干扰等等,上述过程都可用随机过程这一数学模型来描绘.不过,这些随机过程都不像随机相位正弦波那样,可以很方便、很具体地用时间和随机变量(一个或几个)的关系式表示出来.其主要原因在于自然界和社会产生随机因素的机理是极为复杂的,很难甚至是不可能被描述出来.在本章例 5 中,大气信道质量是一个综合指标,是大气温度、密度、压强、湿度、气流流速及形态等众多因素的合成,要面面俱到地考虑这些随机因素而给出一个综合指标是非常困难的.对于这些随机过程(实际中大多是这样的随机过程),一般来说,我们只有通过大量的实验数据,分析和观察它们随时间变化的统计规律性.

随机过程可依其在任一时刻的状态是连续型随机变量或离散型随机变量而分成**连续型随机过程**和**离散型随机过程**.随机过程还可依时间(参数集)是连续或离散进行分类.当参数集 T 是有限或无限区间时,称 $\{X(t),t\in T\}$ 为**连续参数随机过程**(以下如无特别指明,"随机过程"总是指连续参数而言的).如果 T 是离散集合,如本章例 2 中的 $T=\{0,1,2,\cdots\}$,则称 $\{X(t),t\in T\}$ 为**离散参数随机过程或随机序列**,此时常记成 $\{X_n,n=0,1,2,\cdots\}$ 等,如本章例 5.

有时,为了适应数字化的需要,实际中也常将连续参数随机过程转化为随机序列处理.例如,我们只在时间集 $T=\{\Delta t,2\Delta t,\cdots,n\Delta t,\cdots\}$ 上观测电阻热噪声电压 $V(t)$,这时就得到一个随机序列

$$\{V_1,V_2,\cdots,V_n,\cdots\},$$

其中 $V_n=V(n\Delta t)$.显然,当 Δt 充分小时,这个随机序列能够近似地描述连续时间情况下的热噪声电压.

上述分类方法仅仅是表面的,后面会看到对随机过程的分类往往是根据其概率分布特征进行的.具体地说,就是依照过程在不同时刻的状态之间的特殊统计依赖方式,抽象出一

些不同类型的模型,如独立增量过程、马尔可夫过程、平稳过程等.

10.2　随机过程的统计描述

随机过程在任一时刻的状态是随机变量,由此可以利用随机变量(一维和多维)的统计描述方法来描述随机过程的统计特性.

1. 随机过程的分布函数

定义1:设$\{X(t),t\in T\}$为随机过程,对于确定的$t\in T$,$X(t)$是随机变量,其分布函数一般与t有关,记为
$$F_1(x,t)=P\{X(t)\leqslant x\},x\in R,$$
称它为随机过程$\{X(t),t\in T\}$的**一维分布函数**.当t取遍参数集时,可获得一簇一维分布函数,称为随机过程$\{X(t),t\in T\}$的**一维分布函数簇**,记为$\{F_1(x,t),t\in T\}$.

一维分布函数簇刻画了随机过程在各个不同时刻的统计特性,为了描述这些统计特性之间的关联性,还需引入多维分布函数的概念.

定义2:设$\{X(t),t\in T\}$为随机过程,对于确定的$t_1,t_2\in T$,随机变量$X(t_1)$与$X(t_2)$的联合分布函数
$$F_2(x_1,x_2;t_1,t_2)=P\{X(t_1)\leqslant x_1,X(t_2)\leqslant x_2\},x_1,x_2\in R$$
称为随机过程的二维分布函数,当t_1,t_2取遍参数集时,可得到二维分布函数簇$\{F_2(x_1,x_2;t_1,t_2),t_1,t_2\in T\}$.

与此类似,对确定的$t_1,t_2,\cdots,t_n\in T$,定义随机过程$\{X(t),t\in T\}$的n维分布函数为
$$F_n(x_1,x_2,\cdots,x_n;t_1,t_2,\cdots,t_n)=P\{X(t_1)\leqslant x_1,X(t_2)\leqslant x_2,\cdots,X(t_n)\leqslant x_n\},$$
$$x_1,x_2,\cdots,x_n\in R.$$
$t_1,t_2,\cdots,t_n$取遍T时,可得随机过程$\{X(t),t\in T\}$的n维分布函数簇$\{F_n(x_1,x_2,\cdots,x_n;t_1,t_2,\cdots,t_n),t_i\in T\}$.

显然从随机过程$\{X(t),t\in T\}$的n维分布函数簇可给出其一维、二维、$\cdots$、$n-1$维分布函数簇.n维分布函数簇能够近似地描述随机过程的统计特性,且n愈大,描述的近似程度也愈高.

定义3:随机过程$\{X(t),t\in T\}$的一维、二维、$\cdots$、n维分布函数所构成的全体$\{F_n(x_1,x_2,\cdots,x_n;t_1,t_2,\cdots,t_n),n=1,2,\cdots,t_i\in T\}$称为该随机过程的**有限维分布函数簇**.

由多维分布函数的定义与性质,易证明随机过程的有限维分布函数簇满足以下性质:

(1) 对称性:对$(1,2,\cdots,n)$的任意排列$(i_1,i_2,\cdots,i_n)$,有
$$F_n(x_1,x_2,\cdots,x_n;t_1,t_2,\cdots,t_n)=F_n(x_{i_1},x_{i_2},\cdots,x_{i_n};t_{i_1},t_{i_2},\cdots,t_{i_n}).$$

(2) 相容性:对$m<n$,有
$$F_n(x_1,x_2,\cdots,x_m,\infty,\cdots\infty;t_1,t_2,\cdots,t_m,t_{m+1},\cdots,t_n)$$
$$=F_m(x_1,x_2,\cdots,x_m;t_1,t_2,\cdots,t_m).$$

科尔莫戈罗夫定理指出,若分布函数簇满足对称性与相容性,则必存在一个随机过程以该分布函数簇为有限维分布函数簇,且能完全确定该随机过程的统计特性.

例 1：利用抛掷一枚均匀硬币实验定义一随机过程. 设从 $t = 0$ 开始，每隔 1 秒抛掷一枚均匀硬币一次，对每个抛掷时刻，定义随机变量

$$X(t) = \begin{cases} \sin\left(\dfrac{\pi}{2}t\right), & t \text{ 时刻抛出正面,} \\ 2t, & t \text{ 时刻抛出反面.} \end{cases}$$

试写出该随机过程，并求其一维分布函数 $F_1(x,1)$，$F_1(x,2)$ 和二维分布函数 $F_2(x_1, x_2;1,2)$.

解：$X(1)$、$X(2)$ 均是离散型随机变量，其分布列为

$X(1)$	$\sin\left(\dfrac{\pi}{2} \cdot 1\right) = 1$	$2 \times 1 = 2$
P	$\dfrac{1}{2}$	$\dfrac{1}{2}$

$X(2)$	$\sin\left(\dfrac{\pi}{2} \cdot 2\right) = 0$	$2 \times 2 = 4$
P	$\dfrac{1}{2}$	$\dfrac{1}{2}$

由于抛掷实验是独立的，$X(1)$、$X(2)$ 相互独立，它们的联合分布为

$X(1)$ \ $X(2)$	0	4
1	$\dfrac{1}{4}$	$\dfrac{1}{4}$
2	$\dfrac{1}{4}$	$\dfrac{1}{4}$

故有

$$F_1(x;1) = P\{X(1) \leqslant x\} = \begin{cases} 0, & x < 1, \\ \dfrac{1}{2}, & 1 \leqslant x < 2, \\ 1, & 2 \leqslant x. \end{cases}$$

$$F_1(x;2) = P\{X(2) \leqslant x\} = \begin{cases} 0, & x < 0, \\ \dfrac{1}{2}, & 0 \leqslant x < 4, \\ 1, & 4 \leqslant x. \end{cases}$$

$$F_2(x_1,x_2;1,2) = P\{X(1)\leqslant x_1, X(2)\leqslant x_2\}$$

$$=\begin{cases}\dfrac{1}{4}, & 1\leqslant x_1<2, 0\leqslant x_2<4,\\[2mm]\dfrac{1}{2}, & 1\leqslant x_1<2, 4\leqslant x_2; 2\leqslant x_1, 0\leqslant x_2<4,\\[2mm]1, & 2\leqslant x_1, 4\leqslant x_2,\\[2mm]0, & \text{其他}.\end{cases}$$

一般要确定随机过程的有限维分布函数簇是非常困难和繁琐的,类似于对随机变量的研究一样,更常见的是通过研究随机过程的一些数字特征来对它们的主要分布特征进行分析和判断.

2. 随机过程的数字特征

随机过程的有限维分布函数簇能完全刻画随机过程的统计特性,但是人们在实际中,根据观察往往只能得到随机过程的部分资料(样本),用它来确定有限维分布函数簇是困难的,甚至是不可能的.因而像引入随机变量的数字特征那样,有必要引入随机过程的一些数字特征.我们将会看到,这些数字特征在一定条件下是便于测量的,并且能够刻画随机过程的一些重要统计特征.

定义 4:给定随机过程$\{X(t), t\in T\}$,对任意$t\in T$,随机变量$X(t)$的均值和方差一般与t有关,记为

$$\mu_X(t) = E[X(t)], \tag{10.2}$$
$$\sigma_X^2(t) = D[X(t)] = E\{[X(t)-\mu_X(t)]^2\}. \tag{10.3}$$

我们称$\mu_X(t)$和$\sigma_X^2(t)$为随机过程$\{X(t), t\in T\}$的均值函数和方差函数.随机变量$X(t)$的二阶原点矩一般也与t有关,记为

$$\Psi_X^2(t) = E[X^2(t)]. \tag{10.4}$$

称$\Psi_X^2(t)$为该随机过程的**二阶矩函数**.显然同一随机过程的均值函数、方差函数和二阶矩函数之间存在如下关系:

$$\sigma_X^2(t) = E\{[X(t)]^2\} - \{E[X(T)]\}^2 = \Psi_X^2(t) - \mu_X^2(t). \tag{10.5}$$

均值函数$\mu_X(t)$是随机过程的所有样本函数在时刻t的函数值的平均值,通常称这种平均为**集平均**或**统计平均**,它表示随机过程$X(t)$在各个时刻的摆动中心,如图 10-3 所示.

方差函数的算术平方根$\sigma_X(t)$称为随机过程**标准差函数**,它表示随机过程$X(t)$在时刻t对于均值$\mu_X(t)$的平均偏离程度(图 10-3).

均值函数和方差函数只是描述了随机过程在各个孤立时刻的统计特征,为了描述随机过程在任意两个不同时刻状态之间的联系,下面引入随机过程的相关函数与协方差函数的概念.

定义 5:设$t_1, t_2\in T$,随机变量$X(t_1)$和$X(t_2)$的二阶原点混合矩记作

$$R_{XX}(t_1,t_2) = E[X(t_1)X(t_2)], \tag{10.6}$$

一般来说,它是时间参数的二元函数,称为随机过程$\{X(t), t\in T\}$的自相关函数,简称**相关函数**,记号$R_{XX}(t_1,t_2)$在不致混淆的场合常简记为$R_X(t_1,t_2)$.

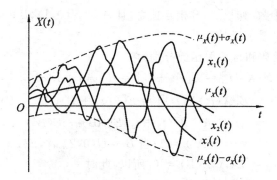

图 10-3　均值和方差函数的统计意义

类似地,还可写出 $X(t_1)$ 和 $X(t_2)$ 的二阶混合中心矩,记作

$$C_{XX}(t_1,t_2) = \text{Cov}[X(t_1),X(t_2)] = E\{[X(t_1) - \mu_X(t_1)][X(t_2) - \mu_X(t_2)]\}. \quad (10.7)$$

并称它为随机过程 $\{X(t),t \in T\}$ 的**自协方差函数**,简称**协方差函数**,通常情况下,它们也是时间的二元函数,$C_{XX}(t_1,t_2)$ 也常简记为 $C_X(t_1,t_2)$.

由多维随机变量数字特征的知识可知,自相关函数和自协方差函数是刻画随机过程自身在两个不同时刻的状态之间统计依赖关系的数字特征.

由上述 5 个数字特征的定义易知,它们之间存在着如下的关系:

$$\Psi_X^2(t) = R_X(t,t). \quad (10.8)$$

$$C_X(t_1,t_2) = R_X(t_1,t_2) - \mu_X(t_1)\mu_X(t_2). \quad (10.9)$$

$$\sigma_X^2(t) = C_X(t,t) = R_X(t,t) - \mu_X^2(t). \quad (10.10)$$

也即其中只有两个是独立的,通常是将均值函数和自相关函数作为随机过程的主要研究对象.

从理论的角度来看,仅仅研究均值函数和自相关函数当然是不能代替对整个随机过程的研究的,但是由于它们确实刻画了随机过程的主要统计特性,而且远较有限维分布函数簇易于观察和实际计算,因而对于科学和工程技术中的应用课题而言,它们常常能够起到重要作用.据此,在随机过程的专著中都着重研究了所谓二阶矩过程.

如果对每一个 $t \in T$,随机过程 $\{X(t),t \in T\}$ 的二阶矩 $E[X^2(t)]$ 都存在,则称它为**二阶矩过程**.

二阶矩过程的均值函数与相关函数总是存在的.事实上,由于 $E[X^2(t_1)]$,$E(X^2(t_2))$ 存在,根据柯西 - 施瓦茨不等式有

$$\{E[X(t_1)X(t_2)]\}^2 \leqslant E[X^2(t_1)]E[X^2(t_2)], \quad t_1,t_2 \in T.$$

即知 $R_X(t_1,t_2) = E[X(t_1)X(t_2)]$ 存在.

在实际中,常遇到一种特殊的二阶矩过程 —— 正态过程.若随机过程 $\{X(t),t \in T\}$ 的每一个有限维分布都是正态分布,亦即对任意整数 $n \geqslant 1$ 及任意 $t_1,t_2,\cdots,t_n \in T,X(t_1)$,$\{X(t_2),\cdots,X(t_n)\}$ 服从 n 维正态分布,则称为**正态过程**.根据前面所学知识,正态过程的全部统计特性完全由它的均值函数和自协方差函数(或自相关函数)所确定.

例 2:设 A,B 是两个随机变量.试求随机过程

$$X(t) = At + B, t \in T = (-\infty, +\infty)$$

的均值函数和自相关函数. 如果 A,B 相互独立,且 $A \sim N(0,1)$,$B \sim U(0,2)$,问 $X(t)$ 的均值函数和自相关函数又是怎样的?

解:$X(t)$ 的均值函数和自相关函数分别为

$$\mu_X(t) = E[X(t)] = E[At + B] = tE[A] + E[B],$$

$$R_X(t_1,t_2) = E[X(t_1)X(t_2)] = E[(At_1 + B)(At_2 + B)]$$

$$= t_1 t_2 E(A^2) + (t_1 + t_2)E(AB) + E(B^2), t_1, t_2 \in T.$$

当 $A \sim N(0,1)$ 时,$E(A) = 0$,$E(A^2) = 1$;当 $B \sim U(0,2)$ 时,$E(B) = 1$,$E(B^2) = 4/3$. 又因 A、B 独立,故 $E(AB) = E(A)E(B) = 0$. 所以,此时

$$\mu_X(t) = 1, R_X(t_1,t_2) = t_1 t_2 + 4/3, t_1, t_2 \in T.$$

例 3:求随机相位正弦波(本章例 3)的均值函数、方差函数和自相关函数.

解:由假设 Θ 的概率密度为

$$f(\theta) = \begin{cases} \dfrac{1}{2\pi}, & 0 < \theta < 2\pi, \\ 0, & 其他. \end{cases}$$

于是,由定义

$$\mu_X(t) = E[X(t)] = E[a\cos(\omega t + \Theta)]$$

$$= \int_0^{2\pi} a\cos(\omega t + \theta) \cdot \frac{1}{2\pi} d\theta = 0,$$

而自相关函数

$$R_X(t_1,t_2) = E[X(t_1)X(t_2)] = E[a^2\cos(\omega t_1 + \Theta)\cos(\omega t_2 + \Theta)]$$

$$= a^2 \int_0^{2\pi} \cos(\omega t_1 + \theta)\cos(\omega t_2 + \theta) \cdot \frac{1}{2\pi} d\theta = \frac{a^2}{2}\cos \omega\tau,$$

式中 $\tau = t_2 - t_1$. 特别,令 $t_1 = t_2 = t$,即得方差函数为

$$\sigma_X^2(t) = R_X(t,t) - \mu_X^2(t) = R_X(t,t) = \frac{a^2}{2}.$$

例 4:设 $X(t) = A\cos\omega t + B\sin\omega t$,$t \in T = (-\infty, +\infty)$,其中 A,B 是相互独立,且都是服从正态分布 $N(0,\sigma^2)$ 的随机变量,ω 是实常数. 试证明 $X(t)$ 是正态过程,并求它的均值函数和自相关函数.

解:由题设,A、B 是相互独立的正态随机变量,所以 (A,B) 是二维正态随机变量. 对任意一组实数 $t_1, t_2, \cdots, t_n \in T$,

$$X(t_i) = A\cos\omega t_i + B\sin\omega t_i, \quad i = 1, 2, \cdots, n$$

都是 A,B 的线性组合,也即 $X(t_1), X(t_2), \cdots, X(t_n)$ 的任意线性组合都可形成 A,B 的线性组合,从而服从一维正态分布. 根据 n 维正态随机变量的性质,$\{X(t_1), X(t_2), \cdots, X(t_n)\}$ 是 n 维正态随机变量,由 n, t_i 的任意性,可知 $\{X(t), -\infty < t < +\infty\}$ 是正态过程. 另由题设 $E(A) = E(B) = E(AB) = 0$,$E(A^2) = E(B^2) = \sigma^2$,由此可算得 $X(t)$ 的均值函数和自协方差函数(自相关函数)分别为

$$\mu_X(t) = E\{A\cos\omega t + B\sin\omega t\} = 0,$$

$$C_X(t_1,t_2) = R_X(t_1,t_2)$$

$$= E[\{A\cos\omega t_1 + B\sin\omega t_1\}(A\cos\omega t_2 + B\sin\omega t_2)]$$

$$= \sigma^2(\cos\omega t_1 \cos\omega t_2 + \sin\omega t_1 \sin\omega t_2)$$
$$= \sigma^2 \cos\omega(t_2 - t_1).$$

需要注意的是,在本章例 8 和例 9 中,均值函数和方差函数都是与时间无关的常数,而相关函数是时间的单元函数,即仅与两个时刻的差值有关,这种随机过程是生产实践和科学活动常见的一类,称为平稳随机过程.

3. 二维随机过程的分布函数和数字特征

实际问题中,我们有时必须同时研究两个或两个以上随机过程及它们之间的统计联系.例如,在现代光纤通信技术中,为增加信号的传输容量,往往采用波分复用技术进行多路传输.由于各种噪声的存在,每一路信号都是随机过程,最终接收和处理的信号是各路信号的总和.这就需要将多个随机过程作为一个总体,不仅要研究它们各自的统计特征,还必须研究它们之间的统计关系.

定义 6:设 $X(t),Y(t)$ 是依赖于同一参数 $t \in T$ 的两个随机过程,对于确定的 $t \in T$, $X(t),Y(t)$ 是定义在不同样本空间上的两个随机变量,我们称 $\{(X(t),Y(t),t \in T)\}$ 为二维随机过程.

给定二维随机过程 $\{(X(t),Y(t)),t \in T\}$, $t_1,t_2,\cdots,t_n;t_1',t_2',\cdots,t_m'$ 是 T 中任意两组实数,我们称 $n+m$ 维随机变量

$$\{X(t_1),X(t_2),\cdots,X(t_n);Y(t_1'),Y(t_2'),\cdots,Y(t_m')\}$$

的分布函数

$$F(x_1,x_2,\cdots,x_n;t_1,t_2,\cdots,t_n;y_1,y_2,\cdots,y_m;t_1',t_2',\cdots,t_m')$$
$$x_i,y_i \in R, i = 1,2,\cdots,n, j = 1,2,\cdots,m$$

为这个二维随机过程的 $n+m$ 维分布函数或随机过程 $X(t)$ 与 $Y(t)$ 的 $n+m$ 维联合分布函数.同样可定义二维随机过程的 $n+m$ 维分布函数簇和有限维分布函数簇.

如果对任意的正整数 n,m,任意的数组 $t_1,t_2,\cdots,t_n \in T, t_1',t_2',\cdots,t_m' \in T$, n 维随机变量 $(X(t_1),X(t_2),\cdots,X(t_n))$ 与 m 维随机变量 $(Y(t_1'),Y(t_2'),\cdots,Y(t_m'))$ 相互独立,则称随机过程 $X(t)$ 和 $Y(t)$ 是相互独立的.

定义 7:设 $\{(X(t),Y(t),t \in T)\}$ 是二维随机过程,对任意 $t_1,t_2 \in T$,随机变量 $X(t_1)$, $Y(t_2)$ 的二阶混合原点矩通常是时间的二元函数,记作

$$R_{XY}(t_1,t_2) = E[X(t_1)Y(t_2)], \quad t_1,t_2 \in T, \tag{10.11}$$

并称它为随机过程 $X(t)$ 和 $Y(t)$ 的互相关函数.

类似地,还可定义的 $X(t)$ 和 $Y(t)$ 的互协方差函数:

$$C_{XY}(t_1,t_2) = E\{[X(t_1) - \mu_X(t_1)][Y(t_2) - \mu_Y(t_2)]\}$$
$$= R_{XY}(t_1,t_2) - \mu_X(t_1)\mu_Y(t_2), \quad t_1,t_2 \in T. \tag{10.12}$$

如果二维随机过程 $(X(t),Y(t))$ 对任意的 $t_1,t_2 \in T$ 恒有

$$C_{XY}(t_1,t_2) = 0,$$

即

$$R_{XY}(t_1,t_2) = \mu_X(t_1)\mu_Y(t_2), \quad t_1,t_2 \in T.$$

则称随机过程 $X(t)$ 和 $Y(t)$ 是不相关的;若对任意的 $t_1,t_2 \in T$ 恒有

$$R_{XY}(t_1, t_2) = 0 \quad t_1, t_2 \in T,$$

则称随机过程 $X(t)$ 和 $Y(t)$ 相互正交.显然,对于均值为零的两个随机过程,互不相关与相互正交是等价的.

类似于两个随机变量之间,两个随机过程如果是相互独立的,则它们必然不相关.反之,从不相关一般并不能推断出它们是相互独立的.

当在同一参数集上同时考虑 $n(n > 2)$ 个随机过程,也即 n 维随机过程时,我们可类似地引入它们的多维分布,以及均值函数和两两之间的互相关函数(或互协方差函数).

例 5:在许多应用问题中,经常要研究几个随机过程之和的统计特性.现考虑三个随机过程 $X(t)$、$Y(t)$ 和 $Z(t)$ 之和的情形.令

$$W(t) = X(t) + Y(t) + Z(t),$$

显然,均值函数

$$\mu_W(t) = \mu_X(t) + \mu_Y(t) + \mu_Z(t).$$

而 $W(t)$ 的自相关函数可以根据均值运算规则和相关函数的定义得到,

$$
\begin{aligned}
R_{WW}(t_1, t_2) &= E[W(t_1)W(t_2)] \\
&= R_{XX}(t_1, t_2) + R_{YY}(t_1, t_2) + R_{XZ}(t_1, t_2) + R_{YX}(t_1, t_2) + R_{YY}(t_1, t_2) \\
&\quad + R_{YZ}(t_1, t_2) + R_{ZX}(t_1, t_2) + R_{ZY}(t_1, t_2) + R_{ZZ}(t_1, t_2).
\end{aligned}
$$

此式表明:几个随机过程之和的自相关函数可以表示为各个随机过程的自相关函数以及各对随机过程的互相关函数之和.

如果上述三个随机过程是两两不相关的,且各自的均值函数都为零,则由式(10.11)可知诸互相关函数均等于零,此处 $W(t)$ 的自相关函数简单地等于各个过程的自相关函数之和,即

$$R_{WW}(t_1, t_2) = R_{XX}(t_1, t_2) + R_{YY}(t_1, t_2) + R_{ZZ}(t_1, t_2).$$

特别地,令 $t_1 = t_2 = t$,由(10.12)式可得 $W(t)$ 的方差函数(此处即均方值函数)为

$$\sigma_W^2(t) = \Psi_W^2(t) = \Psi_X^2(t) + \Psi_Y^2(t) + \Psi_Z^2(t).$$

10.3　　泊松过程及维纳过程

泊松过程及维纳(Wiener)过程是两个具体而又典型的随机过程,它们在随机过程的理论和应用中都有重要的地位,它们都属于所谓的独立增量过程,所以下面首先简要地介绍独立增量过程.

定义 1:给定二阶矩过程 $\{X(t), t \geqslant 0\}$,称随机变量 $X(t) - X(s), 0 \leqslant s < t$ 为随机过程在区间 $(s, t]$ 上的增量.如果对任意选定的正整数 n 和任意选定的 $0 \leqslant t_0 < t_1 < t_2 < \cdots < t_n$,$n$ 个增量

$$X(t_1) - X(t_0), X(t_2) - X(t_1), \cdots, X(t_n) - X(t_{n-1})$$

相互独立,则称 $\{X(t), t \geqslant 0\}$ 为**独立增量过程**.直观地说,它具有"在互不重叠的区间上,状态的增量是相互独立的"这一特征.

对于独立增量过程,可以证明:在 $X(0) = 0$ 的条件下,它的有限维分布函数簇可以由增量 $X(t) - X(s)(0 \leqslant s < t)$ 的分布所确定.

特别,若对任意的实数 h 和 $0 \leqslant s+h < t+h, X(t+h) - X(s+h)$ 与 $X(t) - X(s)$ 具有相同的分布,又称增量具有平稳性. 这时,增量 $X(t) - X(s)$ 的分布函数实际上只依赖于时间差 $t-s(0 \leqslant s < t)$,而不依赖于 t 和 s 本身(事实上,令 $h = -s$ 即知). 当增量具有平稳性时,称相应的独立增量过程是齐次的或时齐的.

下面,在 $X(0) = 0$ 和方差函数 $D_X(t)$ 为已知的条件下,我们来计算独立增量过程 $\{X(t), t \geqslant 0\}$ 的协方差函数 $C_X(s,t)$.

记 $Y(t) = X(t) - \mu_X(t)$,则有:首先当 $X(t)$ 具有独立增量时,$Y(t)$ 也具有独立增量;其次,$Y(0) = 0, E[Y(t)] = 0$,且方差函数 $C_Y(t) = E[Y^2(t)] = D_X(t)$. 利用这些性质,当 $0 \leqslant s < t$ 时,就有

$$
\begin{aligned}
C_X(s,t) &= E[Y(s)Y(t)] = E\{[Y(s) - Y(0)][(Y(t) - Y(s)) + Y(s)]\} \\
&= E[Y(s) - Y(0)]E[Y(t) - Y(s)] + E[Y^2(s)] \\
&= D_X(s).
\end{aligned}
$$

于是可知,对任意 $s, t \geqslant 0$,协方差函数可用方差函数表示为

$$
C_X(s,t) = D_X(\min\{s,t\}). \tag{10.13}
$$

1. 泊松过程

现代量子通信和光子成像技术中,都涉及单光子探测,也即光子计数问题. 在学习概率论知识时我们知道,在一个确定的时间段内,单光子探测系统所记录到的光子数是一个服从泊松分布的随机变量. 实际上,在适当的时间段内,一些随时间推移迟早会重复出现的小概率事件发生的次数均可用泊松分布来描述. 例如 20 世纪大面积霍乱流行的次数;晴朗夜空中若干小时内所观察到的流星数目;在你所度过人生中发生意外事故或意外差错的次数;单位时间内到达地球表面单位面积上的中微子数目等,我们在这里把它们称为计数问题.

以 $N(t), t \geqslant 0$ 表示在时间间隔 $(0, t]$ 内小概率事件的计数结果,则对确定的 $t, N(t)$ 是一个服从泊松分布的随机变量,当 t 在区间 $[0, \infty)$ 内连续取值时,$\{N(t), t \geqslant 0\}$ 是一随机过程,称为计数过程. 以 $P_k(t)$ 表示 $(0, t]$ 内计数 k 次的概率,则

$$
P_k(t) = P\{N(t) = k\} = \frac{\lambda_t^k}{k!} e^{-\lambda_t}, k = 0, 1, 2, \cdots, \tag{10.14}
$$

λ_t 表示泊松分布的参数与 t 有关,显然,观察的时间越长,观察对象出现的次数也就越多,也即 λ_t 越大.

以 $N(t_0, t) = N(t) - N(t_0)(0 \leqslant t_0 < t)$ 表示时间间隔 $(t_0, t]$ 内的计数结果,计数 k 次,即 $\{N(t_0, t) = k\}$ 的概率记为

$$
P_k(t_0, t) = P\{N(t_0, t) = k\}, k = 0, 1, 2, \cdots. \tag{10.15}
$$

不难想象,计数过程的概率分布有以下特征:首先,在不相重叠的时间段内的计数结果 $N(t_0, t)$ 应是相互独立的,也即 $\{N(t), t \geqslant 0\}$ 是一个独立增量过程;其次,泊松分布的参数 λ 应随 t 增加而增加,且由 t(时间间隔)唯一确定,也即增量应该具有平稳性.

由此,对计数过程 $\{N(t), t \geqslant 0\}$ 作如下假设:

(1) $N(0) = 0$;

(2) 它是独立增量过程;

(3) 对任意的 $t > t_0 \geqslant 0$,增量是齐次的,且 $N(t) - N(t_0) \sim \pi(\lambda(t - t_0))$.

我们把满足条件(1) $\sim$ (3) 的计数过程 $\{N(t), t \geqslant 0\}$ 称作强度为 λ 的泊松过程.

假设(1) 是必然的,(3) 是对(2) 的进一步延伸,由假设(3) 易得泊松过程的概率分布为

$$P_k(t_0, t) = P\{N(t_0, t) = k\} = \frac{[\lambda(t - t_0)]^k}{k!} e^{-\lambda(t - t_0)}, t > t_0, k = 0, 1, 2, \cdots. \quad (10.16)$$

由于 $[N(t) - N(t_0)]$ 与 $[N(t - t_0) - N(0)] = N(t - t_0)$ 有相同的分布,由(10.14) 式易知,

$$P_k(t - t_0) = P\{N(t - t_0) = k\} = P\{[N(t) - N(t_0)] = k\} = \frac{\lambda_{t - t_0}^k}{k!} e^{-\lambda_t}.$$

只要令 $\lambda_t = \lambda t$,即可得到(10.16) 式. 因此对于一个泊松分布,只要其分布参数与计数区间 $[0, t]$ 的间隔成正比,则在上述 3 个假设下,当 t 在区间 $[0, \infty)$ 内连续取值时即可形成一个泊松过程.

我们已经熟知泊松分布的数学期望和方差,不难给出泊松过程的均值函数和方差函数.

$$\mu_N(t) = E[N(t)] = \lambda t, \quad \sigma_N^2(t) = D[N(t)] = \lambda t. \quad (10.17)$$

从上式可以看到,$\lambda = E[N(t)/t]$,即泊松过程的强度 λ(常数) 等于单位长时间间隔内的计数期望值.

关于泊松过程的协方差函数,则可由(10.13) 式直接获得

$$C_N(s, t) = \lambda \min\{s, t\}, \quad s, t \geqslant 0.$$

而相关函数

$$R_N(s, t) = \mu_N(s)\mu_N(t) + C_N(s, t) = \lambda^2 st + \lambda \min\{s, t\}, s, t \geqslant 0.$$

例 1:在泊松过程中,两次相邻计数间的时间间隔称为点间间距,从开始计数到第 n 次计数所需要的时间称为等候时间. 求这两个随机变量的概率分布.

解:以 $T_n(n = 1, 2, \cdots)$ 表示第 $n - 1$ 次计数与第 n 次计数的时间间隔,则对任意 $t > 0$,事件 $\{T_1 > t\}$ 表示在 $[0, t]$ 内没有计数发生,于是

$$P\{T_1 > t\} = p_0(0, t) = e^{-\lambda t}.$$

由此得 T_1 的分布函数与密度函数分别为

$$F_{T_1}(t) = P\{T_1 \leqslant t\} = 1 - P\{T_1 > t\} = 1 - e^{-\lambda t}, t \geqslant 0,$$

$$F_{T_1}(t) = 0, t < 0,$$

$$f_{T_1} = \begin{cases} \lambda e^{-\lambda t}, & t \geqslant 0, \\ 0, & t < 0. \end{cases}$$

事件 $\{T_2 > t\}$ 表示在 $(T_1, T_1 + t)$ 内没有计数发生,所以

$$F_{T_2}(t) = P\{T_2 \leqslant t\} = 1 - P\{T_2 > t\} = 1 - e^{-\lambda t}, t \geqslant 0,$$

$$F_{T_2}(t) = 0, t < 0,$$

$$f_{T_2} = \begin{cases} \lambda e^{-\lambda t}, & t \geqslant 0, \\ 0, & t < 0. \end{cases}$$

类似可得

$$F_{T_n}(t) = P\{T_n \leqslant t\} = 1 - P\{T_n > t\} = 1 - e^{-\lambda t}, t \geqslant 0,$$

$$F_{T_n}(t) = 0, t < 0,$$

$$f_{T_n} = \begin{cases} \lambda e^{-\lambda t}, & t \geqslant 0, \\ 0, & t < 0. \end{cases}$$

可见 T_n 服从参数为 λ 的指数分布.

以 W_n 表示等候时间,则有 $W_n = T_1 + T_2 + \cdots + T_n$,由于 $T_i(i = 1, 2, \cdots)$ 同分布且相互独立,故

$$F_{W_n}(t) = P\{W_n \leqslant t\} = P\{N(t) \geqslant n\} = 1 - P\{N(t) < n\}$$

$$= 1 - \sum_{k=0}^{n-1} \frac{(\lambda t)^k}{k!} e^{-\lambda t}, \qquad t \geqslant 0$$

$$f_{W_n}(t) = F'_{W_n}(t) = -\sum_{k=1}^{n-1} \frac{(\lambda t)^{k-1}}{(k-1)!} \lambda e^{-\lambda t} + \sum_{k=0}^{n-1} \frac{(\lambda t)^k}{k!} \lambda e^{-\lambda t}$$

$$= \frac{(\lambda t)^{n-1}}{(n-1)!} \lambda e^{-\lambda t} \qquad t \geqslant 0$$

即

$$F_{W_n}(t) = \begin{cases} 1 - \sum_{k=0}^{n-1} \frac{(\lambda t)^k}{k!} e^{-\lambda t}, & t \geqslant 0, \\ 0, & t < 0. \end{cases}$$

$$f_{W_n}(t) = \begin{cases} \frac{(\lambda t)^{n-1}}{(n-1)!} \lambda e^{-\lambda t}, & t \geqslant 0, \\ 0, & t < 0. \end{cases}$$

称此分布为埃尔兰(Erlang)分布,即当 $\alpha = n, \beta = \lambda$ 的 $\Gamma(n, \lambda)$ 分布.

定理 1:强度为 λ 的泊松过程的点间间距是相互独立的随机变量,且服从同一个指数分布.

它的逆命题也是成立的,我们不加证明地叙述如下:

定理 2:如果任意相继出现的两个计数点的点间间距是相互独立的,且服从同一个指数分布,则该计数过程构成了强度为 λ 的泊松过程.

这两个定理刻画出了泊松过程的特征.定理二告诉我们,要确定一个计数过程是不是泊松过程,只要用统计方法检验点间间距是否独立,且服从同一个指数分布.

泊松过程是研究排队理论的工具,在技术领域内它又是构造(模拟)一类重要噪声(散粒噪声)的基础.

2. 维纳过程

维纳过程是布朗运动的数学模型.英国植物学家布朗(Brown)在显微镜下观察漂浮在平静的液面上的微小粒子,发现它们不断地进行着杂乱无章的运动,这种现象后来称为布朗运动.以 $W(t)$ 表示运动中一微粒从时刻 $t = 0$ 到时刻 $t > 0$ 的位移的横坐标(同样也可以讨论纵坐标),且设 $W(0) = 0$.根据爱因斯坦(Enisten)1905 年提出的理论,微粒的这种运动是由于受到大量相互独立的分子随机碰撞的结果.于是,粒子在时段$(s, t]$(与相继两次碰撞的时间间隔相比是很大的量)上的位移可看作是许多微小位移的代数和.显然,依中心极限定理,假定位移 $W(t) - W(s)$ 为正态分布是合理的.其次,由于粒子的运动完全是由液体分子的随机碰撞引起的.这样,在不相重叠的时间间隔内,碰撞的次数、大小和方向可假定是相互

独立的,这就是说位移 $W(t)$ 具有独立的增量.另外,液面处于平衡状态,这时粒子在一时段上位移的概率分布可以认为只依赖于这时段的长度,而与观察的起始时刻无关,即 $W(t)$ 具有平稳增量.

综合所述,可引入如下的数学模型:

给定二阶矩过程 $\{W(t),t \geqslant 0\}$,如果它满足

(1) 具有独立增量;

(2) 对任意的 $t > s \geqslant 0$,增量

$$W(t) - W(s) \sim N(0,\sigma^2(t-s)),且 \sigma > 0;$$

(3) $W(0) = 0$,

则称此过程为**维纳过程**.图 10-4 展示了它的一条样本曲线.

图 10-4   维纳过程的一条样本曲线

由条件(2)可知,维纳过程增量的分布只与时间差有关,所以它是齐次的独立增量过程.它也是正态过程.事实上,对任意 $n(n \geqslant 1)$ 个时刻 $0 < t_1 < t_2 < \cdots < t_n$(记 $t_0 = 0$),把 $W(t_k)$ 写成

$$W(t_k) = \sum_{i=1}^{k} [W(t_i) - W(t_{i-1})], \quad k = 1,2,\cdots,n,$$

根据条件(1) $\sim$ (3),它们都是独立的正态随机变量的和,由 n 维正态随机变量的性质可推知 $(W(t_1),W(t_2),\cdots,W(t_n))$ 是 n 维正态变量,即 $\{W(t),t \geqslant 0\}$ 是正态过程.因此,其分布完全由它的均值函数和自协方差函数(或自相关函数)所确定.

根据条件(1),(3)可知,$W(t) \sim N(0,\sigma^2 t)$,由此可得维纳过程的均值与方差函数分别为

$$E[W(t)] = 0, \quad D_W(t) = \sigma^2 t,$$

其中 σ^2 称为维纳过程的参数,它可通过实验观察值加以估计.再根据式(10.13)就可求得自协方差函数(自相关函数)为

$$C_W(s,t) = R_W(s,t) = \sigma^2 \min\{s,t\}, \quad s,t \geqslant 0.$$

维纳过程不只是布朗运动的数学模型,前面讲到的电子元件或器件在恒温下的热噪声也可归结为维纳过程.

泊松过程和维纳过程的重要性,不仅是因为实际中不少随时间演变的随机现象可以归结为这两个模型,而且在理论与应用中常利用它们构造出一些新的重要的随机过程模型.

习　题　10

1. 设随机过程 $\{X(t) = \zeta\sin(\omega t + \varphi), t \in R\}$，试分别就下列各种情况，任意写出它的两个样本函数.

(1) ζ 在 $(-1,1)$ 上均匀分布，φ 和 ω 是常数；

(2) φ 在 $(0,2\pi)$ 上均匀分布，ζ 和 ω 是常数；

(3) ζ 在 $(-1,1)$ 上均匀分布，ω 在 $(0,\pi)$ 上均匀分布，φ 是常数.

2. 袋中一个白球和两个黑球，每隔单位时间从袋中取一球，取后放回. 对每个确定的时刻 $t(t = 1,2,\cdots)$ 定义随机变量

$$X(t) = \begin{cases} 1, & t \text{ 时刻取黑球}, \\ 0, & t \text{ 时刻取白球}. \end{cases}$$

试求随机过程 $\{X(t)\}$ 的一维分布函数簇，并作 $F_1(x,1)$ 的简图.

3. 给定随机过程 $\{X(t), t \in T\}$，x 是任一实数，定义另一个随机过程

$$Y(t) = \begin{cases} 1, & X(t) \leqslant x, \\ 0, & X(t) > x, \end{cases} \quad t \in T.$$

试将 $Y(t)$ 的均值函数和自相关函数用随机过程 $X(t)$ 的一维和二维分布函数来表示.

4. 设随机过程 $X(t) = e^{-At}, t > 0$，其中 A 是在区间 $(0,a)$ 上服从均匀分布的随机变量，试求 $X(t)$ 的均值函数和自相关函数.

5. 设随机过程 $X(t) = X$（随机变量），$E(X) = a, D(X) = \sigma^2 (\sigma > 0)$，试求 $X(t)$ 的均值函数和协方差函数.

6. 已知随机过程 $\{X(t), t \in T\}$ 的均值函数 $\mu_x(t)$ 和协方差函数 $C_X(t_1,t_2)$，$\varphi(t)$ 是普通的函数，试求随机过程 $Y(t) = X(t) + \varphi(t)$ 的均值函数和协方差函数.

7. 给定一随机过程 $\{X(t), t \in T\}$ 和常数 a，试以 $X(t)$ 的自相关函数表示出随机过程 $Y(t) = X(t+a) - X(t), t \in T$ 的自相关函数.

8. 设 $f(t)$ 是一周期为 T 的函数，随机变量 A 在 $(0,T)$ 上均匀分布，令 $X(t) = f(t-A)$. 对随机过程 $\{X(t)\}$，求证

$$E\{X(t+\tau)X(t)\} = \frac{1}{T}\int_0^\tau f(t)f(t+\tau)\mathrm{d}t.$$

9. 设 $Z(t) = X + Y_t, -\infty < t < \infty$，若已知二维随机变量 (X,Y) 的协方差矩阵为

$$\begin{bmatrix} \sigma_1^2 & \rho\sigma_1\sigma_2 \\ \rho\sigma_1\sigma_2 & \sigma_2^2 \end{bmatrix}$$

试求 $Z(t)$ 的协方差函数.

10. 设 $X(t) = At + B, -\infty < t < +\infty$，式中 A, B 是相互独立，且都服从正态分布 $N(0,\sigma^2)$ 的随机变量，试证明 $X(t)$ 是一正态过程，并求出它的相关函数（协方差函数）.

11. 设随机过程 $X(t)$ 与 $Y(t), t \in T$ 不相关，试用它们的均值函数与协方差函数来表示随机过程

$$Z(t) = a(t)X(t) + b(t)Y(t) + c(t), t \in T$$

的均值函数和自协方差函数,其中 $a(t),b(t),c(t)$ 是普通的函数.

12. 设 $X(t)$ 和 $Y(t)(t>0)$ 是两个相互独立的,分别具有强度 λ 和 μ 的泊松过程,试证
$$S(t)=X(t)+Y(t))$$
是具有强度 $\lambda+\mu$ 的泊松过程.

13. 设 $\{X(t),t\geqslant 0\}$ 是强度为 λ 的泊松过程,试求增量 $X(t)-X(s)$ 的均值与方差.

14. 为了解开中微子失踪之谜,高能物理学家们在某区域设置了中微子探测装置. 设 $[0,t]$ 内能够到达该区域的中微子数 $X(t)$ 服从参数为 λ 的泊松分布,而每个到达后的中微子能够被探测到并记录下来的概率是 p,设 $Y(t)$ 为 $[0,t]$ 内探测器记录到的中微子探测数目. 试探讨 $\{X(t),Y(t),t\geqslant 0\}$ 的概率分布问题.

15. 设 $\{W(t),t\geqslant 0\}$ 是以 σ^2 为参数的维纳过程,求下列过程的协方差函数:

(1) $W(t)+At(A$ 为常数);

(2) $W(t)+Xt,X$ 为与 $\{W(t),t\geqslant 0\}$ 相互独立的标准正态变量;

(3) $aW(t/a^2),a$ 为正常数.

第11章 马尔可夫过程

本章首先从随机过程在不同时刻状态之间的特殊的统计联系,引入马尔可夫(Markov)过程的概念.然后,对马尔可夫链(状态、时间都是离散的马尔可夫过程)的转移概率的确定作一定的介绍.

马尔可夫过程的理论在近代物理、生物学、管理科学、经济、信息处理以及数值计算方法等方面都有重要应用.

11.1 马尔可夫过程及其概率分布

在物理学、生物学、经济学等许多学科中,都有如下行为的系统:该系统是与时间有关的一个系统,如果已知系统在现在的状态,则此系统的过去所处的状态与将来所处状态是(条件)独立的,这个特性称为**马尔可夫性**或**无后效性**.

用分布函数来表述马尔可夫性.设随机过程$\{X(t), t \in T\}$的状态空间为I.如果对于时间t的任意n个数值$t_1 < t_2 < \cdots < t_n$, $n \geqslant 3, t_i \in T$,在条件$X(t_i) = x_i, x_i \in I, i = 1, 2, \cdots, n-1$下,$X(t_n)$的条件分布函数等于在条件$X(t_{n-1}) = x_{n-1}$下,$X(t_n)$的条件分布函数,即

$$P\{X(t_n) \leqslant x_n \mid X(t_1) = x_1, X(t_2) = x_2, \cdots, X(t_{n-1}) = x_{n-1}\}$$
$$= P\{X(t_n) \leqslant x_n \mid X(t_{n-1}) = x_{n-1}\}, x_n \in R \tag{11.1}$$

则称过程$\{X(t), t \in T\}$具有马尔可夫性或无后效性,并称此过程为马尔可夫过程,简称**马氏过程**.

例1:设$\{X(t), t \geqslant 0\}$是独立增量过程,且$X(0) = 0$,证明其是一个马尔可夫过程.

证:由式(11.1)可知,只要证明在已知$X(t_{n-1}) = x_{n-1}$的条件下$X(t_n)$与$X(t_i)$, $i = 1, 2, \cdots, n-2$相互独立即可.

由独立增量过程的定义,当$0 < t_i < t_{n-1} < t_n$, $i = 1, 2, \cdots, n-2$时,增量$X(t_i) - X(0)$与$X(t_n) - X(t_{n-1})$相互独立.

又因为$X(0) = 0, X(t_{n-1}) = x_{n-1}$,即有$X(t_i)$与$X(t_n) - x_{n-1}$相互独立,即$X(t_n)$与$X(t_i)$相互独立.表明$X(t)$具有无后效性,是一个马尔可夫过程.

由定义可以知道,泊松过程是时间连续状态离散的马尔可夫过程,维纳过程是时间状态都连续的马尔可夫过程.

时间和状态都是离散的马尔可夫过程称为**马尔可夫链**,简称**马氏链**.记为$\{X_n = X(n), n = 1, 2, \cdots\}$,它可以看做在时间集$T_1 = \{0, 1, 2, \cdots\}$上对离散状态的马氏过程相继观察的结果.记状态空间为$I = \{a_1, a_2, \cdots\}, a_i \in R$.在这种情况下,马尔可夫性通常用条件分布律

来表示,即对任意的正整数 n,r 和 $0 \leqslant t_1 < t_2 < \cdots < t_r < m$;$t_i, m, m+n \in T_1$,有

$$P\{X_{m+n} = a_j \mid X_{t_1} = a_{i_1}, X_{t_2} = a_{i_2}, \cdots, X_{t_r} = a_{i_r}, X_m = a_i\} = P\{X_{m+n} = a_j \mid X_m = a_i\}$$

其中 $a_i \in I$.记条件概率

$$P_{ij}(m, m+n) = P\{X_{m+n} = a_j \mid X_m = a_i\}$$

为马氏链在时刻 m 处于状态 a_i 条件下,在时刻 $m+n$ 转移到状态 a_j 的**转移概率**.

由于马氏链在时刻 m 从任何一个状态 a_i 出发,到另一时刻 $m+n$ 必然转移到 $a_1, a_2, \cdots$ 诸状态中的某一个,所以

$$\sum_{j=1}^{+\infty} P_{ij}(m, m+n) = 1, \quad i = 1, 2, \cdots$$

转移概率 $P_{ij}(m, m+n)$ 可以看成某个矩阵的第 i 行 j 列元素,把该矩阵记为 $\boldsymbol{P}(m, m+n) = (P_{ij}(m, m+n))$,称为马氏链的**转移概率矩阵**,此矩阵的每一行元素之和等于 1.

当转移概率 $P_{ij}(m, m+n)$ 只与 i, j 及时间间距 n 有关时,把它记为 $P_{ij}(n)$,即

$$P_{ij}(m, m+n) = P_{ij}(n)$$

并称此转移概率具有**平稳性**.同时也称此链是齐次的或时齐的.以下我们只讨论齐次马氏链.

对于齐次马氏链,转移概率

$$P_{ij}(n) = P\{X_{m+n} = a_j \mid X_m = a_i\}$$

称为马氏链的 n **步转移概率**,表示经过 n 个时刻,链从状态 i 转移到状态 j 的概率,$\boldsymbol{P}(n) = (P_{ij}(n))$ 为 n **步转移概率矩阵**,当 $n = 1$ 时就是**一步转移概率**

$$p_{ij} = P_{ij}(1) = P\{X_{m+1} = a_j \mid X_m = a_i\}$$

由它们组成的矩阵叫**一步转移概率矩阵**.

X_{m+1} 的状态

$$\begin{array}{c} \\ X_m \\ \text{的} \\ \text{状} \\ \text{态} \end{array} \begin{array}{c} \\ a_1 \\ a_2 \\ \vdots \\ a_i \\ \vdots \end{array} \begin{array}{cccc} a_1 & a_2 & \cdots & a_j & \cdots \\ \begin{pmatrix} p_{11} & p_{12} & \cdots & p_{1j} & \cdots \\ p_{21} & p_{22} & \cdots & p_{2j} & \cdots \\ \vdots & \vdots & \vdots & \ddots & \\ p_{i1} & p_{i2} & \cdots & p_{ij} & \cdots \\ \vdots & \vdots & \vdots & & \ddots \end{pmatrix} \end{array} = P(1) = P.$$

在上面矩阵中的元素 p_{ij} 表示由状态 a_i 经一步转移到状态 a_j 的概率.

例 2:直线上的随机游动.假设从原点开始,粒子以 p 的概率向前迈一步,以 q 的概率向后迈一步,以 r 的概率在原地不动,$p + q + r = 1$. X_n 表示 n 时刻的位置,则 X_n 为齐次马氏链.

状态空间 $S = \{\cdots, -2, -1, 0, 1, 2, \cdots\}$,一步转移概率 $p_{i,i+1} = p, p_{i,i-1} = q, p_{ii} = r$,$p_{ij} = 0$,$|i - j| > 1$,$\forall i, j \in S$.这是无限制随机游动.

我们研究齐次马氏链的有限维分布.记

$$p_j(0) = P\{X_0 = a_j\}, \quad a_j \in I, \quad j = 1, 2, \cdots$$

称其为马氏链的初始分布.马氏链在任一时刻 $n \in T_1$ 的一维分布为:

$$p_j(n) = P\{X_n = a_j\}, \quad a_j \in I, \quad j = 1, 2, \cdots$$

显然有 $\sum\limits_{j=1}^{+\infty} p_j(n) = 1.$ 又有

$$P\{X_n = a_j\} = \sum_{i=1}^{+\infty} P\{X_0 = a_i, X_n = a_j\}$$

$$= \sum_{i=1}^{+\infty} P\{X_n = a_j \mid X_0 = a_i\}P\{X_0 = a_i\},$$

即有

$$p_j(n) = \sum_{i=1}^{+\infty} p_i(0)P_{ij}(n), \quad j = 1, 2, \cdots \tag{11.2}$$

一维分布也可以用行向量表示成

$$p(n) = (p_1(n), p_2(n), \cdots, p_j(n), \cdots).$$

利用矩阵乘法,式(11.2)可以写成

$$p(n) = p(0)P(n).$$

由此可知:对于齐次马氏链,如果知道了它的初始分布 $p(0)$ 和 n 步转移矩阵,就可以求得 $X(n)$ 的概率分布. 对于任意 n 个时刻 $t_1 < t_2 < \cdots < t_n$, $t_i \in T_1$,以及状态 $a_{i_1}, a_{i_2}, \cdots, a_{i_n} \in I$,马氏链的 n 维分布:

$$P\{X_{t_1} = a_{i_1}, X_{t_2} = a_{i_2}, \cdots, X_{t_n} = a_{i_n}\}$$

$$= P\{X_{t_1} = a_{i_1}\}P\{X_{t_2} = a_{i_2} \mid X_{t_1} = a_{i_1}\}\cdots$$

$$P\{X_{t_n} = a_{i_n} \mid X_{t_1} = a_{i_1}, X_{t_2} = a_{i_2}, \cdots, X_{t_{n-1}} = a_{i_{n-1}}\}$$

$$= P\{X_{t_1} = a_{i_1}\}P\{X_{t_2} = a_{i_2} \mid X_{t_1} = a_{i_1}\}\cdots P\{X_{t_n} = a_{i_n} \mid X_{t_{n-1}} = a_{i_{n-1}}\}$$

$$= p_{i_1}(t_1)P_{i_1 i_2}(t_2 - t_1)\cdots P_{i_{n-1} i_n}(t_n - t_{n-1}).$$

由上式,并结合式(11.2)可知:马氏链的有限维分布同样完全由初始分布和转移概率所确定.

总之,转移概率决定了马氏链运动的统计规律. 因此,确定马氏链的任意 n 步转移概率就成为了马氏链理论中的重要问题之一.

例 3:某电子设备经常出故障,每 15 分钟观察一次其运行状态,收集了一天的数据(97次).用 1 表示正常状态,0 表示非正常状态,所得数据如下:

11100　10011　11111　00111　10111　11100　11111　11110　00110　11011

11011　01101　01111　01110　11110　11111　10011　01111　11001　11

设 X_n 为第 $n (n = 1, 2, \cdots, 97)$ 个时段的设备状态,可以认为它是一个齐次马氏链,状态空间 $I = \{0, 1\}$. 96 次状态转移的情况是:

0 到 0 有 8 次; 0 到 1 有 18 次; 1 到 0 有 18 次; 1 到 1 有 52 次

因此,一步转移概率可以用频率近似表示为:

$$p_{00} = P\{X_{n+1} = 0 \mid X_n = 0\} \approx \frac{8}{8 + 18} = \frac{8}{26},$$

$$p_{01} = P\{X_{n+1} = 1 \mid X_n = 0\} \approx \frac{18}{8 + 18} = \frac{18}{26},$$

$$p_{10} = P\{X_{n+1} = 0 \mid X_n = 1\} \approx \frac{18}{18 + 52} = \frac{18}{70},$$

$$p_{11} = P\{X_{n+1} = 1 \mid X_n = 1\} \approx \frac{52}{18+52} = \frac{52}{70}.$$

11.2   多步转移概率的确定

对于齐次马氏链,显然有:$P_{ij}(n) \geqslant 0, \sum\limits_{j \in S} P_{ij}(n) = 1$. 如果规定:$P_{ij}(0) = \delta_{ij} = \begin{cases} 1 & i = j \\ 0 & i \neq j \end{cases}$,我们可以有如下结论:

设$\{X(n), n = 0,1,2,\cdots\}$是一齐次马氏链,则对任意的$u, v \in T_1$有

$$P_{ij}(u+v) = \sum_{k=1}^{+\infty} P_{ik}(u) P_{kj}(v), \quad i,j = 1,2,\cdots \tag{11.3}$$

式(11.3)就是**切普曼 - 科尔莫戈罗夫**(Chapman-Kolmogorov)**方程**,简称 C-K 方程.

证:

$$\begin{aligned}
P_{ij}(u+v) &= P\{X(u+v+s) = j \mid X(s) = i\} \\
&= \sum_k P\{X(u+v+s) = j, X(s+u) = k \mid X(s) = i\} \\
&= \sum_k P\{X(u+v+s) = j \mid X(s+u) = k, X(s) = i\} P\{X(s+u) = k \mid X(s) = i\} \\
&= \sum_{k \in S} P\{X(u+v+s) = j \mid X(s+u) = k\} P\{X(s+u) = k \mid X(s) = i\} \\
&= \sum_{k \in S} P_{ik}(u) P_{kj}(v)
\end{aligned}$$

C-K 方程说明:"从时刻s所处的状态a_i,即$X(s) = a_i$出发,经过时间$u+v$转移到状态a_j,即$X(s+u+v) = a_j$"这一事件可以分解成"从时刻s的所处的状态a_i出发,先经过时间u转移到中间状态$a_k(k = 1,2,\cdots)$,再从状态a_k出发,先经过时间v转移到状态a_j"

考虑矩阵乘法,C-K 方程可写成

$$P(u+v) = P(u) \cdot P(v),$$

令$u = 1, v = n-1$,得$P(n) = P(1) \cdot P(n-1) = P \cdot P(n-1)$,即$P(n) = P^n, n \geqslant 1$.

也就是说,对于齐次马氏链而言,n步转移概率矩阵是一步转移概率矩阵的n次方. 齐次马氏链的有限维分布可以由初始分布与一步转移概率完全确定. 利用一步转移矩阵及初始分布就可以完全确定齐次马氏链的统计性质.

例 1:设有一电脉冲,脉冲的幅度是随机的,其幅度的可取值是$\{1,2,3,\cdots,n\}$,且各幅度出现的概率相同. 现用一电表测量其幅度,每隔一单位时间测量一次,从首次测量开始,记录其最大幅值为$X_n(n \geqslant 1)$.

(1) 证明该过程为一齐次马氏链;

(2) 写出一步转移概率矩阵;

解:(1) 记a_i是第$i(i = 1,2,\cdots)$次记录的幅度值,则a_i是相互独立同分布的随机变量序列. X_m是前m次记录幅度的最大值. 则有:

$$P\{X_{m+k}=j \mid X_m=i, X_{m-1}=i_{m-1}, \cdots, X_1=i_1\}$$
$$= P\{\max_{m+1\leqslant l\leqslant m+k}(a_l,i)=j\}$$
$$= P\{\max_{2\leqslant l\leqslant k+1}(a_l,i)=j\}$$

以上用到了 a_i 的相互独立性. 因此:

$$p_{ij}^{(k)}(m)=P\{X_{m+k}=j \mid X_m=i\}=P\{\max_{1\leqslant l\leqslant m+k}a_l=j \mid \max_{1\leqslant l\leqslant m}a_l=i\}$$
$$= P\{\max_{2\leqslant l\leqslant k+1}(a_l,i)=j\}$$

因此此过程是齐次马氏过程.

（2）一步转移概率为

$$p_{ij}=\begin{cases} i/n, & j=i \\ 1/n, & i<j\leqslant n \\ 0, & \text{其他} \end{cases}$$

例 2：设 $\{X_n,n\geqslant 0\}$ 是具有三个状态 $\{0,1,2\}$ 的齐次马氏链，它的一步转移概率矩阵为：

$$P=\begin{bmatrix} 1/2 & 1/2 & 0 \\ 1/2 & 1/4 & 1/4 \\ 0 & 1/3 & 2/3 \end{bmatrix}$$

初始分布 $p_i(0)=P\{X_0=i\}=\dfrac{1}{3}, i=0,1,2.$ 试求

（1）$P\{X_0=0,X_2=1\}$；

（2）$P\{X_2=1\}$.

解：先求出二步转移概率矩阵

$$P(2)=P^2=\begin{bmatrix} \dfrac{1}{2} & \dfrac{3}{8} & \dfrac{1}{8} \\[2mm] \dfrac{3}{8} & \dfrac{19}{48} & \dfrac{11}{48} \\[2mm] \dfrac{1}{6} & \dfrac{11}{36} & \dfrac{19}{36} \end{bmatrix}$$

于是（1）

$$P\{X_0=0,X_2=1\}=P\{X_0=0\}P\{X_2=1 \mid X_0=0\}$$
$$= p_0(0)P_{01}(2)=\frac{1}{3}\times\frac{3}{8}=\frac{1}{8};$$

（2）
$$p_1(2)=P\{X_2=1\}$$
$$= p_0(0)P_{01}(2)+p_1(0)P_{11}(2)+p_2(0)P_{21}(2)$$
$$= \frac{1}{3}\times\frac{3}{8}+\frac{1}{3}\times\frac{19}{48}+\frac{1}{3}\times\frac{11}{36}=\frac{155}{432};$$

例 3：在一个只传输数字 0 和 1 的串联通信系统中，设每一级的误码率都为 q，并设一个单位时间传输一级，求系统二级传输后的保真率和三级传输后的误码率.

解：设 X_0 是第一级的输入，$\{X_n,n\geqslant 0\}$ 是第 n 级的输出. 那么 $\{X_n,n\geqslant 0\}$ 是一随机过程，状态空间 $I=\{0,1\}$，而且当 $X_n=i,i\in I$ 为已知时，X_{n+1} 所处的状态的概率分布只与

$X_n = i$ 有关,而与时刻 n 之前的状态无关,它是一个齐次马氏链,它的一步转移概率为

$$p_{ij} = P\{X_{n+1} = j \mid X_n = i\} = \begin{cases} 1-q, & j = i \\ q, & j \neq i \end{cases}, i,j = 0,1$$

一步转移概率矩阵为

$$P = \begin{pmatrix} 1-q & q \\ q & 1-q \end{pmatrix}$$

二步转移概率为

$$P^2 = \begin{pmatrix} 1-q & q \\ q & 1-q \end{pmatrix}\begin{pmatrix} 1-q & q \\ q & 1-q \end{pmatrix} = \begin{pmatrix} 1-2q+2q^2 & 2q-2q^2 \\ 2q-2q^2 & 1-2q+2q^2 \end{pmatrix}$$

所以,系统经过二级传输后的保真率为

$$P_{11}(2) = P_{00}(2) = 1-2q+2q^2$$

对于三级传输,直接计算矩阵乘法比较麻烦,考虑矩阵 P 有两个不同的特征值

$$\lambda_1 = 1, \quad \lambda_2 = 1-2q,$$

其对应的特征向量为

$$e_1 = \begin{pmatrix} \dfrac{\sqrt{2}}{2} \\ \dfrac{\sqrt{2}}{2} \end{pmatrix}, \quad e_2 = \begin{pmatrix} -\dfrac{\sqrt{2}}{2} \\ \dfrac{\sqrt{2}}{2} \end{pmatrix}.$$

由线性代数的知识,可以将 P 进行相似变换为对角矩阵,即 $P = H\Lambda H^{-1}$
其中

$$\Lambda = \begin{pmatrix} \lambda_1 & 0 \\ 0 & \lambda_2 \end{pmatrix} = \begin{pmatrix} 1 & 0 \\ 0 & 1-2q \end{pmatrix}$$

$$H = [e_1, e_2] = \begin{pmatrix} \dfrac{\sqrt{2}}{2} & -\dfrac{\sqrt{2}}{2} \\ \dfrac{\sqrt{2}}{2} & \dfrac{\sqrt{2}}{2} \end{pmatrix},$$

于是,容易得到

$$P^n = (H\Lambda H^{-1})^n = H\Lambda^n H^{-1}$$

$$P^n = \begin{pmatrix} \dfrac{1}{2} + \dfrac{1}{2}(1-2q)^n & \dfrac{1}{2} - \dfrac{1}{2}(1-2q)^n \\ \dfrac{1}{2} - \dfrac{1}{2}(1-2q)^n & \dfrac{1}{2} + \dfrac{1}{2}(1-2q)^n \end{pmatrix}$$

将 $n = 3$ 代入,得到系统经过三级传输后的误码率为

$$P_{10}(3) = P_{01}(3) = \dfrac{1}{2} - \dfrac{1}{2}(1-2q)^3$$

例 4:考虑两个状态的马氏链 $\{X_n, n \geqslant 0\}$,一步转移概率为 $P = \begin{pmatrix} 1-p & p \\ q & 1-q \end{pmatrix}$ 则

$$P(n) = P^n = \begin{pmatrix} P_{00}(n) & P_{01}(n) \\ P_{10}(n) & P_{11}(n) \end{pmatrix} = \dfrac{1}{p+q}\begin{pmatrix} q & p \\ q & p \end{pmatrix} + \dfrac{(1-p-q)^n}{p+q}\begin{pmatrix} p & -p \\ -q & q \end{pmatrix}$$

习　题　11

1. 甲、乙两人进行比赛,设每局比赛中甲胜的概率是 p,乙胜的概率是 q,和局的概率是 r,$(p+q+r=1)$.设每局比赛后,胜者记"+1"分,负者记"-1"分,和局不记分.当两人中有一人获得 2 分结束比赛.以 X_n 表示比赛至第 n 局时甲获得的分数.

(1) 写出状态空间;

(2) 求 $P^{(2)}$;

(3) 问在甲获得 1 分的情况下,再赛二局可以结束比赛的概率是多少?

2. 设某地有 1 600 户居民,某产品只有甲、乙、丙 3 厂家在该地销售.经调查,8 月份买甲、乙、丙三厂的户数分别为 480,320,800.9 月份里,原买甲的有 48 户转买乙产品,有 96 户转买丙产品;原买乙的有 32 户转买甲产品,有 64 户转买丙产品;原买丙的有 64 户转买甲产品,有 32 户转买乙产品.用状态 1、2、3 分别表示甲、乙、丙三厂,试求

(1) 转移概率矩阵;

(2) 9 月份市场占有率的分布;

(3) 12 月份市场占有率的分布;

3. 有三个黑球和三个白球.把六个球任意等分给甲乙两个袋中,并把甲袋中的白球数定义为该过程的状态,则有四种状态:0,1,2,3.现每次从甲、乙两袋中各取一球,然后互相交换,即把从甲袋取出的球放入乙袋,把从乙袋取出的球放入甲袋,经过 n 次交换,过程的状态为 $\xi(n)(n=1,2,3,4,\cdots)$.

(1) 试问此过程是否为马尔可夫链;

(2) 计算它的一步转移概率矩阵.

4. 设 $\{\xi(n)\}$ 是一马尔可夫链,它的状态转移空间为 $I:\{0,1,2\}$,它的初始状态的概率分布为 $P\{\xi(0)=0\}=\frac{1}{4},P\{\xi(0)=1\}=\frac{1}{2},P\{\xi(0)=2\}=\frac{1}{4}$;它的一步转移概率矩阵为

$$P=\begin{pmatrix} \frac{1}{4} & \frac{3}{4} & 0 \\ \frac{1}{3} & \frac{1}{3} & \frac{1}{3} \\ 0 & \frac{1}{4} & \frac{3}{4} \end{pmatrix}$$

(1) 计算概率 $P\{\xi(0)=0,\xi(1)=1,\xi(2)=1\}$;

(2) 计算 $p_{01}^{(2)}$.

5. 设有马尔可夫链,它的状态转移空间为 $I:\{0,1,2\}$,它的一步转移概率矩阵为

$$P=\begin{pmatrix} 0 & 1 & 0 \\ 1-p & 0 & p \\ 0 & 1 & 0 \end{pmatrix}$$

(1) 试求 $P^{(2)}$,并证明 $P^{(2)}=P^{(4)}$;

(2) 求 $P^{(n)},n\geqslant 1$.

第 12 章   平稳随机过程

平稳随机过程是一类应用相当广泛的随机过程.本章介绍了平稳随机过程的概念,在二阶矩过程的范围内讨论平稳过程的各态历经性、相关函数的性质以及功率谱密度函数和其他的性质.

12.1   平稳随机过程的概念

在实际工作中,有相当多的随机过程,不仅它现在的状态,而且它过去的状态,都对未来状态的发生有着很强的影响.但也有这样一类随机过程,其统计特性不随时间的推移而变化,称为平稳随机过程.

1. 平稳过程定义及性质

随机过程 $\{X(t), t \in T\}$ 若满足:对于任意的 $n \in N$,任选 $t_1, t_2, \cdots, t_n \in T$,以及任意的实数 h,当 $t_i + h \in T, i = 1, 2, \cdots, n$ 时,n 维随机变量

$$(X(t_1), X(t_2), \cdots, X(t_n))$$
$$\text{和} (X(t_1 + h), X(t_2 + h), \cdots, X(t_n + h)) \tag{12.1}$$

具有相同的分布函数,则称该过程为**平稳随机过程**,简称为**平稳过程**,又称**严平稳过程**或**狭义平稳过程**.

平稳过程的参数集 T 一般为 $(-\infty, +\infty)$,$[0, +\infty)$,$\{0, \pm 1, \pm 2, \cdots\}$,或 $\{0, 1, 2, \cdots\}$.当定义在离散集上时,也称过程为**平稳随机序列**或平稳事件序列.以下若无特殊声明,均认为参数集 $T = (-\infty, +\infty)$.

在实际问题中,确定过程的分布函数,并用它来判定其平稳性,一般是很难办到的.对于一个随机过程,如果前后的环境和主要条件都不随时间的推移而变化,一般就可以认为是平稳的.恒温条件下的热噪声电压过程,照明电路中电压的波动过程以及各种噪声和干扰等等,在工程上都认为是平稳的.

对于平稳过程的数字特征,有如下性质:

(1) 平稳随机过程的一维分布函数与时间 t 无关.因此,如果平稳随机过程的均值函数 $E[X(t)]$ 存在,则是一常数.

在式(12.1)中令 $n = 1, h = -t_1$,由平稳性定义,一维随机变量 $X(t_1)$ 和 $X(0)$ 同分布.由于 t_1 的任意性有 $E[X(t)] = E[X(0)]$,即均值函数为常数,一般记为 μ_X.同理可得 $X(t)$ 的均方值函数和方差函数亦为常数,分别记为 Ψ_X^2 和 σ_X^2.

(2) 平稳随机过程的任意二维分布函数只与时间差有关.因此,如果严平稳随机过程的

二阶矩存在,则自相关函数只与时间差有关.

平稳过程 $X(t)$ 的自相关函数 $R_X(t_1,t_2)=E[X(t_1)\cdot X(t_2)]$,在式(12.1)中,令 $n=2$, $h=-t_1$,由平稳性定义,二维随机变量 $(X(t_1),X(t_2))$ 与 $(X(0),X(t_2-t_1))$ 同分布. 于是有

$$R_X(t_1,t_2)=E[X(t_1)\cdot X(t_2)]=E[X(0)\cdot X(t_2-t_1)].$$

等式右端只与时间差 t_2-t_1 有关,记为

$$R_X(t_1,t_2)=R_X(t_2-t_1) \tag{12.2}$$

或 $$R_X(t,t+\tau)=E[X(t)X(t+\tau)]=R_X(\tau)$$

即平稳过程的自相关函数是时间差 $t_2-t_1=\tau$ 的单变量函数. 同样对于协方差函数有

$$C_X(\tau)=E\{[X(t)-\mu_X][X(t+\tau)-\mu_X]\}=R_X(\tau)-\mu_X^2.$$

令 $\tau=0$,有 $\sigma_X^2=C_X(0)=R_X(0)-\mu_X^2$.

前面讲过,要确定一个随机过程的分布函数,并进而判定其平稳性在实际中是很难办到的. 因此,通常只在二阶矩过程范围内考虑如下一类广义的平稳过程.

2. 宽平稳过程

设随机过程 $\{X(t),t\in T\}$ 是二阶矩过程,如果它的均值函数是常数,自相关函数只是时间差 $\tau=t_2-t_1$ 的函数,则称此随机过程为**宽平稳随机过程**或**广义平稳过程**.

即有 $$E[X(t)]=\mu_X,\ E[X(t)X(t+\tau)]=R_X(\tau).$$

由于宽平稳过程的定义只涉及与一维、二维分布有关的数字特征,所以对于严平稳随机过程,当它二阶矩存在时,它就是宽平稳过程. 但是反过来不成立. 宽平稳随机过程是二阶矩过程,但不一定是严平稳随机过程.

例外的是,对于正态随机过程来说,严平稳过程和宽平稳过程是等价的. 这是因为正态过程的概率密度函数是由均值函数和自相关函数完全确定的,因此宽平稳正态过程也一定是严平稳正态过程.

以下讨论中提到的平稳过程,除了特别声明外,都指的是宽平稳随机过程.

若 $X(t),Y(t)$ 为两个平稳随机过程,且它们的互相关函数仅是单变量 τ 的函数,即

$$R_{XY}(t,t+\tau)=E[X(t)Y(t+\tau)]=R_{XY}(\tau),$$

则称过程 $X(t)$ 和 $Y(t)$ 为**平稳相关**的,或称**联合(宽)平稳**的.

下面看几个例子.

例 1:设随机过程 $X(t)=a\cos(\omega t+\theta)$,式中 a,ω 皆为常数,θ 是在 $(0,2\pi)$ 上均匀分布的随机变量. 试问:$X(t)$ 是否平稳随机过程?

解:由题意可知,随机变量 θ 的概率密度为

$$f_\theta(\theta)=\begin{cases} 1/2\pi, & 0<\theta<2\pi, \\ 0, & \text{其他}. \end{cases}$$

根据定义式,求得过程 $X(t)$ 的均值,自相关函数和均方值分别为

$$m_X(t)=E[X(t)]=\int_{-\infty}^{\infty}x(t)f_\theta(\theta)\mathrm{d}\theta=\int_0^{2\pi}a\cos(\omega t+\theta)\cdot\frac{1}{2\pi}\mathrm{d}\theta=0,$$

过程 $X(t)$ 的均值为常数.

$$R_X(t_1,t_2)=R_X(t,t+\tau)=E[X(t)X(t+\tau)]$$

$$= E[a\cos(\omega t + \theta) \cdot a\cos(\omega(t+\tau) + \theta)]$$

$$= \frac{a^2}{2} E[\cos(\omega\tau) + \cos(2\omega t + \omega\tau + 2\theta)]$$

$$= \frac{a^2}{2} \left[\cos(\omega\tau) + \int_0^{2\pi} \cos(2\omega t + \omega\tau + 2\theta) \cdot \frac{1}{2\pi} d\theta \right]$$

$$= \frac{a^2}{2} \cos(\omega\tau) = R_X(\tau).$$

可见,自相关函数仅与时间间隔 τ 有关,故过程 $X(t)$ 是宽平稳过程.

例 2:设两随机过程 $X_1(t) = Y, X_2(t) = tY, Y$ 是随机变量,讨论平稳性.

解:(1) $E[X_1(t)] = E[Y] = m_Y, R_{X_1}(t, t+\tau) = E[Y^2] = \Psi_Y^2 —$ 常数

可见 $X_1(t)$ 是平稳过程.(也是严平稳过程)

(2) $E[X_2(t)] = E[t \cdot Y] = t \cdot m_Y, R_{X_2}(t, t+\tau) = E[X_2(t)X_2(t+\tau)] = t(t+\tau) \cdot \Psi_Y^2$ 不是常数,所以 $X_2(t)$ 不是平稳过程.

12.2　各态历经性

本节主要讨论根据试验记录(样本函数)确定平稳过程的均值和自相关函数的理论依据和方法.在随机过程的概率分布未知的情况下,如要得到随机过程的数字特征,如 $E[X(t)], D[X(t)], R_X(t_1, t_2)$,只有通过做大量重复的观察试验找到"所有样本函数",找到各个样本函数发生的概率,再对过程的"所有样本函数"求统计平均才可能得到.这在实际应用中很难实现.因此,人们想到:能否从一个样本函数中提取到整个过程统计特征的信息?

19 世纪俄国的数学家辛钦,从理论上证明:存在一种平稳过程,在具备了一定的补充条件(略)下,对它的任何一个样本函数所做的时间平均,在概率意义上趋近于它的统计平均.对于具有这样特性的随机过程称为"各态历经过程".

1. 各态历经过程的定义

一般地,计算平稳过程的均值和自相关函数有各种不同的方法,例如:

$$\mu_X(t_1) \approx \frac{1}{N} \sum_{k=1}^N x_k(t_1),$$

$$R_X(t_1, t_2) = R_X(t_2 - t_1) \approx \frac{1}{N} \sum_{k=1}^N x_k(t_1) x_k(t_2).$$

这样的计算需要对一个平稳过程重复进行大量的观察,以便获取数量很多的样本函数 $x_k(t), k = 1, 2, \cdots, N$,而这在实际当中是非常困难的,有时是不可能的.但是根据平稳过程的统计特性是不随时间的推移而变化,于是自然希望在很长时间内观察得到一个样本函数,可以作为得到这个过程的数字特征的充分依据.本节给出的各态历经性定理指出:对平稳过程而言,只要满足一些较宽的条件,那么集平均(均值函数和自相关函数)实际上可以用一个样本函数在整个时间轴上的时间平均值来代替.

现引入随机过程 $X(t)$ 沿整个时间轴上的两种时间平均.

随机过程 $X(t)$ 的时间均值为:

$$\langle X(t) \rangle = \lim_{T \to +\infty} \frac{1}{2T} \int_{-T}^{T} X(t) \, dt,$$

时间相关函数为:

$$\langle X(t) X(t+\tau) \rangle = \lim_{T \to +\infty} \frac{1}{2T} \int_{-T}^{T} X(t) X(t+\tau) \, dt.$$

例 1:计算随机正弦波 $X(t) = a\cos(\omega t + \theta)$ 的时间平均 $\langle X(t) \rangle$ 和时间相关函数 $\langle X(t+\tau)X(t) \rangle$,其中 $\theta \sim U(0, 2\pi)$,a, ω 为常数.

$$\langle X(t) \rangle = \lim_{T \to +\infty} \frac{1}{2T} \int_{-T}^{T} a\cos(\omega t + \theta) \, dt = \lim_{T \to \infty} \frac{a\cos(\theta)\sin(\omega T)}{\omega T} = 0,$$

$$\langle X(t) X(t+\tau) \rangle = \lim_{T \to +\infty} \frac{1}{2T} \int_{-T}^{T} a^2 \cos(\omega t + \theta)\cos(\omega(t+\tau) + \theta) \, dt = \frac{a^2}{2}\cos(\omega \tau).$$

由前一节的计算可以得到

$$\mu_X = E[X(t)] = 0 = \langle X(t) \rangle,$$

$$R_X(\tau) = E[X(t)X(t+\tau)] = \frac{a^2}{2}\cos(\omega \tau) = \langle X(t)X(t+\tau) \rangle.$$

这表明:对于随机相位正弦波,用时间平均和集平均分别计算的均值和自相关函数是相等的.下面引入更一般的概念.

设 $X(t)$ 是均方连续平稳随机过程,如果它沿整个时间轴上的平均值(时间平均)$\langle X(t) \rangle$ 存在,而且

$$P\{\langle X(t) \rangle = E\{X(t)\} = \mu_X\} = 1,$$

则称该随机过程的**均值具有各态历经性**.式中 $\mu_X = E\{X(t)\}$ 表示该随机过程的集平均或统计平均.

设 $X(t)$ 是均方连续平稳随机过程,且对于固定的 τ,$X(t+\tau)X(t)$ 也是连续平稳随机过程,$X(t)$ 的时间相关函数,即 $X(t+\tau)X(t)$ 沿整个时间轴上的时间平均 $\langle X(t+\tau)X(t) \rangle$ 存在,且

$$P\{\langle X(t+\tau)X(t) \rangle = E\{X(t+\tau)X(t)\} = R_X(\tau)\} = 1,$$

则称该过程的**自相关函数具有各态历经性**.

如果 $X(t)$ 是一均方连续平稳随机过程,且其均值和相关函数均具有各态历经性,则称该随机过程具有**各态历经性**,或者说 $X(t)$ 是**各态历经**的.各态历经性有时也称为**遍历性或埃尔古德性**(ergodicity).

问题:设有平稳随机过程 $X(t) = \eta$,η 是一非零的随机变量,问该过程是否各态历经?

一个平稳过程应该满足怎样的条件才是各态历经的呢?下面几个定理从理论上回答了这个问题.

2. 各态历经定理

引理 1:切比雪夫不等式:设 X 是一随机变量,若 $DX < \infty$,则对于 $\forall \varepsilon > 0$,有

$$P\{|X - EX| \geqslant \varepsilon\} \leqslant \frac{DX}{\varepsilon^2}.$$

引理 2:设 X 是一随机变量,则有:$DX = 0 \iff P\{X = EX\} = 1$,即

$$DX = 0 \quad \Leftrightarrow \quad X = EX \quad \text{almost everywhere.}$$

定理 1：（均值各态历经定理）平稳随机过程 $X(t)$ 的均值具有各态历经性的充分必要条件是

$$\lim_{T \to +\infty} \frac{1}{T} \int_0^{2T} \left(1 - \frac{\tau}{2T}\right) [R_X(\tau) - \mu_X^2] d\tau = 0.$$

证：由于时间均值 $\langle X(t) \rangle$ 是一随机变量，计算 $\langle X(t) \rangle$ 的均值和方差：

$$E\{\langle X(t) \rangle\} = E\left\{ \lim_{T \to +\infty} \frac{1}{2T} \int_{-T}^{T} X(t) dt \right\},$$

交换运算顺序，并注意到 $E[X(t)] = \mu_X$，有

$$E\{\langle X(t) \rangle\} = \lim_{T \to +\infty} \frac{1}{2T} \int_{-T}^{T} E[X(t)] dt = \mu_X.$$

和

$$\begin{aligned} D\{\langle X(t) \rangle\} &= E\{[\langle X(t) \rangle - \mu_X]^2\} = E\{\langle X(t) \rangle^2\} - \mu_X^2 \\ &= \lim_{T \to +\infty} E\left\{ \frac{1}{4T^2} \int_{-T}^{T} X(t_1) dt_1 \int_{-T}^{T} X(t_2) dt_2 \right\} - \mu_X^2 \\ &= \lim_{T \to +\infty} \left\{ \frac{1}{4T^2} \int_{-T}^{T} \int_{-T}^{T} E[X(t_1)X(t_2)] dt_1 dt_2 \right\} - \mu_X^2. \end{aligned}$$

由 $X(t)$ 的平稳性，$E[X(t_1)X(t_2)] = R_X(t_2 - t_1)$，上式可以改写为

$$D\{\langle X(t) \rangle\} = \lim_{T \to +\infty} \left[\frac{1}{4T^2} \int_{-T}^{T} \int_{-T}^{T} R_X(t_2 - t_1) dt_1 dt_2 \right] - \mu_X^2.$$

为了简化计算，作变量替换：

$$\begin{cases} t_2 - t_1 = \tau \\ t_1 + t_2 = u \end{cases} \Rightarrow \begin{cases} t_1 = (u - \tau)/2 \\ t_2 = (u + \tau)/2 \end{cases} \quad -T \leqslant t_1, t_2 \leqslant T,$$

变换的雅克比行列式为

$$J = \left| \frac{\partial(t_1, t_2)}{\partial(u, \tau)} \right| = \frac{1}{2},$$

于是

$$\begin{aligned} D\{\langle X(t) \rangle\} &= \lim_{T \to +\infty} \left\{ \frac{1}{4T^2} \int_{-2T}^{2T} \int_{-2T+|\tau|}^{2T-|\tau|} \frac{1}{2} R_X(\tau) du d\tau \right\} - \mu_X^2 \\ &= \lim_{T \to +\infty} \left\{ \frac{1}{4T^2} \int_{-2T}^{2T} [2T - |\tau|] R_X(\tau) d\tau \right\} - \mu_X^2 \\ &= \lim_{T \to +\infty} \left\{ \frac{1}{2T} \int_{-2T}^{2T} \left(1 - \frac{|\tau|}{2T}\right) [R_X(\tau) - \mu_X^2] d\tau \right\} \\ &= \lim_{T \to +\infty} \left\{ \frac{1}{T} \int_0^{2T} \left(1 - \frac{\tau}{2T}\right) [R_X(\tau) - \mu_X^2] d\tau \right\} = 0. \end{aligned}$$

由引理 2，即可得定理的结论.

将定理中的 $X(t)$ 换成 $X(t)X(t+\tau)$ 可以得到如下定理：

定理 2：（自相关函数各态历经定理）平稳随机过程 $X(t)$ 的自相关函数具有各态历经性的充分必要条件是：

$$\lim_{T \to +\infty} \frac{1}{T} \int_0^{2T} \left(1 - \frac{u}{2T}\right) [B(u) - R_X^2(\tau)] du = 0,$$

其中

$$B(u) = E[X(t)X(t+\tau)X(t+u)X(t+\tau+u)].$$

定理 3：平稳随机过程 $X(t)$ 的时间平均和集平均

$$\langle X(t) \rangle = \lim_{T \to +\infty} \frac{1}{T} \int_0^T X(t)\mathrm{d}t = E[X(t)] = \mu_X$$

依概率 1 相等的充分必要条件是：

$$\lim_{T \to +\infty} \frac{1}{T} \int_0^T \left(1 - \frac{\tau}{T}\right)[R_X(\tau) - \mu_X^2]\mathrm{d}\tau = 0.$$

定理 4：平稳随机过程 $X(t)$ 的时间相关函数和集相关函数

$$\langle X(t+\tau)X(t) \rangle = \lim_{T \to +\infty} \frac{1}{T} \int_0^T X(t+\tau)X(t)\mathrm{d}t = R_X(\tau) = E[X(t+\tau)X(t)]$$

依概率 1 相等的充分必要条件是：

$$\lim_{T \to +\infty} \frac{1}{T} \int_0^T \left(1 - \frac{u}{T}\right)[B(u) - R_X^2(\tau)]\mathrm{d}u = 0,$$

其中：$B(u) = E[X(t)X(t+\tau)X(t+u)X(t+\tau+u)]$.

例 3：已知随机电报信号 $X(t)$，它的 $E[X(t)] = 0$，$R_X(\tau) = \mathrm{e}^{-a|\tau|}$，问 $X(t)$ 是否均值各态历经.

解：

$$\lim_{T \to +\infty} \frac{1}{T} \int_0^{2T} \left(1 - \frac{\tau}{2T}\right)(R_X(\tau) - \mu_X^2)\mathrm{d}\tau = \lim_{T \to +\infty} \frac{1}{T} \int_0^{2T} \left(1 - \frac{\tau}{2T}\right)(\mathrm{e}^{-a|\tau|} - 0)\mathrm{d}\tau$$

$$= \lim_{T \to +\infty} \frac{1}{T} \int_0^{2T} \left(1 - \frac{\tau}{2T}\right)\mathrm{e}^{-a\tau}\mathrm{d}\tau$$

$$= \lim_{T \to +\infty} \left(\frac{1}{aT} - \frac{1 - \mathrm{e}^{-2aT}}{2a^2 T^2}\right) = 0,$$

所以 $X(t)$ 是均值各态历经的.

也就是当 $X(t)$ 各态历经时，我们可用一个样本函数的时间均值和时间相关函数作为过程 $X(t)$ 的数学期望、自相关函数的近似.

最后顺便说明，对于许多实际问题，如果要从理论上判定一个过程是否为各态历经过程，往往是比较困难. 因此工程上经常都是凭经验把各态历经性作为一种假设，然后根据实验来检验这个假设是否合理.

12.3　相关函数的性质

对于一个随机过程，它的基本数字特征是数学期望和相关函数，但是当随机过程为平稳过程时，它的数学期望是一个常数，经中心化后可以变为零，所以当过程 $X(t)$ 平稳后其基本数字特征实际上就是相关函数.

此外，相关函数不仅可向我们提供随机过程各状态间的关联特性的信息，而且也是求取随机过程的功率谱密度以及从噪声中提取有用信息的工具. 为此下面我们专门研究一下平稳过程相关函数的性质.

性质1：平稳过程的均方值就是自相关函数在 $\tau = 0$ 时的非负值

$$R_X(0) = E[X^2(t)] = \Psi_X^2 \geqslant 0,$$

在下节将看到 $R_X(0)$ 表示平稳过程 $X(t)$ 的"平均功率".

由 $R_X(\tau) = E[X(t)X(t+\tau)] = E[X(t+\tau)X(t)] = R_X(-\tau)$ 可得

性质2：实平稳过程 $X(t)$ 的自相关函数是偶函数，即 $R_X(\tau) = R_X(-\tau)$,
同样可得
$$C_X(\tau) = C_X(-\tau).$$

对于联合宽平稳随机过程的互相关函数则有：$R_{XY}(\tau) = R_{YX}(-\tau)$,互相关函数是非奇非偶函数.同样有 $C_{XY}(\tau) = C_{YX}(-\tau)$.

性质3：平稳过程 $X(t)$ 自相关函数的最大值在 $\tau = 0$ 处,即 $R_X(0) \geqslant |R_X(\tau)|$,
同时
$$\sigma_X^2 = C_X(0) \geqslant |C_X(\tau)|.$$

证：任何正函数的数学期望恒为非负值,即

$$E\{[X(t) \pm X(t+\tau)]^2\} = E[X^2(t) \pm 2X(t)X(t+\tau) + X^2(t+\tau)] \geqslant 0,$$

对于平稳过程 $X(t)$,$E[X^2(t)] = E[X^2(t+\tau)] = R_X(0)$

代入前式,可得 $2R_X(0) \pm 2R_X(\tau) \geqslant 0$,于是 $R_X(0) \geqslant |R_X(\tau)|$.

同理可得：$C_X(0) = \sigma_X^2 \geqslant |C_X(\tau)|$.

对于联合宽平稳随机过程的互相关函数则有：$|R_{XY}(\tau)|^2 \leqslant R_X(0)R_Y(0)$,同样有 $|C_{XY}(\tau)|^2 \leqslant C_X(0)C_Y(0) = \sigma_X^2\sigma_Y^2$.（柯西 - 许瓦兹不等式可证：对于两个随机变量 V、W,若 $E[V^2]$,$E[W^2]$ 存在,则有 $E^2[VW] \leqslant E[V^2]E[W^2]$）

应用上还定义有标准自协方差函数和标准互协方差函数：

$$\rho_X(\tau) = \frac{C_X(\tau)}{C_X(0)}, \text{和} \rho_{XY}(\tau) = \frac{C_{XY}(\tau)}{\sqrt{C_X(0)C_Y(0)}}.$$

由上面的性质知道：$|\rho_X(\tau)| \leqslant 1$ 和 $|\rho_{XY}(\tau)| \leqslant 1$. 当 $\rho_{XY}(\tau) \equiv 0$ 时,$X(t)$ 和 $Y(t)$ 不相关.

值得注意的是这里 $R_X(0) \geqslant |R_X(\tau)|$,但取最大值的点不唯一,在其他 $\tau \neq 0$ 地方的 $R_X(\tau)$ 也有可能出现同样的最大值.

例如,随机相位正弦信号的自相关函数 $R_X(\tau) = \frac{a^2}{2}\cos\omega\tau$,在 $\tau = \frac{2n\pi}{\omega}, n = 0, \pm 1, \pm 2, \cdots$ 时,均出现最大值 $\frac{a^2}{2}$.

若平稳过程 $X(t)$ 满足 $P\{X(t) = X(t+T)\} = 1$,则称它为**周期平稳过程**,其中 T 为过程的周期.

性质4：$R_X(\tau)$ 是非负定的,即对于任意数组 $t_1, t_2, \cdots, t_n \in T$ 和任意实值函数 $g(t)$ 有：

$$\sum_{i,j=1}^{n} R_X(t_i - t_j)g(t_i)g(t_j) \geqslant 0.$$

证：

$$\sum_{i,j=1}^{n} R_X(t_i - t_j)g(t_i)g(t_j) = \sum_{i,j=1}^{n} E[X(t_i)X(t_j)]g(t_i)g(t_j)$$

$$= E\left\{\sum_{i,j=1}^{n} X(t_i)X(t_j)g(t_i)g(t_j)\right\}$$

$$= E\left\{\left[\sum_{i=1}^{n} X(t_i)g(t_i)\right]^2\right\} \geqslant 0$$

性质 5：周期平稳过程 $X(t)$ 的自相关函数是周期函数，且与周期平稳过程的周期相同，即

$$R_X(\tau+T)=R_X(\tau).$$

证：由平稳性，$E[X(t)-X(t+T)]=0$，

$$P\{X(t+T)=X(t)\}=1\Leftrightarrow E\{[X(t+T)-X(t)]^2\}=0,$$

由柯西 - 施瓦茨不等式有

$$\{E[X(t)(X(t+\tau+T)-X(t+\tau))]\}^2\leqslant E[X^2(t)]E\{[X(t+\tau+T)-X(t+\tau)]^2\}=0,$$

故

$$E[X(t)(X(t+\tau+T)-X(t+\tau))]=0,$$

即

$$R_X(T+\tau)=R_X(\tau).$$

性质 6：非周期平稳过程 $X(t)$ 的自相关函数满足

$$\lim_{\tau\to+\infty}R_X(\tau)=R_X(\infty)=\mu_X^2,$$

$$\sigma_X^2=R_X(0)-R_X(\infty).$$

证：$R_X(\tau)=E[X(t)X(t+\tau)]$ 对于此类非周期平稳过程，当 τ 增大时，随机变量 $X(t)$ 与 $X(t+\tau)$ 之间的相关性会减弱；在 $\tau\to+\infty$ 的极限情况下，两者互相独立，故

$$\lim_{\tau\to+\infty}R_X(\tau)=\lim_{\tau\to+\infty}E[X(t)X(t+\tau)]=\lim_{\tau\to+\infty}E[X(t)]E[X(t+\tau)]=\mu_X^2.$$

从上面的讨论看出，对于一个平稳随机过程，自相关函数是它的最重要的数字特征，由它可得到其他的数字特征：

数学期望：$\mu_X=\pm\sqrt{R_X(\infty)}$；

均方值：$\Psi_X^2=E[X^2(t)]=R_X(0)$；

方差：$\sigma_X^2=R_X(0)-R_X(\infty)$；

协方差：$C_X(\tau)=R_X(\tau)-R_X(\infty)$.

12.4　平稳随机过程的功率谱密度

当我们在时间域内研究某一函数的特性时，如果确定起来不方便，在数学上我们可以考虑将此函数通过某种变换将它变换到另一区域，比如说频率域内进行研究，最终目的是使问题简化.

傅立叶(Fourier)变换提供了一种方法，就是如何将时间域的问题转换到频率域，进而使问题简化.在频率域内，频率意味着信息变化的速度.即，如果一个信号有"高"频成分，我们在频率域内就可以看到"快"的变化.这方面的应用在数字信号分析和电路理论等方面应用极广.对于确知信号，周期信号可以表示成傅立叶级数，非周期信号可以表示成傅立叶积分.

本节的目的就是讨论如何运用这一工具以确定平稳过程的频率结构 —— 功率谱密度.

1. 平稳过程的功率谱密度

设信号 $x(t)$ 为时间 t 的非周期实函数，满足如下条件：

(1) $\int_{-\infty}^{+\infty}|x(t)|\mathrm{d}t<+\infty$，即 $x(t)$ 绝对可积；

(2) $x(t)$ 在 $(-\infty,+\infty)$ 内只有有限个第一类间断点和有限个极值点，即狄利克雷(Dirichlet)条件，

那么，$x(t)$ 的傅立叶变换存在，为

$$F_x(\omega) = \int_{-\infty}^{+\infty} x(t)\,\mathrm{e}^{-i\omega t}\,\mathrm{d}t,$$

又称为**频谱密度**，也简称为**频谱**. 它反映了 $x(t)$ 中各种频率成分的分布状况.

信号 $x(t)$ 也可以用频谱表示，即反傅立叶变换为

$$x(t) = \frac{1}{2\pi}\int_{-\infty}^{+\infty} F_x(\omega)\,\mathrm{e}^{i\omega t}\,\mathrm{d}\omega,$$

信号 $x(t)$ 的总能量为

$$E = \int_{-\infty}^{+\infty} x^2(t)\,\mathrm{d}t. \tag{12.3}$$

根据帕塞瓦尔(Parseval)定理：对能量有限信号，时域内信号的能量等于频域内信号的能量. 即

$$E = \int_{-\infty}^{+\infty} x^2(t)\,\mathrm{d}t = \frac{1}{2\pi}\int_{-\infty}^{+\infty} |F_x(\omega)|^2\,\mathrm{d}\omega,$$

其中，右边积分中被积函数 $|F_x(\omega)|^2$ 称为 $x(t)$ 的**能量谱密度**（**能谱密度**）.

然而，工程技术上有许多重要的时间函数总能量是无限的，不能满足傅氏变换绝对可积条件，如正弦函数就是. 我们要研究的随机过程，由于持续时间是无限的，所以其总能量也是无限的，所以随机过程的频谱不存在.

能谱密度存在的条件是

$$\int_{-\infty}^{+\infty} x^2(t)\,\mathrm{d}t < +\infty,$$

即总能量有限，所以 $x(t)$ 也称为有限能量信号. 随机信号的能量一般是无限的，但是其平均功率是有限的.

随机过程的任意一个样本函数，一般都不满足傅立叶变换的绝对可积条件，不可能直接进行傅立叶变换. 但是对其样本函数作某些限制后，其傅立叶变换存在. 最简单的是应用截尾函数，在 $x(t)$ 中任意截取长为 $2T$ 的一段

$$x_T(t) = \begin{cases} x(t), & |t| \leqslant T, \\ 0, & |t| > T, \end{cases} \tag{12.4}$$

称 $x_T(t)$ 为 $x(t)$ 的截尾函数. 当 T 为有限值时，截尾函数 $x_T(t)$ 满足绝对可积条件

$$\int_{-\infty}^{+\infty} |x_T(t)|\,\mathrm{d}t = \int_{-T}^{T} |x(t)|\,\mathrm{d}t < +\infty,$$

其傅立叶变换存在

$$F_x(\omega, T) = \int_{-\infty}^{+\infty} x_T(t)\,\mathrm{e}^{-i\omega t}\,\mathrm{d}t = \int_{-T}^{T} x(t)\,\mathrm{e}^{-i\omega t}\,\mathrm{d}t, \tag{12.5}$$

其相应的帕塞瓦尔等式为

$$\int_{-\infty}^{+\infty} x_T^2(t)\,\mathrm{d}t = \frac{1}{2\pi}\int_{-\infty}^{+\infty} |F_x(\omega, T)|^2\,\mathrm{d}\omega.$$

两边同时除以 $2T$，注意到式(12.4)，

$$\frac{1}{2T}\int_{-T}^{T} x^2(t)\,\mathrm{d}t = \frac{1}{4\pi T}\int_{-\infty}^{+\infty} |F_x(\omega, T)|^2\,\mathrm{d}\omega, \tag{12.6}$$

令 $T \to +\infty$，$x(t)$ 在 $(-\infty, +\infty)$ 上的平均功率可表示为

$$\lim_{T\to+\infty}\frac{1}{2T}\int_{-T}^{T}x^2(t)\mathrm{d}t=\frac{1}{2\pi}\int_{-\infty}^{+\infty}\lim_{T\to+\infty}\frac{1}{2T}\mid F_x(\omega,T)\mid^2\mathrm{d}\omega. \tag{12.7}$$

相应于能谱密度,我们把式(12.7)右端的被积式称为函数 $x(t)$ 的**平均功率谱密度**,简称**功率谱密度**,并记为

$$S_x(\omega)=\lim_{T\to+\infty}\frac{1}{2T}\mid F_x(\omega,T)\mid^2. \tag{12.8}$$

式(12.7)右端是平均功率的谱表示.对于普通的平稳随机过程 $X(t)$,$-\infty<t<+\infty$,由式(12.5)、式(12.6)有

$$F_x(\omega,T)=\int_{-T}^{T}X(t)\mathrm{e}^{-i\omega t}\mathrm{d}t, \tag{12.9}$$

$$\frac{1}{2T}\int_{-T}^{T}X^2(t)\mathrm{d}t=\frac{1}{4\pi T}\int_{-\infty}^{+\infty}\mid F_X(\omega,T)\mid^2\mathrm{d}\omega. \tag{12.10}$$

将式(12.10)左端的均值取极限,得到平稳过程 $X(t)$ 的**平均功率**为

$$\lim_{T\to+\infty}E\left\{\frac{1}{2T}\int_{-T}^{T}X^2(t)\mathrm{d}t\right\}. \tag{12.11}$$

注意到平稳过程的均方值是常数 Ψ^2,交换式(12.11)中的积分与均值的运算顺序,可得

$$\lim_{T\to+\infty}E\left\{\frac{1}{2T}\int_{-T}^{T}X^2(t)\mathrm{d}t\right\}=\lim_{T\to+\infty}\frac{1}{2T}\int_{-T}^{T}E[X^2(t)]\mathrm{d}t=\Psi_X^2, \tag{12.12}$$

即平稳过程的**平均功率**等于该过程的均方值或 $R_X(0)$.

由式(12.10)和式(12.12)可得

$$\Psi_X^2=\frac{1}{2\pi}\int_{-\infty}^{+\infty}\lim_{T\to+\infty}\frac{1}{2T}E[\mid F_X(\omega,T)\mid^2]\mathrm{d}\omega. \tag{12.13}$$

这里的被积式,我们称为平稳过程 $X(t)$ 的**功率谱密度**.并记为 $S_X(\omega)$,有

$$S_X(\omega)=\lim_{T\to+\infty}\frac{1}{2T}E[\mid F_X(\omega,T)\mid^2], \tag{12.14}$$

$$\Psi_X^2=\frac{1}{2\pi}\int_{-\infty}^{+\infty}S_X(\omega)\mathrm{d}\omega. \tag{12.15}$$

此式称为平稳过程 $X(t)$ 的平均功率的谱表示式.功率谱密度 $S_x(\omega)$ 通常也称为**自谱密度**或**谱密度**,它是从频率角度描述随机过程 $X(t)$ 的统计特性的最主要的数字特征.由式(12.15)知,它的物理意义是表示 $X(t)$ 的平均功率关于频率的分布.平稳过程的平均功率等于该过程的均方值,也可由随机过程的功率谱密度在全频域上积分得到.

例1:随机过程 $X(t)=a\cos(\omega t+\theta)$,式中 a,ω 是常数,θ 是在 $\left(0,\frac{\pi}{2}\right)$ 上均匀分布的随机变量,求 $X(t)$ 的平均功率.

解:显然该过程不平稳.

$$E[X^2(t)]=E[a^2\cos^2(\omega t+\theta)]=E\left[\frac{a^2}{2}+\frac{a^2}{2}\cos(2\omega t+2\theta)\right]$$
$$=\frac{a^2}{2}+\frac{a^2}{2}\int_0^{\frac{\pi}{2}}\cos(2\omega t+2\theta)\frac{2}{\pi}\mathrm{d}\theta$$
$$=\frac{a^2}{2}-\frac{a^2}{\pi}\sin(2\omega t).$$

$$P = \lim_{T \to +\infty} \frac{1}{2T} \int_{-T}^{T} E[X^2(t)]\mathrm{d}t = \lim_{T \to +\infty} \frac{1}{2T} \int_{-T}^{T} \left[\frac{a^2}{2} - \frac{a^2}{\pi} \sin(2\omega t) \right] \mathrm{d}t = \frac{a^2}{2}.$$

2. 谱密度的性质

由式(12.8)及 $|F_X(\omega,T)|^2 = F_X(\omega,T)F_X(-\omega,T)$ 可得

性质 1：$S_X(\omega)$ 是 ω 的非负、实函数，也是偶函数，即

$$S_X(\omega) \geqslant 0, S_X(\omega) = S_X(-\omega).$$

性质 2：平稳随机过程的自相关函数 $R_X(\tau)$ 与功率谱密度 $S_X(\omega)$ 构成傅立叶变换对，即维纳 - 辛钦(Wiener-Khinchin)定理：

$$S_X(\omega) = \int_{-\infty}^{+\infty} R_X(\tau) \mathrm{e}^{-i\omega\tau} \mathrm{d}\tau$$

$$R_X(\tau) = \frac{1}{2\pi} \int_{-\infty}^{+\infty} S_X(\omega) \mathrm{e}^{i\omega\tau} \mathrm{d}\omega$$

它成立的条件是 $S_X(\omega)$ 和 $R_X(\tau)$ 绝对可积，即

$$\int_{-\infty}^{+\infty} |R_X(\tau)| \mathrm{d}\tau < \infty, \quad \int_{-\infty}^{+\infty} |S_X(\omega)| \mathrm{d}\omega < \infty.$$

当 $\tau = 0$ 时，可得

$$R_X(0) = E[X^2(t)] = \frac{1}{2\pi} \int_{-\infty}^{+\infty} S_X(\omega)\mathrm{d}\omega.$$

由此可知，$R_X(0) = E[X^2(t)]$ 是平稳随机过程 $X(t)$ 的平均功率. 对于实平稳随机过程，利用其自相关函数和功率谱密度皆为偶函数的性质，又可将维纳 - 辛钦定理表示成：

$$S_X(\omega) = 2 \int_{0}^{+\infty} R_X(\tau) \cos\omega\tau \mathrm{d}\tau, \quad R_X(\tau) = \frac{1}{\pi} \int_{0}^{+\infty} S_X(\omega) \cos\omega\tau \mathrm{d}\omega$$

维纳-辛钦定理的计算一般比较复杂，一般应用中可以查傅立叶变换手册。表 12-1 列出了若干个自相关函数以及对应的谱密度

表 12-1

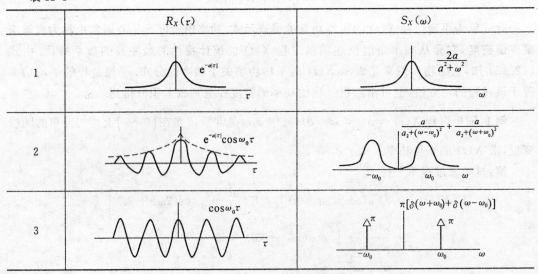

	$R_X(\tau)$	$S_X(\omega)$
1	$\mathrm{e}^{-a|\tau|}$	$\dfrac{2a}{a^2+\omega^2}$
2	$\mathrm{e}^{-a|\tau|}\cos\omega_0\tau$	$\dfrac{a}{a_2+(\omega-\omega_0)^2} + \dfrac{a}{a_2+(\omega+\omega_0)^2}$
3	$\cos\omega_0\tau$	$\pi[\delta(\omega+\omega_0)+\delta(\omega-\omega_0)]$

续表

	$R_X(\tau)$	$S_X(\omega)$
4	$\dfrac{\sin\omega_0\tau}{\omega_0\tau}$	$\begin{cases}1,|\omega|\leqslant\omega_0\\0,|\omega|>\omega_0\end{cases}$
5	$\begin{cases}1-\dfrac{|\tau|}{T},|\tau|\leqslant T\\0,|\tau|>T\end{cases}$	$\dfrac{4\sin^2(\omega T/2)}{T\omega^2}$
6	1	$2\pi\quad 2\pi\delta(\omega)$
7	$1\quad\delta(\tau)$	1

例2：已知平稳过程 $X(t)$ 具有功率谱密度 $S_X(\omega)=\dfrac{16}{\omega^4+13\omega^2+36}$，求其自相关函数和平均功率.

解：利用部分分式法

$$S_X(\omega)=\frac{16}{(\omega^2+4)(\omega^2+9)}=\frac{\frac{16}{5}}{\omega^2+4}-\frac{\frac{16}{5}}{\omega^2+9}=\frac{4}{5}\cdot\frac{4}{\omega^2+4}-\frac{8}{15}\cdot\frac{6}{\omega^2+9}$$

利用傅氏变换对 $\dfrac{2a}{\omega^2+a^2}\Leftrightarrow e^{-a|\tau|}$，(见表12.1第1条)

自相关函数为 $R_X(\tau)=\dfrac{4}{5}\cdot e^{-2|\tau|}-\dfrac{8}{15}\cdot e^{-3|\tau|}$，

平均功率为 $P=R_X(0)=\dfrac{4}{5}-\dfrac{8}{15}=\dfrac{4}{15}$.

类似上述的定义，联合平稳随机过程 $X(t)$ 和 $Y(t)$ 的互谱密度定义为

$$S_{XY}(\omega)=\lim_{T\to+\infty}\frac{1}{2T}E[F_X(-\omega,T)F_Y(\omega,T)];$$

$$S_{YX}(\omega)=\lim_{T\to+\infty}\frac{1}{2T}E[F_Y(-\omega,T)F_X(\omega,T)].$$

对两个联合平稳随机过程 $X(t)$ 和 $Y(t)$ 的互相关函数求傅立叶变换，可得它们的**互功率谱密度**，简称**互谱密度**.

对于实随机过程 $X(t)$、$Y(t)$ 的互谱密度不再是 ω 的实的、正的偶函数，但它有以下性质：

(1) $S_{XY}(\omega)$ 和 $S_{YX}(\omega)$ 互为共轭函数，

$$S_{XY}(\omega) = S_{YX}(-\omega) = S_{YX}^*(\omega) = S_{XY}^*(-\omega).$$

（2）互谱密度与互相关函数之间也存在傅立叶变换关系，

$$S_{XY}(\omega) = \int_{-\infty}^{+\infty} R_{XY}(\tau) e^{-i\omega\tau} d\tau, \quad R_{XY}(\tau) = \frac{1}{2\pi} \int_{-\infty}^{+\infty} S_{XY}(\omega) e^{i\omega\tau} d\omega,$$

$$S_{YX}(\omega) = \int_{-\infty}^{+\infty} R_{YX}(\tau) e^{-i\omega\tau} d\tau, \quad R_{YX}(\tau) = \frac{1}{2\pi} \int_{-\infty}^{+\infty} S_{YX}(\omega) e^{i\omega\tau} d\omega.$$

（3）互谱密度的实部是偶函数，虚部是奇函数，

$$\mathrm{Re}[S_{XY}(\omega)] = \mathrm{Re}[S_{YX}(-\omega)] = \mathrm{Re}[S_{YX}(\omega)] = \mathrm{Re}[S_{XY}(-\omega)],$$

$$\mathrm{Im}[S_{XY}(\omega)] = \mathrm{Im}[S_{YX}(-\omega)] = -\mathrm{Im}[S_{YX}(\omega)] = -\mathrm{Im}[S_{XY}(-\omega)].$$

（4）互谱密度和自谱密度满足如下关系

$$|S_{XY}(\omega)|^2 \leqslant S_X(\omega) S_Y(\omega).$$

习 题 12

1. 设有随机过程 $X(t) = A\cos(\omega t + \theta)$，$-\infty < t < +\infty$，其中，$A$ 是服从瑞利分布的随机变量，其概率密度为

$$f(a) = \begin{cases} \dfrac{a}{\sigma^2} e^{-a^2/(2\sigma^2)}, & a > 0, \\ 0, & a \leqslant 0. \end{cases}$$

θ 是在 $(0, 2\pi)$ 上服从均匀分布且与 A 相互独立的随机变量，ω 是一常数，问 $X(t)$ 是不是平稳过程？

2. 设 $X(t)$，$Y(t)$ 是相互独立的平稳过程，试证明以下随机过程也是平稳过程.

（1）$Z_1(t) = X(t)Y(t)$；（2）$Z_2(t) = X(t) + Y(t)$.

3. 设平稳随机过程 $\{X(t), -\infty < t < +\infty\}$ 的自相关函数为 $R_X(\tau) = e^{-a|\tau|}(1 + a|\tau|)$，其中常数 $a > 0$，而 $E(X(t)) = 0$，试问，$X(t)$ 的均值是否具有各态历经性？为什么？

4. 设 $C_X(\tau)$ 是平稳过程 $X(t)$ 的协方差函数，试证：若 $C_X(\tau)$ 绝对可积，即

$$\int_{-\infty}^{+\infty} |C_X(\tau)| d\tau < +\infty,$$

则 $X(t)$ 的均值具有各态历经性.

5. 已知平稳过程 $X(t)$ 的谱密度为

$$S_X(\omega) = \frac{\omega^2}{\omega^4 + 3\omega^2 + 2},$$

求 $X(t)$ 的均方值.

附　表

附表1　几种常见的概率分布表

类	分布	数学标记	参数	分布律或概率密度	数学期望	方差
离散型	单点分布（退化分布）	$b_0(a,1)$	a	$P(x=a)=1$	a	0
	(0-1)分布（两点分布或伯努利分布）	$b(1,p)$	$0<p<1$	$P\{X=k\}=p^k(1-p)^{1-k},\ k=0,1$	p	$1-p$
	二项分布	$B(n,p)$	$0<p<1$ $n\geq1$	$P\{X=k\}=C_n^k p^k(1-p)^{n-k}$, $k=0,1,2,\cdots$	np	$np(1-p)$
	负二项分布（帕斯卡分布）	$B_0(r,p)$	$0<p<1$ $r\geq1$	$P\{X=k\}=C_{k-1}^{r-1}p^r(1-p)^{k-r}$, $k=r,r+1,\cdots$	$\dfrac{r}{p}$	$\dfrac{r(1-p)}{p^2}$
	几何分布	$G(p)$	$0<p<1$	$P\{X=k\}=(1-p)^{k-1}p$, $k=1,2,\cdots$	$\dfrac{1}{p}$	$\dfrac{1-p}{p^2}$
	超几何分布	$H(N,M,n)$	N,M,n ($M\leq N$, $n\leq N$)	$P(X=k)=\dfrac{C_M^k C_{N-M}^{n-k}}{C_N^k}$ $k\in Z,\max\{0,n-N+m\}\leq k\leq\min\{n,M\}$	$\dfrac{nM}{N}$	$\dfrac{nM}{N}\left(1-\dfrac{M}{N}\right)\left(\dfrac{N-n}{N-1}\right)$
	泊松分布	$\pi(\lambda)$	$\lambda>0$	$P\{X=k\}=\dfrac{\lambda^k e^{-\lambda}}{k!}$, $k=0,1,2,\cdots$	λ	λ

续表

类	分布	数学标记	参数	分布律或概率密度	数学期望	方差
连续型	均匀分布	$U(a,b)$	$a<b$	$f(x)=\begin{cases}\dfrac{1}{b-a},a<x<b\\0,其他\end{cases}$	$\dfrac{a+b}{2}$	$\dfrac{(b-a)^2}{12}$
	正态分布(高斯分布)	$N(\mu,\sigma^2)$	μ $\sigma>0$	$f(x)=\dfrac{1}{\sqrt{2\pi}\sigma}e^{-(x-\mu)^2/(2\sigma^2)}$	μ	σ^2
	对数正态分布	若 $X\sim N(\mu,\sigma)$ 且 $Y=e^X$ 则 Y 服从该分布	μ $\sigma>0$	$f(x)=\begin{cases}\dfrac{1}{\sqrt{2\pi}\sigma x}e^{-(\ln x-\mu)^2/(2\sigma^2)},x>0\\0,其他\end{cases}$	$e^{\mu+\frac{\sigma^2}{2}}$	$e^{2\mu+\sigma^2}(e^{\sigma^2}-1)$
	逆高斯分布	$N^{-1}(\mu,\lambda)$	$\lambda,\mu>0$	$f(x)=\begin{cases}\sqrt{\dfrac{\lambda}{2\pi x^3}}e^{-\lambda(x-\mu)^2/(2\mu^2 x)},x>0\\0,其他\end{cases}$	μ	$\dfrac{\mu^3}{\lambda}$
	Γ分布(伽玛分布)	$\Gamma(\alpha,\beta)$	$\alpha,\beta>0$	$f(x)=\begin{cases}\dfrac{1}{\beta\Gamma(\alpha)}x^{\alpha-1}e^{-x/\beta},x>0\\0,其他\end{cases}$	$\alpha\beta$	$\alpha\beta^2$
	指数分布(负指数分布)	$\Gamma(1,\theta)$ 注:指数分布是 Γ 分布的特殊情况	$\theta>0$	$f(x)=\begin{cases}\dfrac{1}{\theta}e^{-\frac{x}{\theta}},x>0\\0,其他\end{cases}$	θ	θ^2
	χ^2分布	$\chi^2(n)$	$n\geq 1$	$f(x)=\begin{cases}\dfrac{1}{2^{n/2}\Gamma(n/2)}x^{\frac{n}{2}-1}e^{-\frac{x}{2}},x>0\\0,其他\end{cases}$	n	$2n$
	非中心 χ^2 分布	$\chi^2(n,\lambda)$	$n\geq 1$ $\lambda>0$	$f(x)=\begin{cases}\dfrac{e^{-(\frac{x+\lambda}{2})}}{2^{n/2}}\sum\limits_{i=0}^{\infty}\dfrac{x^{\frac{n}{2}+i-1}\lambda^i}{\Gamma\left(\frac{n}{2}+i\right)2^{2i}i!},(x>0)\\0,其他\end{cases}$	$n+\lambda$	$2(n+2\lambda)$

续表

类	分布	数学标记	参数	分布律或概率密度	数学期望	方差
连续型	韦布尔分布	$W(\eta,\beta)$	$\eta,\beta>0$	$f(x)=\begin{cases}\dfrac{\beta}{\eta}\left(\dfrac{x}{\eta}\right)^{\beta-1}\mathrm{e}^{-\left(\frac{x}{\eta}\right)^{\beta}}, & x>0\\ 0, & \text{其他}\end{cases}$	$\eta\Gamma\left(\dfrac{1}{\beta}+1\right)$	$\eta^2\left\{\Gamma\left(\dfrac{2}{\beta}+1\right)-\left[\Gamma\left(\dfrac{1}{\beta}+1\right)\right]^2\right\}$
	拉普拉斯分布		μ $\lambda>0$	$f(x)=\dfrac{1}{2\lambda}\mathrm{e}^{-\frac{|x-\mu|}{\lambda}}$	μ	$2\lambda^2$
	瑞利分布		$\sigma>0$	$f(x)=\begin{cases}\dfrac{x}{\sigma^2}\mathrm{e}^{-\frac{x^2}{2\sigma^2}}, & x>0\\ 0, & \text{其他}\end{cases}$	$\sqrt{\dfrac{\pi}{2}}\,\sigma$	$\dfrac{4-\pi}{2}\sigma^2$
	帕雷托分布	$P(r,a)$	$r,a>0$	$f(x)=\begin{cases}ra^r\dfrac{1}{x^{r+1}}, & (x\geqslant a)\\ 0, & (x<a)\end{cases}$	$\dfrac{ra}{r-1}$	$\dfrac{ra^2}{(r-1)^2(r-2)}$ $(r>2)$
	极值分布	$E(\alpha,\beta)$	α $\beta>0$	$f(x)=\dfrac{1}{\beta}\mathrm{e}^{-\frac{x-\alpha}{\beta}-\mathrm{e}^{-\frac{x-\alpha}{\beta}}}$	$\alpha+\gamma\beta$(γ是欧拉常数)	$\dfrac{\pi^2\beta^2}{6}$
	逻辑斯蒂分布		α $\beta>0$	$f(x)=\dfrac{\mathrm{e}^{-\frac{x-\alpha}{\beta}}}{\beta\left(1+\mathrm{e}^{-\frac{x-\alpha}{\beta}}\right)^2}$	α	$\dfrac{\pi^2\beta^2}{3}$
	β分布	$\beta(\alpha,\beta)$	$\alpha,\beta>0$	$f(x)=\begin{cases}\dfrac{\Gamma(\alpha+\beta)}{\Gamma(\alpha)\Gamma(\beta)}x^{\alpha-1}(1-x)^{\beta-1}, & 0<x<1\\ 0, & \text{其他}\end{cases}$	$\dfrac{\alpha}{\alpha+\beta}$	$\dfrac{\alpha\beta}{(\alpha+\beta)^2(\alpha+\beta+1)}$
	柯西分布	$C(\lambda,\mu)$	α $\lambda>0$	$f(x)=\dfrac{1}{\pi}\cdot\dfrac{\lambda}{\lambda^2+(x-\alpha)^2}$	不存在	不存在

注:若 X 服从韦布尔分布 $W(\lambda,\mu)$,则 $Y=-\beta\ln X^{\mu}+\alpha$ 服从 $E(\alpha,\beta)$ 分布.

续表

类	分布	数学标记	参数	分布律或概率密度	数学期望	方差
连续型	t 分布（学生氏分布）	$t(n)$	$n\geqslant1$	$f(x)=\dfrac{\Gamma\left(\dfrac{n+1}{2}\right)}{\sqrt{n\pi}\,\Gamma\left(\dfrac{n}{2}\right)}\left(1+\dfrac{x^2}{n}\right)^{-(n+1)/2}$	$0,n>1$	$\dfrac{n}{n-2},n>2$
	非中心 t 分布	$t(n,\delta)$	δ $n\geqslant1$	$f(x)=\dfrac{n^{n/2}e^{-\frac{\delta^2}{2}}}{\sqrt{\pi}\,\Gamma\left(\dfrac{n}{2}\right)(n+x^2)^{\frac{n+1}{2}}}\sum_{i=0}^{\infty}\Gamma\left(\dfrac{n+i-1}{2}\right)\dfrac{\left(\delta^i\right)}{i!}\left(\dfrac{2x^2}{2+x^2}\right)^{n/2}$	$\dfrac{\delta\Gamma\left(\dfrac{n-1}{2}\right)}{\Gamma\left(\dfrac{n}{2}\right)}\sqrt{\dfrac{n}{2}}$ $(n>1)$	$\dfrac{n(1+\delta^2)}{n-2}-$ $\dfrac{n\delta^2}{2}\left[\dfrac{\Gamma\left(\dfrac{n-1}{2}\right)}{\Gamma\left(\dfrac{n}{2}\right)}\right]^2$ $(n>2)$
	F 分布	$F(n_1,n_2)$	n_1,n_2	$f(x)=\begin{cases}\dfrac{\Gamma\left(\dfrac{n_1+n_2}{2}\right)}{\Gamma\left(\dfrac{n_1}{2}\right)\Gamma\left(\dfrac{n_2}{2}\right)}\left(\dfrac{n_1}{n_2}\right)^{\frac{n_1}{2}}x^{\frac{n_1}{2}-1}\left(1+\dfrac{n_1}{n_2}x\right)^{-\frac{n_1+n_2}{2}},&x>0\\0,&其他\end{cases}$	$\dfrac{n_2}{n_2-2},$ $n_2>2$	$\dfrac{2n_2^2(n_1+n_2-2)}{n_1(n_2-2)^2(n_2-4)},$ $n_2>2$
	非中心 F 分布	$F(m,n;\lambda)m,n$ 为二自由度	λ	$f(x)=\begin{cases}\dfrac{m^{m/2}n^{n/2}e^{-\frac{\lambda}{2}}x^{\frac{m}{2}-1}}{\Gamma\left(\dfrac{m}{2}\right)}\sum_{k=0}^{\infty}\dfrac{\left(\dfrac{\lambda mx}{2}\right)^k\Gamma\left(\dfrac{m+n}{2}+k\right)}{\Gamma\left(\dfrac{m}{2}+k\right)k!(mx+n)^{\frac{m+n}{2}+k}},&(x>0)\\0,&其他\end{cases}$	$\dfrac{n(m+\lambda)}{m(n-2)}$ $(n>2)$	$\dfrac{2n^2}{m^2(n-2)^2(n-4)}$ $[(m+\lambda)^2+(n+2\lambda)](n>4)$

附表 2　　　　　标准正态分布表

$$\Phi(x) = \int_{-\infty}^{x} \frac{1}{\sqrt{2\pi}} e^{-\frac{t^2}{2}} dt$$

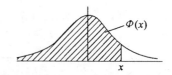

x	0.00	0.01	0.02	0.03	0.04	0.05	0.06	0.07	0.08	0.09
0.0	0.5000	0.5040	0.5080	0.5120	0.5160	0.5199	0.5239	0.5279	0.5319	0.5359
0.1	0.5398	0.5438	0.5478	0.5517	0.5557	0.5596	0.5636	0.5675	0.5714	0.5753
0.2	0.5793	0.5832	0.5871	0.5910	0.5948	0.5987	0.6026	0.6064	0.6103	0.6141
0.3	0.6179	0.6217	0.6255	0.6293	0.6331	0.6368	0.6406	0.6443	0.6480	0.6517
0.4	0.6554	0.6591	0.6628	0.6664	0.6700	0.6736	0.6772	0.6808	0.6844	0.6879
0.5	0.6915	0.6950	0.6985	0.7019	0.7054	0.7088	0.7123	0.7157	0.7190	0.7224
0.6	0.7257	0.7291	0.7324	0.7357	0.7389	0.7422	0.7454	0.7486	0.7517	0.7549
0.7	0.7580	0.7611	0.7642	0.7673	0.7704	0.7734	0.7764	0.7794	0.7823	0.7852
0.8	0.7881	0.7910	0.7939	0.7967	0.7995	0.8023	0.8051	0.8078	0.8106	0.8133
0.9	0.8159	0.8186	0.8212	0.8238	0.8264	0.8289	0.8315	0.8340	0.8365	0.8389
1.0	0.8413	0.8438	0.8461	0.8485	0.8508	0.8531	0.8554	0.8577	0.8599	0.8621
1.1	0.8643	0.8665	0.8686	0.8708	0.8729	0.8749	0.8770	0.8790	0.8810	0.8830
1.2	0.8849	0.8869	0.8888	0.8907	0.8925	0.8944	0.8962	0.8980	0.8997	0.9015
1.3	0.9032	0.9049	0.9066	0.9082	0.9099	0.9115	0.9131	0.9147	0.9162	0.9177
1.4	0.9192	0.9207	0.9222	0.9236	0.9251	0.9265	0.9279	0.9292	0.9306	0.9319
1.5	0.9332	0.9345	0.9357	0.9370	0.9382	0.9394	0.9406	0.9418	0.9429	0.9441
1.6	0.9452	0.9463	0.9474	0.9484	0.9495	0.9505	0.9515	0.9525	0.9535	0.9545
1.7	0.9554	0.9564	0.9573	0.9582	0.9591	0.9599	0.9608	0.9616	0.9625	0.9633
1.8	0.9641	0.9649	0.9656	0.9664	0.9671	0.9678	0.9686	0.9693	0.9699	0.9706
1.9	0.9713	0.9719	0.9726	0.9732	0.9738	0.9744	0.9750	0.9756	0.9761	0.9767
2.0	0.9772	0.9778	0.9783	0.9788	0.9793	0.9798	0.9803	0.9808	0.9812	0.9817
2.1	0.9821	0.9826	0.9830	0.9834	0.9838	0.9842	0.9846	0.9850	0.9854	0.9857
2.2	0.9861	0.9864	0.9868	0.9871	0.9874	0.9878	0.9881	0.9884	0.9887	0.9890
2.3	0.9893	0.9896	0.9898	0.9901	0.9904	0.9906	0.9909	0.9911	0.9913	0.9916
2.4	0.9918	0.9920	0.9922	0.9925	0.9927	0.9929	0.9931	0.9932	0.9934	0.9936
2.5	0.9938	0.9940	0.9941	0.9943	0.9945	0.9946	0.9948	0.9949	0.9951	0.9952
2.6	0.9953	0.9955	0.9956	0.9957	0.9959	0.9960	0.9961	0.9962	0.9963	0.9964
2.7	0.9965	0.9966	0.9967	0.9968	0.9969	0.9970	0.9971	0.9972	0.9973	0.9974
2.8	0.9974	0.9975	0.9976	0.9977	0.9977	0.9978	0.9979	0.9979	0.9980	0.9981
2.9	0.9981	0.9982	0.9982	0.9983	0.9984	0.9984	0.9985	0.9985	0.9986	0.9986
3.0	0.9987	0.9987	0.9987	0.9988	0.9988	0.9989	0.9989	0.9989	0.9990	0.9990
3.1	0.9990	0.9991	0.9991	0.9991	0.9992	0.9992	0.9992	0.9992	0.9993	0.9993
3.2	0.9993	0.9993	0.9994	0.9994	0.9994	0.9994	0.9994	0.9995	0.9995	0.9995
3.3	0.9995	0.9995	0.9995	0.9996	0.9996	0.9996	0.9996	0.9996	0.9996	0.9997
3.4	0.9997	0.9997	0.9997	0.9997	0.9997	0.9997	0.9997	0.9997	0.9997	0.9998

附表 3　　　　　　　　　　　　**泊松分布表**

$$P(X \leqslant x) = \sum_{k=0}^{x} \frac{\lambda^k e^{-\lambda}}{k!}$$

x	λ								
	0.1	0.2	0.3	0.4	0.5	0.6	0.7	0.8	0.9
0	0.9048	0.8187	0.7408	0.6703	0.6065	0.5488	0.4966	0.4493	0.4066
1	0.9953	0.9825	0.9631	0.9384	0.9098	0.8781	0.8442	0.8088	0.7725
2	0.9998	0.9989	0.9964	0.9921	0.9856	0.9769	0.9659	0.9526	0.9371
3	1.0000	0.9999	0.9997	0.9992	0.9982	0.9966	0.9942	0.9909	0.9865
4		1.0000	1.0000	0.9999	0.9998	0.9996	0.9992	0.9986	0.9977
5				1.0000	1.0000	1.0000	0.9999	0.9998	0.9997
6							1.0000	1.0000	1.0000

x	λ								
	1.0	1.5	2.0	2.5	3.0	3.5	4.0	4.5	5.0
0	0.3679	0.2231	0.1353	0.0821	0.0498	0.0302	0.0183	0.0111	0.0067
1	0.7358	0.5578	0.4060	0.2873	0.1991	0.1359	0.0916	0.0611	0.0404
2	0.9197	0.8088	0.6767	0.5438	0.4232	0.3208	0.2381	0.1736	0.1247
3	0.9810	0.9344	0.8571	0.7576	0.6472	0.5366	0.4335	0.3423	0.2650
4	0.9963	0.9814	0.9473	0.8912	0.8153	0.7254	0.6288	0.5321	0.4405
5	0.9994	0.9955	0.9834	0.9580	0.9161	0.8576	0.7851	0.7029	0.6160
6	0.9999	0.9991	0.9955	0.9858	0.9665	0.9347	0.8893	0.8311	0.7622
7	1.0000	0.9998	0.9989	0.9958	0.9881	0.9733	0.9489	0.9134	0.8666
8		1.0000	0.9998	0.9989	0.9962	0.9901	0.9786	0.9597	0.9319
9			1.0000	0.9997	0.9989	0.9967	0.9919	0.9829	0.9682
10				0.9999	0.9997	0.9990	0.9972	0.9933	0.9863
11				1.0000	0.9999	0.9997	0.9991	0.9976	0.9945
12					1.0000	0.9999	0.9997	0.9992	0.9980

x	λ								
	5.50	6.00	6.50	7.00	7.50	8.00	8.50	9.00	9.50
0	0.0041	0.0025	0.0015	0.0009	0.0006	0.0003	0.0002	0.0001	0.0001
1	0.0266	0.0174	0.0113	0.0073	0.0047	0.0030	0.0019	0.0012	0.0008
2	0.0884	0.0620	0.0430	0.0296	0.0203	0.0138	0.0093	0.0062	0.0042
3	0.2017	0.1512	0.1118	0.0818	0.0591	0.0424	0.0301	0.0212	0.0149

续表

x	λ								
	5.50	6.00	6.50	7.00	7.50	8.00	8.50	9.00	9.50
4	0.3575	0.2851	0.2237	0.1730	0.1321	0.0996	0.0744	0.0550	0.0403
5	0.5289	0.4457	0.3690	0.3007	0.2414	0.1912	0.1496	0.1157	0.0885
6	0.6860	0.6063	0.5265	0.4497	0.3782	0.3134	0.2562	0.2068	0.1649
7	0.8095	0.7440	0.6728	0.5987	0.5246	0.4530	0.3856	0.3239	0.2687
8	0.8944	0.8472	0.7916	0.7291	0.6620	0.5925	0.5231	0.4557	0.3918
9	0.9462	0.9161	0.8774	0.8305	0.7764	0.7166	0.6530	0.5874	0.5218
10	0.9747	0.9574	0.9332	0.9015	0.8622	0.8159	0.7634	0.7060	0.6453
11	0.9890	0.9799	0.9661	0.9467	0.9208	0.8881	0.8487	0.8030	0.7520
12	0.9955	0.9912	0.9840	0.9730	0.9573	0.9362	0.9091	0.8758	0.8364
13	0.9983	0.9964	0.9929	0.9872	0.9784	0.9658	0.9486	0.9261	0.8981
14	0.9994	0.9986	0.9970	0.9943	0.9897	0.9827	0.9726	0.9585	0.9400
15	0.9998	0.9995	0.9988	0.9976	0.9954	0.9918	0.9862	0.9780	0.9665
16	0.9999	0.9998	0.9996	0.9990	0.9980	0.9963	0.9934	0.9889	0.9823
17	1.0000	0.9999	0.9998	0.9996	0.9992	0.9984	0.9970	0.9947	0.9911
18		1.0000	0.9999	0.9999	0.9997	0.9993	0.9987	0.9976	0.9957
19			1.0000	1.0000	0.9999	0.9997	0.9995	0.9989	0.9980
20					1.0000	0.9999	0.9998	0.9996	0.9991

x	λ								
	10.0	11.0	12.0	13.0	14.0	15.0	16.0	17.0	18.0
0	0.0000	0.0000	0.0000						
1	0.0005	0.0002	0.0001	0.0000	0.0000				
2	0.0028	0.0012	0.0005	0.0002	0.0001	0.0000	0.0000		
3	0.0103	0.0049	0.0023	0.0011	0.0005	0.0002	0.0001	0.0000	0.0000
4	0.0293	0.0151	0.0076	0.0037	0.0018	0.0009	0.0004	0.0002	0.0001
5	0.0671	0.0375	0.0203	0.0107	0.0055	0.0028	0.0014	0.0007	0.0003
6	0.1301	0.0786	0.0458	0.0259	0.0142	0.0076	0.0040	0.0021	0.0010
7	0.2202	0.1432	0.0895	0.0540	0.0316	0.0180	0.0100	0.0054	0.0029
8	0.3328	0.2320	0.1550	0.0998	0.0621	0.0374	0.0220	0.0126	0.0071
9	0.4579	0.3405	0.2424	0.1658	0.1094	0.0699	0.0433	0.0261	0.0154

x	λ								
	10.0	11.0	12.0	13.0	14.0	15.0	16.0	17.0	18.0
10	0.5830	0.4599	0.3472	0.2517	0.1757	0.1185	0.0774	0.0491	0.0304
11	0.6968	0.5793	0.4616	0.3532	0.2600	0.1848	0.1270	0.0847	0.0549
12	0.7916	0.6887	0.5760	0.4631	0.3585	0.2676	0.1931	0.1350	0.0917
13	0.8645	0.7813	0.6815	0.5730	0.4644	0.3632	0.2745	0.2009	0.1426
14	0.9165	0.8540	0.7720	0.6751	0.5704	0.4657	0.3675	0.2808	0.2081
15	0.9513	0.9074	0.8444	0.7636	0.6694	0.5681	0.4667	0.3715	0.2867
16	0.9730	0.9441	0.8987	0.8355	0.7559	0.6641	0.5660	0.4677	0.3751
17	0.9857	0.9678	0.9370	0.8905	0.8272	0.7489	0.6593	0.5640	0.4686
18	0.9928	0.9823	0.9626	0.9302	0.8826	0.8195	0.7423	0.6550	0.5622
19	0.9965	0.9907	0.9787	0.9573	0.9235	0.8752	0.8122	0.7363	0.6509
20	0.9984	0.9953	0.9884	0.9750	0.9521	0.9170	0.8682	0.8055	0.7307
21	0.9993	0.9977	0.9939	0.9859	0.9712	0.9469	0.9108	0.8615	0.7991
22	0.9997	0.9990	0.9970	0.9924	0.9833	0.9673	0.9418	0.9047	0.8551
23	0.9999	0.9995	0.9985	0.9960	0.9907	0.9805	0.9633	0.9367	0.8989
24	1.0000	0.9998	0.9993	0.9980	0.9950	0.9888	0.9777	0.9594	0.9317
25		0.9999	0.9997	0.9990	0.9974	0.9938	0.9869	0.9748	0.9554
26		1.0000	0.9999	0.9995	0.9987	0.9967	0.9925	0.9848	0.9718
27			0.9999	0.9998	0.9994	0.9983	0.9959	0.9912	0.9827
28			1.0000	0.9999	0.9997	0.9991	0.9978	0.9950	0.9897
29				1.0000	0.9999	0.9996	0.9989	0.9973	0.9941
30					0.9999	0.9998	0.9994	0.9986	0.9967
31					1.0000	0.9999	0.9997	0.9993	0.9982
32						1.0000	0.9999	0.9996	0.9990
33							0.9999	0.9998	0.9995
34							1.0000	0.9999	0.9998
35								1.0000	0.9999
36									0.9999
37									1.0000

附表 4　　　　　　　　**t 分布表**

$$P\{t(n) > t_\alpha(n)\} = \alpha$$

单边 α	0.2	0.15	0.1	0.05	0.025	0.01	0.005	0.001	0.0005
双边 α	0.4	0.3	0.2	0.1	0.05	0.02	0.01	0.002	0.001
1	1.376	1.963	3.078	6.314	12.706	31.821	63.657	318.31	636.62
2	1.061	1.386	1.886	2.920	4.303	6.965	9.925	22.327	31.599
3	0.978	1.250	1.638	2.353	3.182	4.541	5.841	10.215	12.924
4	0.941	1.190	1.533	2.132	2.776	3.747	4.604	7.173	8.610
5	0.920	1.156	1.476	2.015	2.571	3.365	4.032	5.893	6.869
6	0.906	1.134	1.440	1.943	2.447	3.143	3.707	5.208	5.959
7	0.896	1.119	1.415	1.895	2.365	2.998	3.499	4.785	5.408
8	0.889	1.108	1.397	1.860	2.306	2.896	3.355	4.501	5.041
9	0.883	1.100	1.383	1.833	2.262	2.821	3.250	4.297	4.781
10	0.879	1.093	1.372	1.812	2.228	2.764	3.169	4.144	4.587
11	0.876	1.088	1.363	1.796	2.201	2.718	3.106	4.025	4.437
12	0.873	1.083	1.356	1.782	2.179	2.681	3.055	3.930	4.318
13	0.870	1.079	1.350	1.771	2.160	2.650	3.012	3.852	4.221
14	0.868	1.076	1.345	1.761	2.145	2.624	2.977	3.787	4.140
15	0.866	1.074	1.341	1.753	2.131	2.602	2.947	3.733	4.073
16	0.865	1.071	1.337	1.746	2.120	2.583	2.921	3.686	4.015
17	0.863	1.069	1.333	1.740	2.110	2.567	2.898	3.646	3.965
18	0.862	1.067	1.330	1.734	2.101	2.552	2.878	3.610	3.922
19	0.861	1.066	1.328	1.729	2.093	2.539	2.861	3.579	3.883
20	0.860	1.064	1.325	1.725	2.086	2.528	2.845	3.552	3.850
21	0.859	1.063	1.323	1.721	2.080	2.518	2.831	3.527	3.819
22	0.858	1.061	1.321	1.717	2.074	2.508	2.819	3.505	3.792
23	0.858	1.060	1.319	1.714	2.069	2.500	2.807	3.485	3.768
24	0.857	1.059	1.318	1.711	2.064	2.492	2.797	3.467	3.745
25	0.856	1.058	1.316	1.708	2.060	2.485	2.787	3.450	3.725
26	0.856	1.058	1.315	1.706	2.056	2.479	2.779	3.435	3.707
27	0.855	1.057	1.314	1.703	2.052	2.473	2.771	3.421	3.690
28	0.855	1.056	1.313	1.701	2.048	2.467	2.763	3.408	3.674
29	0.854	1.055	1.311	1.699	2.045	2.462	2.756	3.396	3.659
30	0.854	1.055	1.310	1.697	2.042	2.457	2.750	3.385	3.646
31	0.853	1.054	1.309	1.696	2.040	2.453	2.744	3.375	3.633
32	0.853	1.054	1.309	1.694	2.037	2.449	2.738	3.365	3.622
33	0.853	1.053	1.308	1.692	2.035	2.445	2.733	3.356	3.611
34	0.852	1.052	1.307	1.691	2.032	2.441	2.728	3.348	3.601
35	0.852	1.052	1.306	1.690	2.030	2.438	2.724	3.340	3.591

单边 α	0.2	0.15	0.1	0.05	0.025	0.01	0.005	0.001	0.0005
双边 α	0.4	0.3	0.2	0.1	0.05	0.02	0.01	0.002	0.001
36	0.852	1.052	1.306	1.688	2.028	2.434	2.719	3.333	3.582
37	0.851	1.051	1.305	1.687	2.026	2.431	2.715	3.326	3.574
38	0.851	1.051	1.304	1.686	2.024	2.429	2.712	3.319	3.566
39	0.851	1.050	1.304	1.685	2.023	2.426	2.708	3.313	3.558
40	0.851	1.050	1.303	1.684	2.021	2.423	2.704	3.307	3.551
41	0.850	1.050	1.303	1.683	2.020	2.421	2.701	3.301	3.544
42	0.850	1.049	1.302	1.682	2.018	2.418	2.698	3.296	3.538
43	0.850	1.049	1.302	1.681	2.017	2.416	2.695	3.291	3.532
44	0.850	1.049	1.301	1.680	2.015	2.414	2.692	3.286	3.526
45	0.850	1.049	1.301	1.679	2.014	2.412	2.690	3.281	3.520
46	0.850	1.048	1.300	1.679	2.013	2.410	2.687	3.277	3.515
47	0.849	1.048	1.300	1.678	2.012	2.408	2.685	3.273	3.510
48	0.849	1.048	1.299	1.677	2.011	2.407	2.682	3.269	3.505
49	0.849	1.048	1.299	1.677	2.010	2.405	2.680	3.265	3.500
50	0.849	1.047	1.299	1.676	2.009	2.403	2.678	3.261	3.496
60	0.848	1.045	1.296	1.671	2.000	2.390	2.660	3.232	3.460
70	0.847	1.044	1.294	1.667	1.994	2.381	2.648	3.211	3.435
80	0.846	1.043	1.292	1.664	1.990	2.374	2.639	3.195	3.416
90	0.846	1.042	1.291	1.662	1.987	2.368	2.632	3.183	3.402
100	0.845	1.042	1.290	1.660	1.984	2.364	2.626	3.174	3.390
120	0.845	1.041	1.289	1.658	1.980	2.358	2.617	3.160	3.373

附表 5　　　　　　　　χ² 分布表

$$P\{\chi^2(n)>\chi^2_\alpha(n)\}=\alpha$$

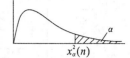

α	0.995	0.99	0.975	0.95	0.90	0.10	0.05	0.03	0.01	0.01
1	0.000	0.000	0.001	0.004	0.016	2.706	3.841	5.024	6.635	7.879
2	0.010	0.020	0.051	0.103	0.211	4.605	5.991	7.378	9.210	10.597
3	0.072	0.115	0.216	0.352	0.584	6.251	7.815	9.348	11.345	12.838
4	0.207	0.297	0.484	0.711	1.064	7.779	9.488	11.143	13.277	14.860
5	0.412	0.554	0.831	1.145	1.610	9.236	11.070	12.833	15.086	16.750
6	0.676	0.872	1.237	1.635	2.204	10.645	12.592	14.449	16.812	18.548
7	0.989	1.239	1.690	2.167	2.833	12.017	14.067	16.013	18.475	20.278
8	1.344	1.646	2.180	2.733	3.490	13.362	15.507	17.535	20.090	21.955
9	1.735	2.088	2.700	3.325	4.168	14.684	16.919	19.023	21.666	23.589
10	2.156	2.558	3.247	3.940	4.865	15.987	18.307	20.483	23.209	25.188
11	2.603	3.053	3.816	4.575	5.578	17.275	19.675	21.920	24.725	26.757
12	3.074	3.571	4.404	5.226	6.304	18.549	21.026	23.337	26.217	28.300
13	3.565	4.107	5.009	5.892	7.042	19.812	22.362	24.736	27.688	29.819
14	4.075	4.660	5.629	6.571	7.790	21.064	23.685	26.119	29.141	31.319
15	4.601	5.229	6.262	7.261	8.547	22.307	24.996	27.488	30.578	32.801
16	5.142	5.812	6.908	7.962	9.312	23.542	26.296	28.845	32.000	34.267
17	5.697	6.408	7.564	8.672	10.085	24.769	27.587	30.191	33.409	35.718
18	6.265	7.015	8.231	9.390	10.865	25.989	28.869	31.526	34.805	37.156
19	6.844	7.633	8.907	10.117	11.651	27.204	30.144	32.852	36.191	38.582
20	7.434	8.260	9.591	10.851	12.443	28.412	31.410	34.170	37.566	39.997
21	8.034	8.897	10.283	11.591	13.240	29.615	32.671	35.479	38.932	41.401
22	8.643	9.542	10.982	12.338	14.041	30.813	33.924	36.781	40.289	42.796
23	9.260	10.196	11.689	13.091	14.848	32.007	35.172	38.076	41.638	44.181
24	9.886	10.856	12.401	13.848	15.659	33.196	36.415	39.364	42.980	45.559
25	10.520	11.524	13.120	14.611	16.473	34.382	37.652	40.646	44.314	46.928
26	11.160	12.198	13.844	15.379	17.292	35.563	38.885	41.923	45.642	48.290
27	11.808	12.879	14.573	16.151	18.114	36.741	40.113	43.195	46.963	49.645
28	12.461	13.565	15.308	16.928	18.939	37.916	41.337	44.461	48.278	50.993
29	13.121	14.256	16.047	17.708	19.768	39.087	42.557	45.722	49.588	52.336
30	13.787	14.953	16.791	18.493	20.599	40.256	43.773	46.979	50.892	53.672
40	20.707	22.164	24.433	26.509	29.051	51.805	55.758	59.342	63.691	66.766
50	27.991	29.707	32.357	34.764	37.689	63.167	67.505	71.420	76.154	79.490
60	35.534	37.485	40.482	43.188	46.459	74.397	79.082	83.298	88.379	91.952
70	43.275	45.442	48.758	51.739	55.329	85.527	90.531	95.023	100.425	104.215
80	51.172	53.540	57.153	60.391	64.278	96.578	101.879	106.629	112.329	116.321
90	59.196	61.754	65.647	69.126	73.291	107.565	113.145	118.136	124.116	128.299
100	67.328	70.065	74.222	77.929	82.358	118.498	124.342	129.561	135.807	140.169

附表 6

F 分 布 表

$$P\{F(n_1, n_2) > F_\alpha(n_1, n_2)\} = \alpha$$

$\alpha = 0.1$

$n_2 \backslash n_1$	1	2	3	4	5	6	7	8	9	10	12	15	20	24	30	40	60	120	∞
1	39.86	49.50	53.59	55.83	57.24	58.20	58.91	59.44	59.86	60.19	60.71	61.22	61.74	62.00	62.26	62.53	62.79	63.06	63.33
2	8.53	9.00	9.16	9.24	9.29	9.33	9.35	9.37	9.38	9.39	9.41	9.42	9.44	9.45	9.46	9.47	9.47	9.48	9.49
3	5.54	5.46	5.39	5.34	5.31	5.28	5.27	5.25	5.24	5.23	5.22	5.20	5.18	5.18	5.17	5.16	5.15	5.14	5.13
4	4.54	4.32	4.19	4.11	4.05	4.01	3.98	3.95	3.94	3.92	3.90	3.87	3.84	3.83	3.82	3.80	3.79	3.78	3.76
5	4.06	3.78	3.62	3.52	3.45	3.40	3.37	3.34	3.32	3.30	3.27	3.24	3.21	3.19	3.17	3.16	3.14	3.12	3.10
6	3.78	3.46	3.29	3.18	3.11	3.05	3.01	2.98	2.96	2.94	2.90	2.87	2.84	2.82	2.80	2.78	2.76	2.74	2.72
7	3.59	3.26	3.07	2.96	2.88	2.83	2.78	2.75	2.72	2.70	2.67	2.63	2.59	2.58	2.56	2.54	2.51	2.49	2.47
8	3.46	3.11	2.92	2.81	2.73	2.67	2.62	2.59	2.56	2.54	2.50	2.46	2.42	2.40	2.38	2.36	2.34	2.32	2.29
9	3.36	3.01	2.81	2.69	2.61	2.55	2.51	2.47	2.44	2.42	2.38	2.34	2.30	2.28	2.25	2.23	2.21	2.18	2.16
10	3.29	2.92	2.73	2.61	2.52	2.46	2.41	2.38	2.35	2.32	2.28	2.24	2.20	2.18	2.16	2.13	2.11	2.08	2.06
11	3.23	2.86	2.66	2.54	2.45	2.39	2.34	2.30	2.27	2.25	2.21	2.17	2.12	2.10	2.08	2.05	2.03	2.00	1.97
12	3.18	2.81	2.61	2.48	2.39	2.33	2.28	2.24	2.21	2.19	2.15	2.10	2.06	2.04	2.01	1.99	1.96	1.93	1.90
13	3.14	2.76	2.56	2.43	2.35	2.28	2.23	2.20	2.16	2.14	2.10	2.05	2.01	1.98	1.96	1.93	1.90	1.88	1.85
14	3.10	2.73	2.52	2.39	2.31	2.24	2.19	2.15	2.12	2.10	2.05	2.01	1.96	1.94	1.91	1.89	1.86	1.83	1.80
15	3.07	2.70	2.49	2.36	2.27	2.21	2.16	2.12	2.09	2.06	2.02	1.97	1.92	1.90	1.87	1.85	1.82	1.79	1.76
16	3.05	2.67	2.46	2.33	2.24	2.18	2.13	2.09	2.06	2.03	1.99	1.94	1.89	1.87	1.84	1.81	1.78	1.75	1.72
17	3.03	2.64	2.44	2.31	2.22	2.15	2.10	2.06	2.03	2.00	1.96	1.91	1.86	1.84	1.81	1.78	1.75	1.72	1.69
18	3.01	2.62	2.42	2.29	2.20	2.13	2.08	2.04	2.00	1.98	1.93	1.89	1.84	1.81	1.78	1.75	1.72	1.69	1.66
19	2.99	2.61	2.40	2.27	2.18	2.11	2.06	2.02	1.98	1.96	1.91	1.86	1.81	1.79	1.76	1.73	1.70	1.67	1.63
20	2.97	2.59	2.38	2.25	2.16	2.09	2.04	2.00	1.96	1.94	1.89	1.84	1.79	1.77	1.74	1.71	1.68	1.64	1.61
21	2.96	2.57	2.36	2.23	2.14	2.08	2.02	1.98	1.95	1.92	1.87	1.83	1.78	1.75	1.72	1.69	1.66	1.62	1.59
22	2.95	2.56	2.35	2.22	2.13	2.06	2.01	1.97	1.93	1.90	1.86	1.81	1.76	1.73	1.70	1.67	1.64	1.60	1.57
23	2.94	2.55	2.34	2.21	2.11	2.05	1.99	1.95	1.92	1.89	1.84	1.80	1.74	1.72	1.69	1.66	1.62	1.59	1.55
24	2.93	2.54	2.33	2.19	2.10	2.04	1.98	1.94	1.91	1.88	1.83	1.78	1.73	1.70	1.67	1.64	1.61	1.57	1.53
25	2.92	2.53	2.32	2.18	2.09	2.02	1.97	1.93	1.89	1.87	1.82	1.77	1.72	1.69	1.66	1.63	1.59	1.56	1.52

续表

n_2\n_1	1	2	3	4	5	6	7	8	9	10	12	15	20	24	30	40	60	120	∞
26	2.91	2.52	2.31	2.17	2.08	2.01	1.96	1.92	1.88	1.86	1.81	1.76	1.71	1.68	1.65	1.61	1.58	1.54	1.50
27	2.90	2.51	2.30	2.17	2.07	2.00	1.95	1.91	1.87	1.85	1.80	1.75	1.70	1.67	1.64	1.60	1.57	1.53	1.49
28	2.89	2.50	2.29	2.16	2.06	2.00	1.94	1.90	1.87	1.84	1.79	1.74	1.69	1.66	1.63	1.59	1.56	1.52	1.48
29	2.89	2.50	2.28	2.15	2.06	1.99	1.93	1.89	1.86	1.83	1.78	1.73	1.68	1.65	1.62	1.58	1.55	1.51	1.47
30	2.88	2.49	2.28	2.14	2.05	1.98	1.93	1.88	1.85	1.82	1.77	1.72	1.67	1.64	1.61	1.57	1.54	1.50	1.46
40	2.84	2.44	2.23	2.09	2.00	1.93	1.87	1.83	1.79	1.76	1.71	1.66	1.61	1.57	1.54	1.51	1.47	1.42	1.38
60	2.79	2.39	2.18	2.04	1.95	1.87	1.82	1.77	1.74	1.71	1.66	1.60	1.54	1.51	1.48	1.44	1.40	1.35	1.29
120	2.75	2.35	2.13	1.99	1.90	1.82	1.77	1.72	1.68	1.65	1.60	1.55	1.48	1.45	1.41	1.37	1.32	1.26	1.19
∞	2.71	2.30	2.08	1.94	1.85	1.77	1.72	1.67	1.63	1.60	1.55	1.49	1.42	1.38	1.34	1.30	1.24	1.17	1.00

$\alpha = 0.05$

n_2\n_1	1	2	3	4	5	6	7	8	9	10	12	15	20	24	30	40	60	120	∞
1	161.4	199.5	215.7	224.6	230.2	234.0	236.8	238.9	240.5	241.9	243.9	245.9	248.0	249.1	250.1	251.1	252.2	253.3	254
2	18.51	19.00	19.16	19.25	19.30	19.33	19.35	19.37	19.38	19.40	19.41	19.43	19.45	19.45	19.46	19.47	19.48	19.49	19.50
3	10.13	9.55	9.28	9.12	9.01	8.94	8.89	8.85	8.81	8.79	8.74	8.70	8.66	8.64	8.62	8.59	8.57	8.55	8.53
4	7.71	6.94	6.59	6.39	6.26	6.16	6.09	6.04	6.00	5.96	5.91	5.86	5.80	5.77	5.75	5.72	5.69	5.66	5.63
5	6.61	5.79	5.41	5.19	5.05	4.95	4.88	4.82	4.77	4.74	4.68	4.62	4.56	4.53	4.50	4.46	4.43	4.40	4.36
6	5.99	5.14	4.76	4.53	4.39	4.28	4.21	4.15	4.10	4.06	4.00	3.94	3.87	3.84	3.81	3.77	3.74	3.70	3.67
7	5.59	4.74	4.35	4.12	3.97	3.87	3.79	3.73	3.68	3.64	3.57	3.51	3.44	3.41	3.38	3.34	3.30	3.27	3.23
8	5.32	4.46	4.07	3.84	3.69	3.58	3.50	3.44	3.39	3.35	3.28	3.22	3.15	3.12	3.08	3.04	3.01	2.97	2.93
9	5.12	4.26	3.86	3.63	3.48	3.37	3.29	3.23	3.18	3.14	3.07	3.01	2.94	2.90	2.86	2.83	2.79	2.75	2.71
10	4.96	4.10	3.71	3.48	3.33	3.22	3.14	3.07	3.02	2.98	2.91	2.85	2.77	2.74	2.70	2.66	2.62	2.58	2.54
11	4.84	3.98	3.59	3.36	3.20	3.09	3.01	2.95	2.90	2.85	2.79	2.72	2.65	2.61	2.57	2.53	2.49	2.45	2.40
12	4.75	3.89	3.49	3.26	3.11	3.00	2.91	2.85	2.80	2.75	2.69	2.62	2.54	2.51	2.47	2.43	2.38	2.34	2.30
13	4.67	3.81	3.41	3.18	3.03	2.92	2.83	2.77	2.71	2.67	2.60	2.53	2.46	2.42	2.38	2.34	2.30	2.25	2.21
14	4.60	3.74	3.34	3.11	2.96	2.85	2.76	2.70	2.65	2.60	2.53	2.46	2.39	2.35	2.31	2.27	2.22	2.18	2.13
15	4.54	3.68	3.29	3.06	2.90	2.79	2.71	2.64	2.59	2.54	2.48	2.40	2.33	2.29	2.25	2.20	2.16	2.11	2.07
16	4.49	3.63	3.24	3.01	2.85	2.74	2.66	2.59	2.54	2.49	2.42	2.35	2.28	2.24	2.19	2.15	2.11	2.06	2.01

$n_2 \backslash n_1$	1	2	3	4	5	6	7	8	9	10	12	15	20	24	30	40	60	120	∞
17	4.45	3.59	3.20	2.96	2.81	2.70	2.61	2.55	2.49	2.45	2.38	2.31	2.23	2.19	2.15	2.10	2.06	2.01	1.96
18	4.41	3.55	3.16	2.93	2.77	2.66	2.58	2.51	2.46	2.41	2.34	2.27	2.19	2.15	2.11	2.06	2.02	1.97	1.92
19	4.38	3.52	3.13	2.90	2.74	2.63	2.54	2.48	2.42	2.38	2.31	2.23	2.16	2.11	2.07	2.03	1.98	1.93	1.88
20	4.35	3.49	3.10	2.87	2.71	2.60	2.51	2.45	2.39	2.35	2.28	2.20	2.12	2.08	2.04	1.99	1.95	1.90	1.84
21	4.32	3.47	3.07	2.84	2.68	2.57	2.49	2.42	2.37	2.32	2.25	2.18	2.10	2.05	2.01	1.96	1.92	1.87	1.81
22	4.30	3.44	3.05	2.82	2.66	2.55	2.46	2.40	2.34	2.30	2.23	2.15	2.07	2.03	1.98	1.94	1.89	1.84	1.78
23	4.28	3.42	3.03	2.80	2.64	2.53	2.44	2.37	2.32	2.27	2.20	2.13	2.05	2.01	1.96	1.91	1.86	1.81	1.76
24	4.26	3.40	3.01	2.78	2.62	2.51	2.42	2.36	2.30	2.25	2.18	2.11	2.03	1.98	1.94	1.89	1.84	1.79	1.73
25	4.24	3.39	2.99	2.76	2.60	2.49	2.40	2.34	2.28	2.24	2.16	2.09	2.01	1.96	1.92	1.87	1.82	1.77	1.71
26	4.23	3.37	2.98	2.74	2.59	2.47	2.39	2.32	2.27	2.22	2.15	2.07	1.99	1.95	1.90	1.85	1.80	1.75	1.69
27	4.21	3.35	2.96	2.73	2.57	2.46	2.37	2.31	2.25	2.20	2.13	2.06	1.97	1.93	1.88	1.84	1.79	1.73	1.67
28	4.20	3.34	2.95	2.71	2.56	2.45	2.36	2.29	2.24	2.19	2.12	2.04	1.96	1.91	1.87	1.82	1.77	1.71	1.65
29	4.18	3.33	2.93	2.70	2.55	2.43	2.35	2.28	2.22	2.18	2.10	2.03	1.94	1.90	1.85	1.81	1.75	1.70	1.64
30	4.17	3.32	2.92	2.69	2.53	2.42	2.33	2.27	2.21	2.16	2.09	2.01	1.93	1.89	1.84	1.79	1.74	1.68	1.62
40	4.08	3.23	2.84	2.61	2.45	2.34	2.25	2.18	2.12	2.08	2.00	1.92	1.84	1.79	1.74	1.69	1.64	1.58	1.51
60	4.00	3.15	2.76	2.53	2.37	2.25	2.17	2.10	2.04	1.99	1.92	1.84	1.75	1.70	1.65	1.59	1.53	1.47	1.39
120	3.92	3.07	2.68	2.45	2.29	2.17	2.09	2.02	1.96	1.91	1.83	1.75	1.66	1.61	1.55	1.50	1.43	1.35	1.25
∞	3.84	3.00	2.60	2.37	2.21	2.10	2.01	1.94	1.88	1.83	1.75	1.67	1.57	1.52	1.46	1.39	1.32	1.22	1.00

$\alpha = 0.025$

$n_2 \backslash n_1$	1	2	3	4	5	6	7	8	9	10	12	15	20	24	30	40	60	120	∞
1	647.8	799.5	864.2	899.6	921.8	937.1	948.2	956.7	963.3	968.6	976.7	984.9	993.1	997.2	1000	1005.6	1009.8	1010	1020
2	38.51	39.00	39.17	39.25	39.30	39.33	39.36	39.37	39.39	39.40	39.41	39.43	39.45	39.46	39.46	39.47	39.48	39.49	39.50
3	17.44	16.04	15.44	15.10	14.88	14.73	14.62	14.54	14.47	14.42	14.34	14.25	14.17	14.12	14.08	14.04	13.99	13.95	13.90
4	12.22	10.65	9.98	9.60	9.36	9.20	9.07	8.98	8.90	8.84	8.75	8.66	8.56	8.51	8.46	8.41	8.36	8.31	8.26
5	10.01	8.43	7.76	7.39	7.15	6.98	6.85	6.76	6.68	6.62	6.52	6.43	6.33	6.28	6.23	6.18	6.12	6.07	6.02
6	8.81	7.26	6.60	6.23	5.99	5.82	5.70	5.60	5.52	5.46	5.37	5.27	5.17	5.12	5.07	5.01	4.96	4.90	4.85
7	8.07	6.54	5.89	5.52	5.29	5.12	4.99	4.90	4.82	4.76	4.67	4.57	4.47	4.42	4.36	4.31	4.25	4.20	4.14

续表

n_2 \ n_1	1	2	3	4	5	6	7	8	9	10	12	15	20	24	30	40	60	120	∞
8	7.57	6.06	5.42	5.05	4.82	4.65	4.53	4.43	4.36	4.30	4.20	4.10	4.00	3.95	3.89	3.84	3.78	3.73	3.67
9	7.21	5.71	5.08	4.72	4.48	4.23	4.20	4.10	4.03	3.96	3.87	3.77	3.67	3.61	3.56	3.51	3.45	3.39	3.33
10	6.94	5.46	4.83	4.47	4.24	4.07	3.95	3.85	3.78	3.72	3.62	3.52	3.42	3.37	3.31	3.26	3.20	3.14	3.08
11	6.72	5.26	4.63	4.28	4.04	3.88	3.76	3.66	3.59	3.53	3.43	3.33	3.23	3.17	3.12	3.06	3.00	2.94	2.88
12	6.55	5.10	4.47	4.12	3.89	3.73	3.61	3.51	3.44	3.37	3.28	3.18	3.07	3.02	2.96	2.91	2.85	2.79	2.72
13	6.41	4.97	4.35	4.00	3.77	3.60	3.48	3.39	3.31	3.25	3.15	3.05	2.95	2.89	2.84	2.78	2.72	2.66	2.60
14	6.30	4.86	2.24	3.89	3.66	3.50	3.38	3.29	3.21	3.15	3.05	2.95	2.84	2.79	2.73	2.67	2.61	2.55	2.49
15	6.20	4.77	4.15	3.80	3.58	3.41	3.29	3.20	3.12	3.06	2.96	2.86	2.76	2.70	2.64	2.59	2.52	2.46	2.40
16	6.12	4.69	4.08	3.73	3.50	3.34	3.22	3.12	3.05	2.99	2.89	2.79	2.68	2.63	2.57	2.51	2.45	2.38	2.32
17	6.04	4.62	4.01	3.66	3.44	3.28	3.16	3.06	2.98	2.92	2.82	2.72	2.62	2.56	2.50	2.44	2.38	2.32	2.25
18	5.98	4.56	3.95	3.61	3.38	3.22	3.10	3.01	2.93	2.87	2.77	2.67	2.56	2.50	2.44	2.38	2.32	2.26	2.19
19	5.92	4.51	3.90	3.56	3.33	3.17	3.05	2.96	2.88	2.82	2.72	2.62	2.51	2.45	2.39	2.33	2.27	2.20	2.13
20	5.87	4.46	3.86	3.51	3.29	3.13	3.01	2.91	2.84	2.77	2.68	2.57	2.46	2.41	2.35	2.29	2.22	2.16	2.09
21	5.83	4.42	3.82	3.48	3.25	3.09	2.97	2.87	2.80	2.73	2.64	2.53	2.42	2.37	2.31	2.25	2.18	2.11	2.04
22	5.79	4.38	3.78	3.44	3.22	3.05	2.93	2.84	2.76	2.70	2.60	2.50	2.39	2.33	2.27	2.21	2.14	2.08	2.00
23	5.75	4.35	3.75	3.41	3.18	3.02	2.90	2.81	2.73	2.67	2.57	2.47	2.36	2.30	2.24	2.18	2.11	2.04	1.97
24	5.72	4.32	3.72	3.38	3.15	2.99	2.87	2.78	2.70	2.64	2.54	2.44	2.33	2.27	2.21	2.15	2.08	2.01	1.94
25	5.69	4.29	3.69	3.35	3.13	2.97	2.85	2.75	2.68	2.61	2.51	2.41	2.30	2.24	2.18	2.12	2.05	1.98	1.91
26	5.66	4.27	3.67	3.33	3.10	2.94	2.82	2.73	2.65	2.59	2.49	2.39	2.28	2.22	2.16	2.09	2.03	1.95	1.88
27	5.63	2.24	3.65	3.31	3.08	2.92	2.80	2.71	2.63	2.57	2.47	2.36	2.25	2.19	2.13	2.07	2.00	1.93	1.85
28	5.61	4.22	3.63	3.29	3.06	2.90	2.78	2.69	2.61	2.55	2.45	2.34	2.23	2.17	2.11	2.05	1.98	1.91	1.83
29	5.59	4.20	3.61	3.27	3.04	2.88	2.76	2.67	2.59	2.53	2.43	2.32	2.21	2.15	2.09	2.03	1.96	1.89	1.81
30	5.57	4.18	3.59	3.25	3.03	2.87	2.75	2.65	2.57	2.51	2.41	2.31	2.20	2.14	2.07	2.01	1.94	1.87	1.79
40	5.42	4.05	3.46	3.13	2.90	2.74	2.62	2.53	2.45	2.39	2.29	2.18	2.07	2.01	1.94	1.88	1.80	1.72	1.64
60	5.29	3.93	3.34	3.01	2.79	2.63	2.51	2.41	2.33	2.27	2.17	2.06	1.94	1.88	1.82	1.74	1.67	1.58	1.48
120	5.15	3.80	3.23	2.89	2.67	2.52	2.39	2.30	2.22	2.16	2.05	1.94	1.82	1.76	1.69	1.61	1.53	1.43	1.31
∞	5.02	3.69	3.12	2.79	2.57	2.41	2.29	2.19	2.11	2.05	1.94	1.83	1.71	1.64	1.57	1.48	1.39	1.27	1.00

续表

$\alpha = 0.01$

$n_2 \backslash n_1$	1	2	3	4	5	6	7	8	9	10	12	15	20	24	30	40	60	120	∞
1	4052	5000	5403	5625	5764	5859	5928	5981	6022	6056	6106	6157	6209	6235	6261	6287	6313	6339	6370
2	98.50	99.00	99.17	99.25	99.30	99.33	99.36	99.37	99.39	99.40	99.42	99.43	99.45	99.46	99.47	99.47	99.48	99.49	99.50
3	34.12	30.82	29.46	28.71	28.24	27.91	27.67	27.49	27.35	27.23	27.05	26.87	26.69	26.60	26.50	26.41	26.32	26.22	26.10
4	21.20	18.00	16.69	15.98	15.52	15.21	14.98	14.80	14.66	14.55	14.37	14.20	14.02	13.93	13.84	13.75	13.65	13.56	13.50
5	16.26	13.27	12.06	11.39	10.97	10.67	10.46	10.29	10.16	10.05	9.89	9.72	9.55	9.47	9.38	9.29	9.20	9.11	9.02
6	13.75	10.92	9.78	9.15	8.75	8.47	8.26	8.10	7.98	7.87	7.72	7.56	7.40	7.31	7.23	7.14	7.06	6.97	6.88
7	12.25	9.55	8.45	7.85	7.46	7.19	6.99	6.84	6.72	6.62	6.47	6.31	6.16	6.07	5.99	5.91	5.82	5.74	5.65
8	11.26	8.65	7.59	7.01	6.63	6.37	6.18	6.03	5.91	5.81	5.67	5.52	5.36	5.28	5.20	5.12	5.03	4.95	4.86
9	10.56	8.02	6.99	6.42	6.06	5.80	5.61	5.47	5.35	5.26	5.11	4.96	4.81	4.73	4.65	4.57	4.48	4.40	4.31
10	10.04	7.56	6.55	5.99	5.64	5.39	5.20	5.06	4.94	4.85	4.71	4.56	4.41	4.33	4.25	4.17	4.08	4.00	3.91
11	9.65	7.21	6.22	5.67	5.32	5.07	4.89	4.74	4.63	4.54	4.40	4.25	4.10	4.02	3.94	3.86	3.78	3.69	3.60
12	9.33	6.93	5.95	5.41	5.06	4.82	4.64	4.50	4.39	4.30	4.16	4.01	3.86	3.78	3.70	3.62	3.54	3.45	3.36
13	9.07	6.70	5.74	5.21	4.86	4.62	4.44	4.30	4.19	4.10	3.96	3.82	3.66	3.59	3.51	3.43	3.34	3.25	3.17
14	8.86	6.51	5.56	5.04	4.69	4.46	4.28	4.14	4.03	3.94	3.80	3.66	3.51	3.43	3.35	3.27	3.18	3.09	3.00
15	8.68	6.36	5.42	4.89	4.56	4.32	4.14	4.00	3.89	3.80	3.67	3.52	3.37	3.29	3.21	3.13	3.05	2.96	2.87
16	8.53	6.23	5.29	4.77	4.44	4.20	4.03	3.89	3.78	3.69	3.55	3.41	3.26	3.18	3.10	3.02	2.93	2.84	2.75
17	8.40	6.11	5.18	4.67	4.34	4.10	3.93	3.79	3.68	3.59	3.46	3.31	3.16	3.08	3.00	2.92	2.83	2.75	2.65
18	8.29	6.01	5.09	4.58	4.25	4.01	3.84	3.71	3.60	3.51	3.37	3.23	3.08	3.00	2.92	2.84	2.75	2.66	2.57
19	8.18	5.93	5.01	4.50	4.17	3.94	3.77	3.63	3.52	3.43	3.30	3.15	3.00	2.92	2.84	2.76	2.67	2.58	2.49
20	8.10	5.85	4.94	4.43	4.10	3.87	3.70	3.56	3.46	3.37	3.23	3.09	2.94	2.86	2.78	2.69	2.61	2.52	2.42
21	8.02	5.78	4.87	4.37	4.04	3.81	3.64	3.51	3.40	3.31	3.17	3.03	2.88	2.80	2.72	2.64	2.55	2.46	2.36
22	7.95	5.72	4.82	4.31	3.99	3.76	3.59	3.45	3.35	3.26	3.12	2.98	2.83	2.75	2.67	2.58	2.50	2.40	2.31
23	7.88	5.66	4.76	4.26	3.94	3.71	3.54	3.41	3.30	3.21	3.07	2.93	2.78	2.70	2.62	2.54	2.45	2.35	2.26
24	7.82	5.61	4.72	4.22	3.90	3.67	3.50	3.36	3.26	3.17	3.03	2.89	2.74	2.66	2.58	2.49	2.40	2.31	2.21
25	7.77	5.57	4.68	4.18	3.85	3.63	3.46	3.32	3.22	3.13	2.99	2.85	2.70	2.62	2.54	2.45	2.36	2.27	2.17
26	7.72	5.53	4.64	4.14	3.82	3.59	3.42	3.29	3.18	3.09	2.96	2.81	2.66	2.58	2.50	2.42	2.33	2.23	2.13
27	7.68	5.49	4.60	4.11	3.78	3.56	3.39	3.26	3.15	3.06	2.93	2.78	2.63	2.55	2.47	2.38	2.29	2.20	2.10
28	7.64	5.45	4.57	4.07	3.75	3.53	3.36	3.23	3.12	3.03	2.90	2.75	2.60	2.52	2.44	2.35	2.26	2.17	2.06
29	7.60	5.42	4.54	4.04	3.73	3.50	3.33	3.20	3.09	3.00	2.87	2.73	2.57	2.49	2.41	2.33	2.23	2.14	2.03

续表

n_1 / n_2	1	2	3	4	5	6	7	8	9	10	12	15	20	24	30	40	60	120	∞
30	7.56	5.39	4.51	4.02	3.70	3.47	3.30	3.17	3.07	2.98	2.84	2.70	2.55	2.47	2.39	2.30	2.21	2.11	2.01
40	7.31	5.18	4.31	3.83	3.51	3.29	3.12	2.99	2.89	2.80	2.66	2.52	2.37	2.29	2.20	2.11	2.02	1.92	1.80
60	7.08	4.98	4.13	3.65	3.34	3.12	2.95	2.82	2.72	2.63	2.50	2.35	2.20	2.12	2.03	1.94	1.84	1.73	1.60
120	6.85	4.79	3.95	3.48	3.17	2.96	2.79	2.66	2.56	2.47	2.34	2.19	2.03	1.95	1.86	1.76	1.66	1.53	1.38
∞	6.63	4.61	3.78	3.32	3.02	2.80	2.64	2.51	2.41	2.32	2.18	2.04	1.88	1.79	1.70	1.59	1.47	1.32	1.00

$\alpha = 0.005$

n_1 / n_2	1	2	3	4	5	6	7	8	9	10	12	15	20	24	30	40	60	120	∞
1	16211	20000	21615	22500	23056	23437	23715	23925	24091	24224	24426	24630	24836	24940	25044	25148	25253	25359	25500
2	198.5	199.0	199.2	199.2	199.3	199.3	199.4	199.4	199.4	199.4	199.4	199.4	199.4	199.5	199.5	199.5	199.5	199.5	200
3	55.55	49.80	47.47	46.19	45.39	44.84	44.43	44.13	43.88	43.69	43.39	43.08	42.78	42.62	42.47	42.31	42.15	41.99	41.80
4	31.33	26.28	24.26	23.15	22.46	21.97	21.62	21.35	21.14	20.97	20.70	20.44	20.17	20.03	19.89	19.75	19.61	19.47	19.30
5	22.78	18.31	16.53	15.56	14.94	14.51	14.20	13.96	13.77	13.62	13.38	13.15	12.90	12.78	12.66	12.53	12.40	12.27	12.10
6	18.63	14.54	12.92	12.03	11.46	11.07	10.79	10.57	10.39	10.25	10.03	9.81	9.59	9.47	9.36	9.24	9.12	9.00	8.88
7	16.24	12.40	10.88	10.05	9.52	9.16	8.89	8.68	8.51	8.38	8.18	7.97	7.75	7.65	7.53	7.42	7.31	7.19	7.08
8	14.69	11.04	9.60	8.81	8.30	7.95	7.69	7.50	7.34	7.21	7.01	6.81	6.61	6.50	6.40	6.29	6.18	6.06	5.95
9	13.61	10.11	8.72	7.96	7.47	7.13	6.88	6.69	6.54	6.42	6.23	6.03	5.83	5.73	5.62	5.52	5.41	5.30	5.19
10	12.83	9.43	8.08	7.34	6.87	6.54	6.30	6.12	5.97	5.85	5.66	5.47	5.27	5.17	5.07	4.97	4.86	4.75	4.64
11	12.23	8.91	7.60	6.88	6.42	6.10	5.86	5.68	5.54	5.42	5.24	5.05	4.86	4.76	4.65	4.55	4.44	4.34	4.23
12	11.75	8.51	7.23	6.52	6.07	5.76	5.52	5.35	5.20	5.09	4.91	4.72	4.53	4.43	4.33	4.23	4.12	4.01	3.90
13	11.37	8.19	6.93	6.23	5.79	5.48	5.25	5.08	4.94	4.82	4.64	4.46	4.27	4.17	4.07	3.97	3.87	3.76	3.65
14	11.06	7.92	6.68	6.00	5.56	5.26	5.03	4.86	4.72	4.60	4.43	4.25	4.06	3.96	3.86	3.76	3.66	3.55	3.44
15	10.80	7.70	6.48	5.80	5.37	5.07	4.85	4.67	4.54	4.42	4.25	4.07	3.88	3.79	3.69	3.58	3.48	3.37	3.26
16	10.58	7.51	6.30	5.64	5.21	4.91	4.69	4.52	4.38	4.27	4.10	3.92	3.73	3.64	3.54	3.44	3.33	3.22	3.11
17	10.38	7.35	6.16	5.50	5.07	4.78	4.56	4.39	4.25	4.14	3.97	3.79	3.61	3.51	3.41	3.31	3.21	3.10	2.98
18	10.22	7.21	6.03	5.37	4.96	4.66	4.44	4.28	4.14	4.03	3.86	3.68	3.50	3.40	3.30	3.20	3.10	2.99	2.87
19	10.07	7.09	5.92	5.27	4.85	4.56	4.34	4.18	4.04	3.93	3.76	3.59	3.40	3.31	3.21	3.11	3.00	2.89	2.78
20	9.94	6.99	5.82	5.17	4.76	4.47	4.26	4.09	3.96	3.85	3.68	3.50	3.32	3.22	3.12	3.02	2.92	2.81	2.69

续表

n_1 \ n_2	1	2	3	4	5	6	7	8	9	10	12	15	20	24	30	40	60	120	∞
21	9.83	6.89	5.73	5.09	4.68	4.39	4.18	4.01	3.88	3.77	3.60	3.43	3.24	3.15	3.05	2.95	2.84	2.73	2.61
22	9.73	6.81	5.65	5.02	4.61	4.32	4.11	3.94	3.81	3.70	3.54	3.36	3.18	3.08	2.98	2.88	2.77	2.66	2.55
23	9.63	6.73	5.58	4.95	4.54	4.26	4.05	3.88	3.75	3.64	3.47	3.30	3.12	3.02	2.92	2.82	2.71	2.60	2.48
24	9.55	6.66	5.52	4.89	4.49	4.20	3.99	3.83	3.69	3.59	3.42	3.25	3.06	2.97	2.87	2.77	2.66	2.55	2.43
25	9.48	6.60	5.46	4.84	4.43	4.15	3.94	3.78	3.64	3.54	3.37	3.20	3.01	2.92	2.82	2.72	2.61	2.50	2.38
26	9.41	6.54	5.41	4.79	4.38	4.10	3.89	3.73	3.60	3.49	3.33	3.15	2.97	2.87	2.77	2.67	2.56	2.45	2.33
27	9.34	6.49	5.36	4.74	4.34	4.06	3.85	3.69	3.56	3.45	3.28	3.11	2.93	2.83	2.73	2.63	2.52	2.41	2.29
28	9.28	6.44	5.32	4.70	4.30	4.02	3.81	3.65	3.52	6.41	3.25	3.07	2.89	2.79	2.69	2.59	2.48	2.37	2.25
29	9.23	6.40	5.28	4.66	4.26	3.98	3.77	3.61	3.48	3.38	3.21	3.04	2.86	2.76	2.66	2.56	2.45	2.33	2.21
30	9.18	6.35	5.24	4.62	4.23	3.95	3.74	3.58	3.45	3.34	3.18	3.01	2.82	2.73	2.63	2.52	2.42	2.30	2.18
40	8.83	6.07	4.98	4.37	3.99	3.71	3.51	3.35	3.22	3.12	2.95	2.78	2.60	2.50	2.40	2.30	2.18	2.06	1.93
60	8.49	5.79	4.73	4.14	3.76	3.49	3.29	3.13	3.01	2.90	2.74	2.57	2.39	2.29	2.19	2.08	1.96	1.83	1.69
120	8.18	5.54	4.50	3.92	3.55	3.28	3.09	3.93	2.81	2.71	2.54	2.37	2.19	2.09	1.98	1.87	1.75	1.61	1.43
∞	7.88	5.30	4.28	3.72	3.35	3.09	2.90	2.74	2.62	2.52	2.36	1.19	2.00	1.90	1.79	1.67	1.53	1.36	1.00

参 考 文 献

[1] 盛骤,谢式千,潘承毅.概率论与数理统计(第四版).北京:高等教育出版社,2008.

[2] 齐民友.概率论与数理统计(第2版).北京:高等教育出版社,2011.

[3] 陈希孺.概率论与数理统计.合肥:中国科学技术大学出版社,2009.

[4] 周纪芗,茆诗松.概率论与数理统计(第三版).北京:中国统计出版社,2007.

[5] 沈恒范.概率论与数理统计教程(第四版).北京:高等教育出版社,2011.

[6] 田铮,肖华勇.随机数学基础.北京:高等教育出版社,2005.

[7] 林元烈,梁宗霞.随机数学引论.北京:清华大学出版社,2006.

[8] 刘次华.随机过程(第4版).武汉:华中科技大学出版社,2008.

[9] 李忠范,孙毅,高文森.大学数学——随机数学(第二版).北京:高等教育出版社,2009.

[10] [美]德格鲁特(DeGroot,M. H.),[美]舍维什(Schervish,M. J.).概率统计(英文版第4版).北京:机械工业出版社,2012.

[11] 皮特曼(Pitman.J.).概率论(英文版).北京:世界图书出版公司,2009.

[12] 葛艾冬,赵正予,张燕革.概率统计与随机过程(第一版).武汉:武汉大学出版社,1994.

[13] (美)John A. Rice.数理统计与数据分析(英文版,第二版).北京:机械工业出版社,2003.